名校名师精品系列教材

Kubernetes Cluster Deployment and Maintenance

Kubernetes 集群部署与运维

慕课版

朱川 | 主编

龙霄汉 布乃旗 | 副主编

人民邮电出版社

北京

图书在版编目（CIP）数据

Kubernetes集群部署与运维 ： 慕课版 / 朱川主编. 北京 ： 人民邮电出版社, 2025. -- (名校名师精品系列教材). -- ISBN 978-7-115-65122-8

Ⅰ. TP316.89

中国国家版本馆CIP数据核字第20243CA503号

内 容 提 要

本书以企业实际云原生部署与运维为背景，采用任务驱动、案例教学的理念设计并组织内容。全书共11个项目，包括Kubernetes基础环境部署、Kubernetes集群环境部署与节点管理、标签与注释管理、工作负载之Pod管理、工作负载之控制器管理，服务管理与负载均衡实现、Pod的生命周期管理、数据存储、Pod节点分配、Pod水平自动伸缩和Kubernetes包管理器Helm。每个项目包括若干任务，读者可以通过任务实现循序渐进地掌握Kubernetes集群部署与运维技术，并掌握利用所学技术解决实际问题的能力，提高自身实践能力和知识应用能力。

本书既可作为高职高专院校的相关专业教材，也可作为Kubernetes初学者学习集群相关技术的参考书，还可作为相关工程技术人员与软件研发人员的技术参考书。

◆ 主　　编　朱　川
副 主 编　龙霄汉　布乃旗
责任编辑　刘　佳
责任印制　王　郁　周昇亮

◆ 人民邮电出版社出版发行　　北京市丰台区成寿寺路11号
邮编　100164　　电子邮件　315@ptpress.com.cn
网址　https://www.ptpress.com.cn
北京天宇星印刷厂印刷

◆ 开本：787×1092　1/16
印张：16.5　　2025年6月第1版
字数：419千字　　2025年6月北京第1次印刷

定价：59.80元

读者服务热线：(010)81055256　印装质量热线：(010)81055316
反盗版热线：(010)81055315

前 言

技术变革，思想先行。云原生（Cloud Native）是一种构建和运行应用程序的方法，也是一套技术体系和方法论。Cloud 表示应用程序位于云中，而不是传统的数据中心；Native 表示在设计应用程序之初即考虑云的环境，原生为云设计，在云上以最佳状态运行，充分利用和发挥云平台的弹性+分布式优势。对符合云原生架构的应用程序应该采用开源堆栈（Kubernetes+Docker）进行容器化，基于微服务架构提高灵活性和可维护性，借助敏捷方法、DevOps 支持持续迭代和运维自动化，利用云平台设施实现弹性伸缩、动态调度、资源利用率优化。以 Kubernetes 为代表的云原生基础设施为传统 IT 基础设施存在的一系列问题提供了“杀手”级的解决方案。Kubernetes 是一个自动化部署、缩放，以及容器化管理应用程序的开源系统，也是容器化集群管理的开源解决方案。

本书是中国特色高水平高职学校和专业建设计划项目中软件技术（云计算技术应用）专业群教材建设成果之一，本书紧紧围绕 Kubernetes 国际认证 CKA 考试、“1+X”云计算相关认证的知识体系与考点，循序渐进地讲解 Kubernetes 集群部署与运维的理论知识和基本操作。

本书是以项目教学为主线的实践类课程教材，以 Kubernetes 集群部署作为切入点，项目案例由浅及深，逐步开展。除了项目 1、项目 2 围绕 Kubernetes 集群部署进行有序讲解之外，其他各项目相对独立，并且知识点呈渐进式增加趋势，避免在一个项目中引入过多的知识点，方便读者理解和掌握。学习 Kubernetes 集群部署与运维的重点在于理解其设计理念，并且由于 Kubernetes 在不断演进，为保障所有项目与示例可以在读者使用过程中复现，本书使用 Ubuntu Server 20.04 LTS 64 位和编写本书时 Kubernetes 的最新版本 v1.20.4。虽然在编写即将完成时，Kubernetes 推出了 v1.21.0 版本，但考虑到软件源、镜像可用性的问题，加之 v1.21.0 版本的新特性对于初学者掌握 Kubernetes 整体框架与技术而言影响极为有限，因此本书依然使用 Kubernetes v1.20.4。即便如此，相较于绝大部分使用 Kubernetes v1.18.0 甚至更低版本的图书而言，本书依然是市场上为数不多的使用 Ubuntu Server 20.04 LTS 64 位与 Kubernetes v1.20.4 的实践类教材。

本书提供了相关的 Kubernetes 插件与示例源代码、教学设计、课程标准、授课计划等，可登录人邮教育社区（www.ryjiaoyu.com）和人邮学院下载，本书提供的慕课可扫描封底二维码查看（慕课视频仅供参考）。本书建议授课学时为 60 课时，对于课时有限的授课班级，可选讲项目 8、项目 9、项目 11。此外，本书中的实践对硬件要求不高，主流笔记本计算机均可满足要求。

本书由常州信息职业技术学院朱川任主编，龙霄汉、布乃旗任副主编，部分内容由王瑶、高亮等老师完成。受 Kubernetes 知识相对较新、技术迭代较快、市场现有体系化教材较少、参考文献有限、编者及团队水平有限等诸多因素影响，书中难免有不妥之处，敬请广大读者批评指正。

编　者

2024 年 12 月

目 录

项目 1 Kubernetes 基础环境部署

学习目标

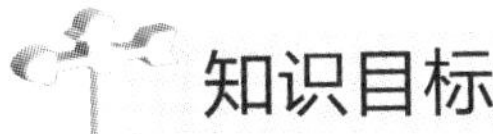

知识目标

- 了解 Kubernetes 的概念与起源。
- 熟悉 Kubernetes 的功能与组件。
- 了解 Kubernetes 的生态与市场。
- 掌握虚拟机软件的安装与配置。
- 掌握远程登录软件的安装。

能力目标

- 能准确描述 Kubernetes 的概念、功能与组件。
- 能准确描述 Kubernetes 的生态与市场。
- 能通过虚拟机软件部署虚拟机。
- 能通过远程登录软件连接虚拟机。

素质目标

- 具备良好的自主学习能力，能够不断学习和掌握 Kubernetes 的最新技术。
- 具备分析和解决问题的能力，能够独立解决虚拟机部署过程中出现的各种问题。
- 具备规范意识和安全意识，能够按照最佳实践进行虚拟机的配置与管理。

项目描述

Kubernetes 是业界领先的可移植、可扩展的开源平台，用于管理容器化的工作负载和服务。本项目将完成虚拟机软件的安装与配置、远程登录软件的安装，以及虚拟机模板的安装与配置。

任务 1.1　虚拟机软件的安装与配置

任务说明

在深入学习 Kubernetes 之前，需要对 Kubernetes 有一个基本的认识，了解 Kubernetes 的概念与起源，熟悉 Kubernetes 的功能与组件，了解 Kubernetes 的生态与市场。学习集群的部署与运维，需要 Kubernetes 集群环境，即要部署 Kubernetes 基础环境。由于本书考虑到大部分读者使用的计算机环境资源有限，因此采用虚拟机形式部署 Kubernetes 基础环境。在部署 Kubernetes 基础环境之前，还需要安装、配置虚拟机软件。

知识引入：Kubernetes 介绍

1. Kubernetes 的概念与起源

单词 Kubernetes 源于希腊语，意为“舵手”或“飞行员”。Kubernetes 是一个可移植、可扩展的开源平台，用于管理容器化的工作负载和服务。Kubernetes 项目是 Google 内部的容器编排系统 Borg 的开源版，在 2014 年开始启动并获得开源。Kubernetes 建立在 Google 十几年的大规模运行生产工作负载经验基础之上，结合了社区中合适的想法和实践。Kubernetes 名字较长，共有 10 个字母，除首字母 K 与尾字母 s 之外，中间共有 8 个字母，因此，在很多文献中也被简写为 K8s。

2. Kubernetes 的功能

容器（Container）是打包和运行应用程序的最佳工具。在生产环境中，往往需要管理运行应用程序的容器，并确保其不会停服。如果一个容器发生故障，则需要启动另一个容器。如果系统可以统一实现此行为，运维工作将会更加高效。Kubernetes 就是用于实现此行为的系统。Kubernetes 提供了一个可弹性运行分布式系统的框架，其可满足扩展、故障转移、部署模式等要求。Kubernetes 主要提供了如下 6 个方面的功能。

① 服务发现和负载均衡：Kubernetes 可使用域名系统（Domain Name System，DNS）名称或互联网协议（IP）地址公开容器，如果进入容器的流量很大，Kubernetes 可以均衡负载并分配网络流量，从而使部署稳定。

② 存储编排：Kubernetes 允许自动挂载所选择的存储系统，例如本地存储、公共云存储等。

③ 自动部署和回滚：可以使用 Kubernetes 描述已部署容器的所处状态，它可以以受控的速率将实际状态更改为期望状态。例如，可以自动部署新容器，删除现有容器并将它们的所有资源用于新容器。

④ 自动完成装箱计算：Kubernetes 允许指定每个容器所需的中央处理器（CPU）和内存资源。当容器指定了资源请求时，Kubernetes 可做出更好的决策来管理容器的资源。

⑤ 自我修复：Kubernetes 可重新启动失败的容器、替换容器、“杀死”不响应用户定义运行状况检查的容器，并且在准备好服务之前不将其通告给客户端。

⑥ 密钥与配置管理：Kubernetes 可存储和管理敏感信息，例如密码、开放授权（Open Authorization，OAuth）令牌和安全外壳（Secure Shell，SSH）密钥。可以在不重建容器镜像的情况下部署并更新密钥和应用程序配置，也无须在堆栈配置中暴露密钥。

由于 Kubernetes 在容器级别而不是在硬件级别运行，它提供了平台即服务（PaaS）产品共有的一些普遍适用的功能，例如部署、扩展、负载均衡、日志记录和监视等。但是，

Kubernetes 不是单体系统，默认解决方案都是可选和可插拔的。Kubernetes 提供了构建开发人员平台的基础，但在重要的地方保留了用户的选择和灵活性，主要表现在以下几个方面。

① 不限制支持的应用程序类型。Kubernetes 旨在支持多种多样的工作负载，包括无状态、有状态和数据处理工作负载。如果应用程序可以在容器中运行，那么它应该可以在 Kubernetes 上很好地运行。

② 不部署源代码，也不构建应用程序。持续集成（CI）、交付和部署（CD）工作流取决于组织的文化、偏好以及技术要求。

③ 不提供应用程序级别的服务作为内置服务。中间件（如消息中间件）、数据处理框架（如 Spark）、数据库（如 MySQL）、缓存、集群存储系统（如 Ceph）等可以在 Kubernetes 上运行，并且/或者可以由运行在 Kubernetes 上的应用程序通过可移植机制（如开放服务代理）来访问。

④ 不要求日志记录、监视或警报解决方案。它提供了一些能够对某些概念或理论的可行性进行验证的功能，以及收集和导出指标的机制。

⑤ 不提供或不要求配置语言/系统。与 Jsonnet 类似，它提供了声明性应用程序接口（API），声明性 API 可以由任意形式的声明性规范构成。

⑥ 不提供也不采用任何全面的机器配置、维护、管理或自我修复系统。

此外，Kubernetes 实际上消除了编排的需要。编排的技术定义是执行已定义的工作流程：首先执行 A，然后执行 B，再执行 C。相比之下，Kubernetes 包含一组独立的、可组合的控制过程，可以持续地将当前状态驱动到所提供的预期状态。如何从 A 到 C 的方式无关紧要，也不需要集中控制，这使得系统更易于使用、更健壮、更有弹性和更可扩展且功能更强大。

3. Kubernetes 组件

Kubernetes 集群由代表控制平面（Control Plane）的组件和一组称为节点的机器组成。这些节点上运行着 Kubernetes 所管理的容器化应用。集群至少由一个主节点（Master）和一个工作节点（Worker）构成。

Pod 是可以在 Kubernetes 中创建和管理的、最小的、可部署的计算单元，是一组（一个或多个）容器，这些容器共享存储、网络等资源。工作节点托管作为应用负载的 Pod。控制平面管理集群中的工作节点和 Pod。为了向集群提供故障转移和高可用性，这些控制平面一般跨多主机运行，集群跨多节点运行。

图 1-1 展示了 Kubernetes 集群组件拓朴。

（1）控制平面组件

控制平面组件（Control Plane Components）用于对集群做出全局决策（如调度），以及检测和响应集群事件（例如，K8s 中的每个 ReplicaSet 控制器都可以根据需要创建和删除 Pod，以使得副本个数达到期望值，进而保证集群稳定性）。控制平面组件可以在集群中的任何节点上运行。然而，为简单起见，配置脚本通常会在同一台计算机上启动所有控制平面组件，并且不会在此计算机上运行用户容器。

① kube-apiserver：该组件公开了 Kubernetes API 服务器。Kubernetes API 服务器是 Kubernetes 控制平面的前端。Kubernetes API 服务器主要实现的是 kube-apiserver。kube-apiserver 在设计上考虑了水平伸缩，即其可通过部署多个实例进行伸缩和流量平衡。

② etcd：兼具一致性和高可用性的键值数据库，可作为保存 Kubernetes 所有集群数

据的后台数据库。

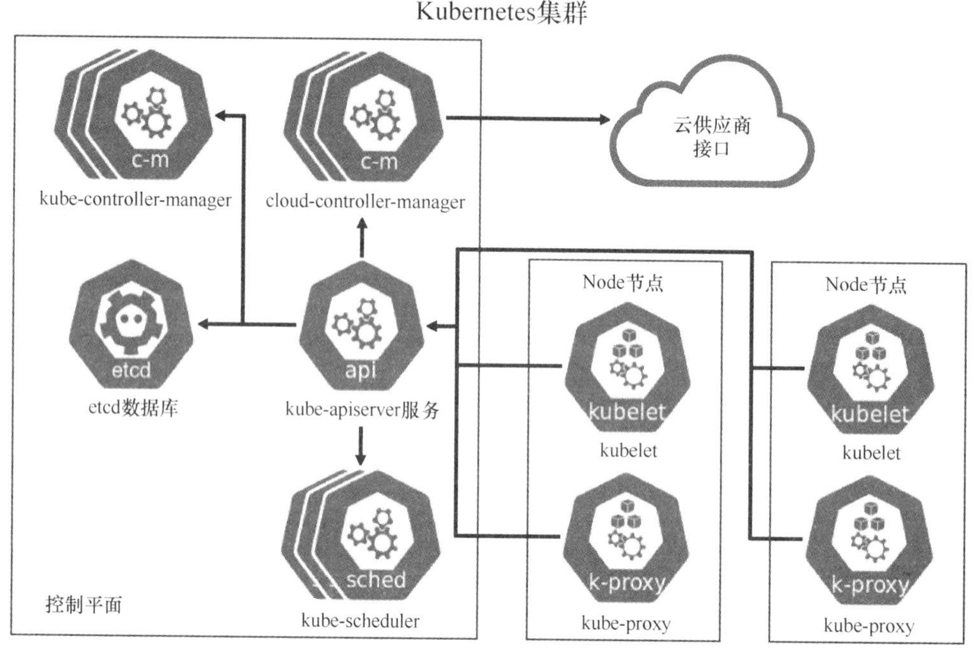

图 1-1　Kubernetes 集群组件拓扑

③ kube-scheduler：负责监视新创建的、未指定运行节点（Node）的 Pod，并根据调度决策选择合适的节点让 Pod 在上面运行。

④ kube-controller-manager：是 Kubernetes 集群内部的管理控制中心。从逻辑上讲，每个控制器都是一个单独的进程，但是为了降低复杂性，它们都被编译到同一个可执行文件中，并在同一个进程中运行。这些控制器如下。

节点控制器（Node Controller）：负责在节点出现故障时进行通知和响应。

副本控制器（Replication Controller）：负责为系统中每个副本控制器的对象维护正确数量的 Pod。

端点控制器（Endpoint Controller）：填充端点（Endpoints）对象（即将其加入 Service 与 Pod）。

服务账户和令牌控制器（Service Account & Token Controller）：为新的命名空间创建默认账户和 API 访问令牌。

⑤ cloud-controller-manager：与 kube-controller-manager 类似，cloud-controller-manager 将若干逻辑上独立的控制器组合到同一个可执行文件中，进而将其以同一进程的方式运行。cloud-controller-manager 是指接入特定云提供商的控制逻辑的控制平面组件。如果仅在环境中运行 Kubernetes，或者在本地计算机中运行学习环境，所部署的环境中不需要 cloud-controller-manager。

（2）Node 组件

Node 组件在每个节点上运行，维护运行的 Pod 并提供 Kubernetes 运行环境。

① kubelet：一个在集群中每个节点上运行的代理。它能保证运行在 Pod 中的容器处于健康状态。kubelet 不管理不是由 Kubernetes 创建的容器。

② kube-proxy：集群中每个节点上运行的网络代理，维护节点上的网络规则。这些

网络规则允许从集群内部或外部的网络会话与 Pod 进行网络通信。

③ 容器运行时（Container Runtime）：负责运行容器的软件。Kubernetes 支持多个容器运行环境，包括 Docker、containerd、CRI-O 以及任何实现 Kubernetes CRI（容器运行环境接口）规范的软件。

（3）插件

插件（Addons）使用 Kubernetes 资源（DaemonSet、Deployment 等）实现集群功能。因为插件提供集群级别的功能，插件中命名空间域的资源属于 kube-system 命名空间。

4. Kubernetes 的生态与市场

容器化技术已经成为计算模型演化的开端，Kubernetes 作为 Google 开源的 Docker 容器集群管理技术，在新的技术革命中扮演着重要的角色。Kubernetes 正在被众多知名公司及企业采用，包括 Google、VMware、CoreOS、阿里云、腾讯、京东等。

任务实现

1. Kubernetes 部署规划——硬件要求

本书用于演示的 Kubernetes 集群包含 3 个节点，分别是一个主节点（Master）和两个工作节点（Worker01、Worker02）。Kubernetes 集群硬件配置要求如表 1-1 所示。

表 1-1　Kubernetes 集群推荐硬件最低配置要求

节点	硬件	规格
主节点	CPU	内核总数≥2
	内存	2GB，官方要求最少 1700MB
	硬盘	40GB
工作节点	CPU	内核总数≥1
	内存	1GB
	硬盘	40G

说明，鉴于目前主流笔记本计算机硬件配置 CPU 内核总数均满足 8 核，内存均满足 8GB。因此，大部分笔记本计算机硬件均可满足本书中的硬件要求，可以通过 VMware Workstation Pro、VMware Workstation Player、VirtualBox、Parallels Desktop（macOS）等虚拟机软件，创建一个主节点及两个工作节点。针对 CPU 内核总数为 4 的情况，可以利用虚拟机的虚拟化 Intel VT-x/EPT 或 AMD-V/RVI(V)特性，以实现创建 3 个节点的目的。针对部分笔记本计算机未使用固态盘（SSD）或资源受限情况，可以仅创建一个主节点及一个工作节点，同样也可以满足实验环境要求，但如果条件允许，建议创建一个主节点、两个工作节点。

2. Kubernetes 部署规划——软件环境

本书中所使用的软件环境与版本如表 1-2 所示。

表 1-2　软件环境与版本

软件	具体要求
宿主机操作系统	Windows 10 64 位
虚拟机软件	VMware Workstation Pro 16.1
集群操作系统	Ubuntu Server 20.04 LTS 64 位
Docker	Docker 19.03.15
Kubernetes 软件	Kubernetes 1.20.4
远程登录软件	MobaXterm 20.5

以上仅是本书各示例所使用的软件环境与版本，在实际教学或学习中，除 Docker 与 Kubernetes 之外，其他软件均可以使用更高的版本。在编写本书时，Kubernetes 刚刚推出最新 1.21.0 版本，但因资源获取问题，且新旧版本差异不大，因此，本书将使用 Kubernetes 1.20.4。但本书将给出 1.21.0 版本的部分部署知识，以供参考。本书所有的示例已在 Kubernetes 1.20.4 中反复验证，可以复现。

【素养拓展–终身学习】：云计算技术日新月异，Kubernetes 在编者撰写本书的过程中也在不断演进。读者需要掌握自主学习、查阅官方文档的能力，以适应新版本的变化。虽然随着技术的发展，Kubernetes 的功能、命令可能会发生变更，但其部署理念、核心思想不会随着时间推移而改变。

本书以 VMware Workstation Pro 16.1 作为虚拟机软件示例，但也可以使用免费的 VMware Workstation Player 16 或 VirtualBox 6.1，如果是 macOS 平台，也可以使用 Parallels Desktop，读者可通过相应官方网站下载需要的软件。VMware Workstation Pro 16.1 是商业收费软件，需要购买方可使用，其功能全面，使用体验良好。VMware Workstation Player 16 对于非商业用途可以免费使用，但不支持虚拟机克隆、快照等功能。VirtualBox 是开源软件，支持虚拟机克隆、快照等功能，功能相对强大。

【素养拓展–法治意识】：Linux 系统中绝大部分软件为开源或免费软件。在 Windows 系统中，存在着较多的商业收费软件，其中 VMware Workstation Pro 便是商业收费软件。对知识产权及软件版权的保护，需要每个人从自身做起，遵守《中华人民共和国网络安全法》等相关法律法规。读者可根据自身条件选择使用正版商业收费软件，也可使用 VirtualBox、VMware Workstation Player 16 等免费软件进行学习。

对于远程登录软件可以使用 MobaXterm、Xshell 或 Putty。本书以 MobaXterm 20.5 作为示例，其提供了免费的家庭版和付费的专业版；Xshell 是商业软件，同样也提供了免费的个人版和付费的专业版；Putty 为免费软件。三者均可满足本书实验要求。

为方便读者快速浏览，后文各软件安装步骤均已略去不重要或默认设置，仅强调重要内容。因此，未提及的细节均保持默认设置即可。

3. 虚拟机软件安装

强烈建议使用 VMware Workstation Pro 16 及以上版本。若已经安装完 VMware Workstation Pro 15 或更低版本，建议升级。

① 双击下载的 VMware-workstation-full-16.1.0-17198959.exe，进行安装。

② 择接受最终用户许可协议。

③ 自定义安装中，选中“增强型键盘驱动程序”对应的复选框，以及“将 VMware Workstation 控制台工具添加到系统 PATH”复选框，如图 1-2 所示。

④ 用户体验设置中，取消选中“启动时检查产品更新”和“加入 VMware 客户体验提升计划”复选框，如图 1-3 所示。

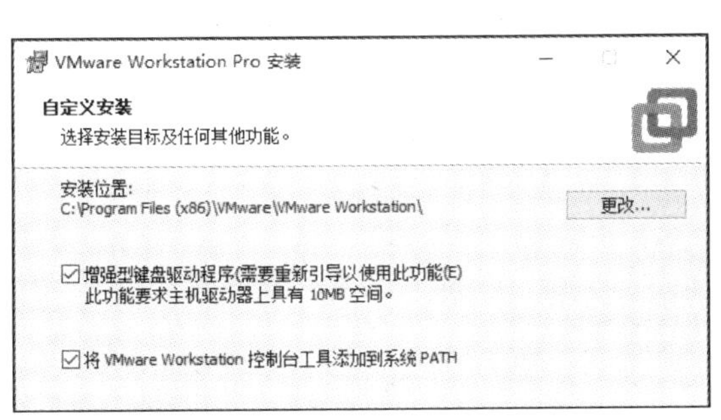

图 1-2　自定义安装选项

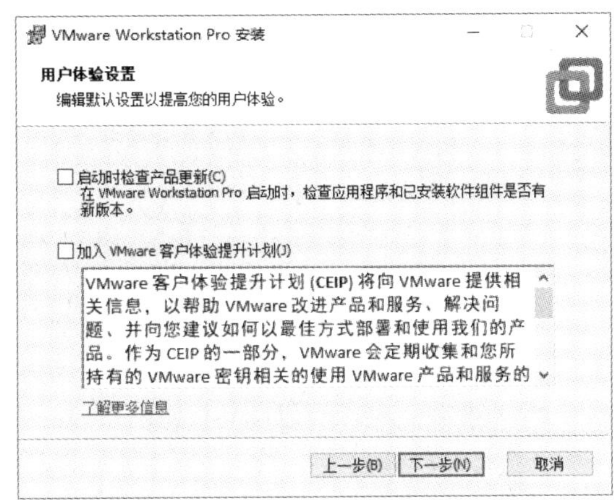

图 1-3　VMware Workstation 用户体验设置

⑤ 若已经安装过 VMware Workstation Pro，则可进行升级或先卸载再安装；否则，单击“安装”按钮，如图 1-4 所示。

⑥ 最后需要重启系统，如图 1-5 所示，单击“是”按钮，重启系统即可。

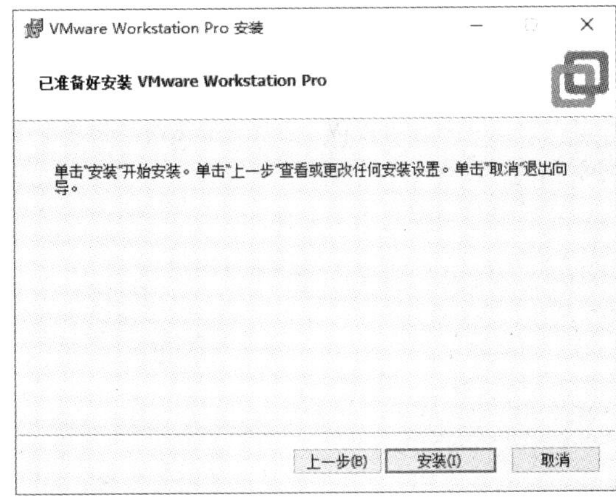

图 1-4　VMware Workstation 安装启动确认

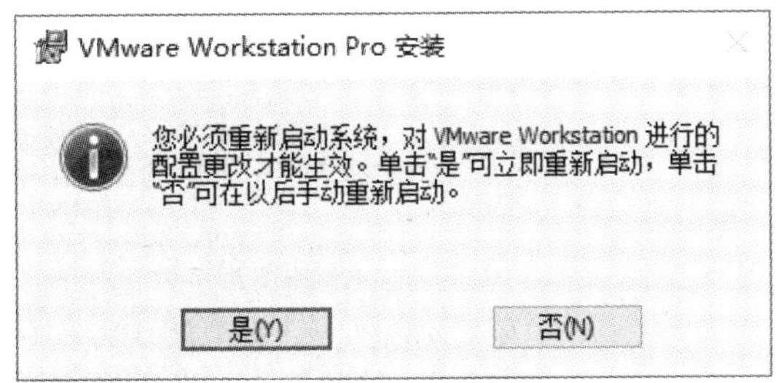

图 1-5　VMware Workstation 重启确认

4. 虚拟机软件配置

VMware Workstation Pro 安装完成之后，虚拟机的默认存储位置为系统 C 盘，随着时间推移，将占用大量的磁盘空间，因此需要进行相应的配置，将其默认存储位置修改为其他逻辑盘，比如 D 盘或 E 盘，具体操作如下。

① 启动 VMware Workstation Pro，从“编辑”菜单中选择“首选项”，如图 1-6 所示。

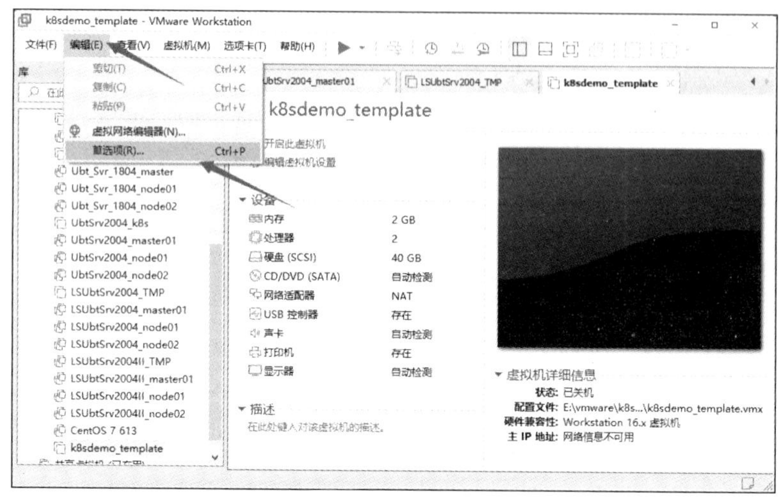

图 1-6　VMware Workstation 首选项选择

② 在“工作区”选项卡中修改虚拟机的默认存储位置，例如修改为 D 盘或 E 盘，请选择磁盘剩余空间大的分区，如图 1-7 所示。

③ 在“更新”选项卡中取消选中“启动时检查产品更新”复选框，如图 1-8 所示，并单击“确定”按钮完成配置。

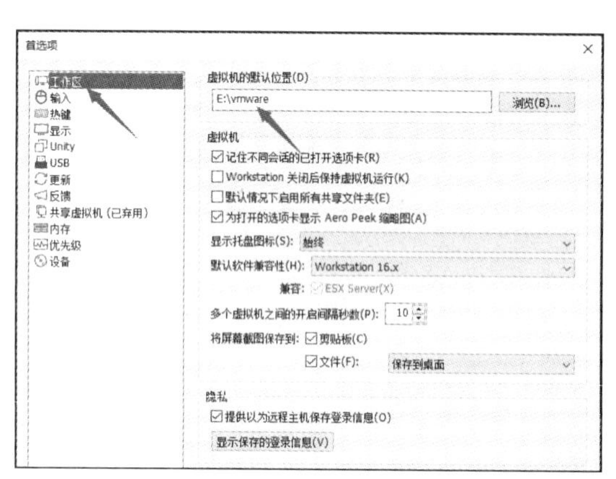

图 1-7　VMware Workstation 首选项工作区设置

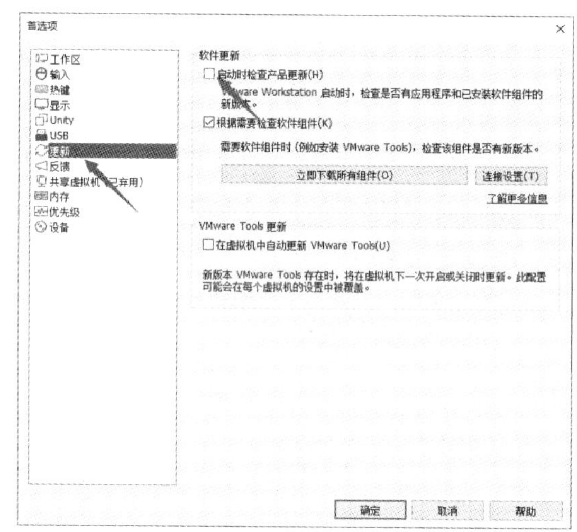

图 1-8　VMware Workstation 首选项更新设置

至此，虚拟机软件安装与配置完成。本书后续内容将以该虚拟机软件作为演示的环境。

任务 1.2　远程登录软件的安装

任务说明

在企业实际生产环境中，往往需要远程登录 Kubernetes 的各节点以进行运维。因此，可以通过 SSH 远程登录软件进行登录。对于远程登录软件可以使用 MobaXterm、Putty 或 Xshell。本书以 MobaXterm 20.5 作为示例，其提供了免费的家庭版和付费的专业版，免费的家庭版即可满足本书实验要求。

知识引入：远程登录软件

除了 MobaXterm 之外，还有 Xshell，其为商业软件，同样也提供了免费的个人版和付费的专业版，而 Putty 为免费软件。使用远程登录工具，登录 Linux 服务器，便于开展运维工作。

任务实现

① 双击从官方网站下载的 MobaXterm_installer_20.5.msi 文件进行安装，首先单击“Next”按钮，如图 1-9 所示。

② 接受最终用户许可协议，选中“I accept the terms in the License Agreement”复选框，如图 1-10 所示，然后单击“Next”按钮。

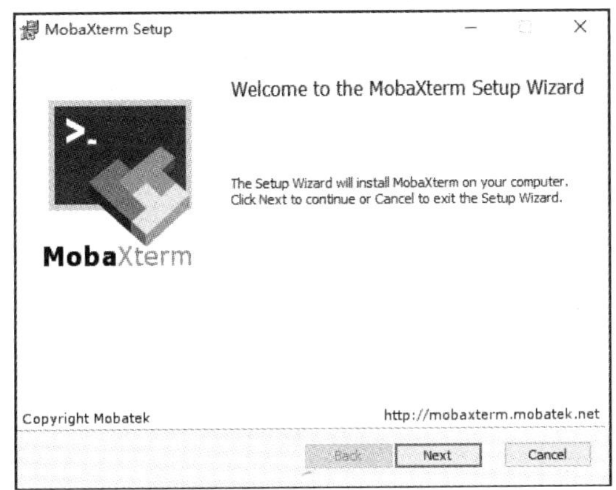

图 1-9 MobaXterm 安装向导

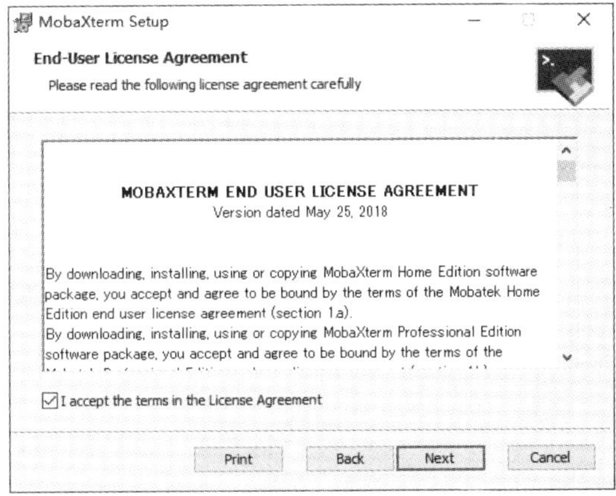

图 1-10 MobaXterm 最终用户许可协议

③ 安装向导如图 1-11 所示，单击“Finish”按钮，安装完成。

图 1-11 MobaXterm 安装向导完成

至此，远程登录软件 MobaXterm 安装完成。本书后续内容将以该远程登录软件作为演示时使用的远程登录工具。

任务 1.3 虚拟机模板的安装与配置

任务说明

由于 Kubernetes 集群中各节点的软件环境均一致，因此本书采用通过在 VMware Workstation Pro 中创建虚拟机模板 k8sdemo_template，安装 Ubuntu Server 20.04 LTS 64 位、Docker 19.03.15 以及 Kubernetes 1.20.4 之后，再通过该模板的克隆生成 3 个节点的方式来部署实验环境，以达到减少磁盘空间占用、方便部署的目的。本任务的具体要求如下。

- 创建虚拟机模板，创建 VMware 虚拟机 k8s1.20.4_template。
- 配置虚拟机模板，编辑、配置虚拟机，添加安装镜像 ubuntu-20.04.2-live-server-amd64.iso。
- 安装 Ubuntu Server 20.04 LTS 64 位，指定 Ubuntu 镜像源，设置存储配置，初始化用户信息，以及安装 OpenSSH Server。
- 配置 Ubuntu Server 20.04 LTS 64 位，配置 root 用户密码，配置 SSH 服务，并使用 MobaXterm 远程登录 k8s1.20.4_template，卸载 Cloud-init，配置静态 IP 地址等。
- 拍摄虚拟机模板快照，生成“系统安装与配置完成”虚拟机快照。
- 安装 Docker。
- 配置 Docker。
- 安装与配置 Kubeadm。

知识引入：软件源介绍

包括 Ubuntu 系统在内的所有 Linux 发行版支持在线安装软件。通常，各 Linux 发行版官方网站均提供了相应的软件包在线查找与下载服务，即软件源。但由于 Linux 用户遍布全球各地，特别是 Ubuntu 为用户群极大的 Linux 发行版，其软件源在国内的网络下载速度难以保障，因此，建议使用国内的稳定镜像源，推荐采用阿里云镜像源，其速度较快，并且链接稳定。除阿里云外，国内许多组织（如清华大学、中国科学技术大学、腾讯云、网易等）均提供了 Ubuntu 软件源，读者可自行到互联网检索相关软件源。本任务将使用阿里云镜像源安装软件。

在部署、使用 Kubernetes 的过程中，均需要下载、使用容器镜像。由于访问提供容器镜像服务的 Docker Hub 的网络时延较大，传输质量无法保障。相关组织（如中国科学技术大学、网易、阿里云等）提供了镜像加速器，读者可按需设置，以满足运维 Kubernetes 过程中提升从网络上拉取所需镜像的下载速度的需求。

任务实现

1. 创建虚拟机模板

① 使用自定义类型的配置创建虚拟机，如图 1-12 所示，单击“下一步”按钮。

② 配置安装客户机操作系统的安装来源，选择“稍后安装操作系统”单选按钮，如图 1-13 所示，单击“下一步”按钮。

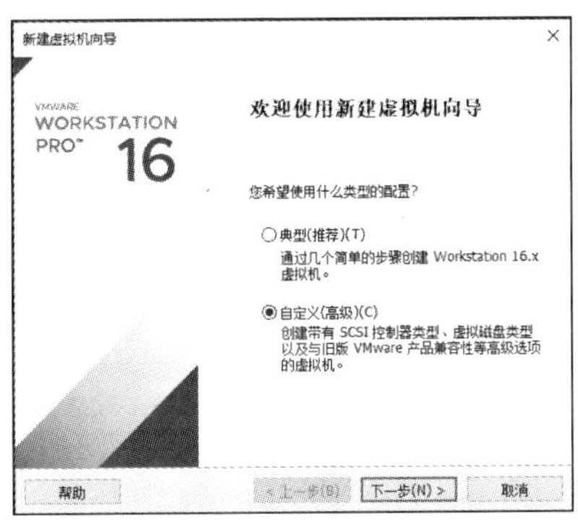

图 1-12　新建虚拟机向导

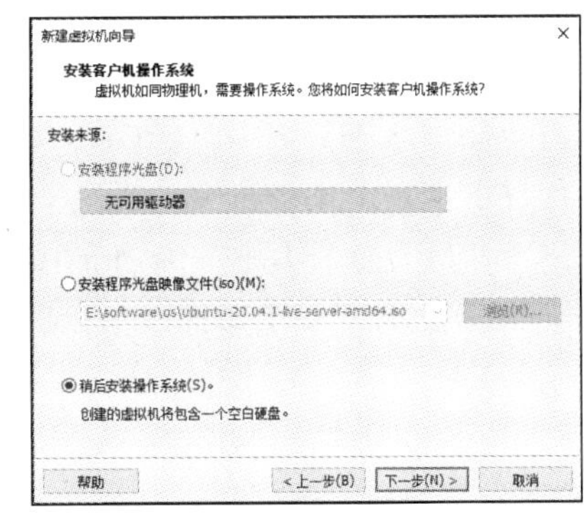

图 1-13　新建虚拟机安装来源选择

③ 在“客户机操作系统”中选择“Linux”，单击“版本”栏目选择“Ubuntu 64 位”，如图 1-14 所示，然后单击“下一步”按钮。

④ 设置虚拟机名称为 k8s1.20.4_template，设置虚拟机文件的存放位置（可保持默认设置），如图 1-15 所示，然后单击“下一步”按钮。

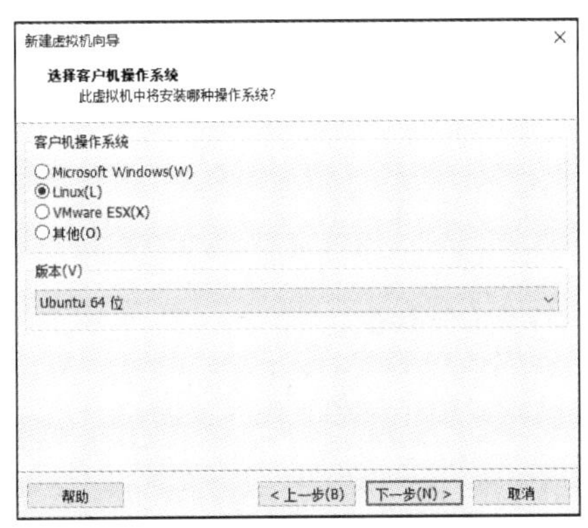

图 1-14　新建虚拟机客户机操作系统选择

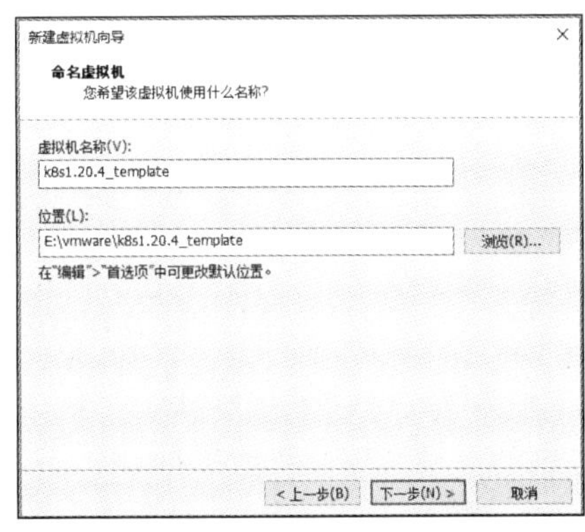

图 1-15　新建虚拟机名称设置

⑤ 在“处理器配置”中，调整“处理器数量”与“每个处理器的内核数量”，使得“处理器内核总数”为 2 即可，如图 1-16 所示，然后单击“下一步”按钮。

⑥ 调整“此虚拟机的内存”为 2048MB，即 2GB，如图 1-17 所示，然后单击“下一步”按钮。

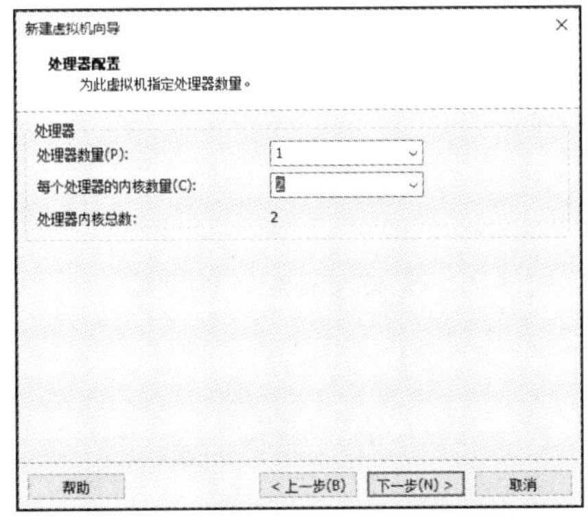

图 1-16　新建虚拟机处理器配置

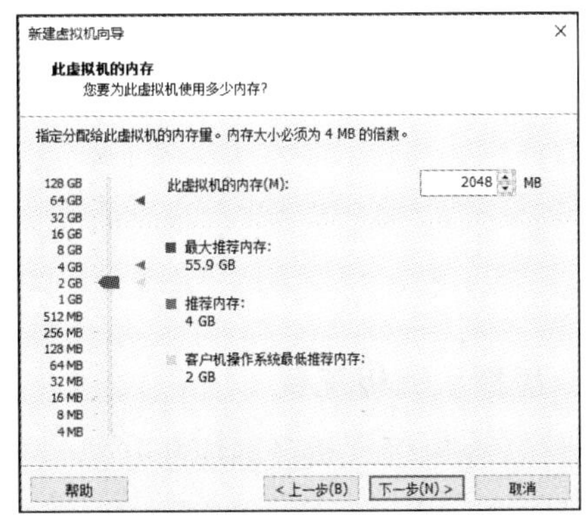

图 1-17　新建虚拟机内存设置

⑦ 网络类型中选择使用网络地址转换(NAT)。

⑧ 设置 I/O 控制器类型为默认的 LSI Logic。

⑨ 设置虚拟磁盘类型为默认的 SCSI。

⑩ 选择创建新虚拟磁盘。

⑪ 设置“最大磁盘大小”为 40GB，不要选中“立即分配所有磁盘空间”复选框，选择“将虚拟磁盘拆分成多个文件”单选按钮，如图 1-18 所示，然后单击“下一步”按钮。

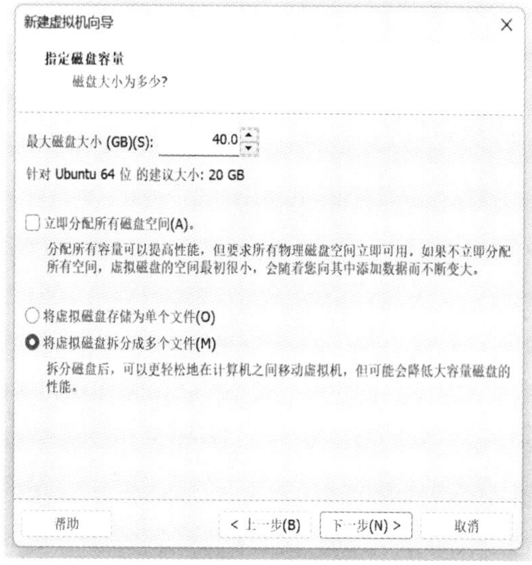

图 1-18　新建虚拟机磁盘容量与存储拆分设置

⑫“磁盘文件”可使用默认值，如图 1-19 所示，然后单击“下一步”按钮。

⑬ 准备好创建虚拟机的界面如图 1-20 所示，单击“完成”按钮，创建虚拟机。

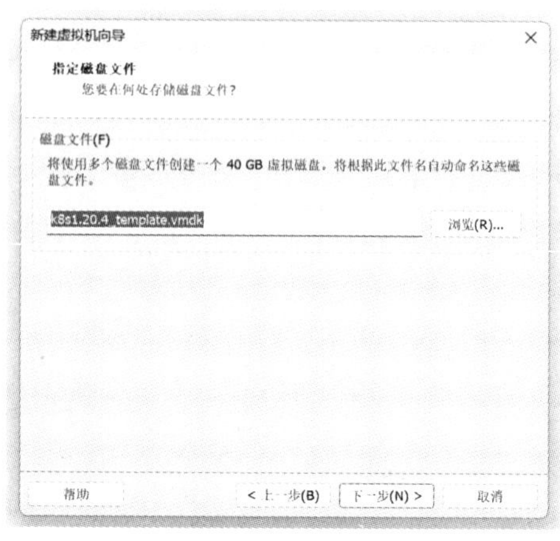

图 1-19　新建虚拟机磁盘文件命名

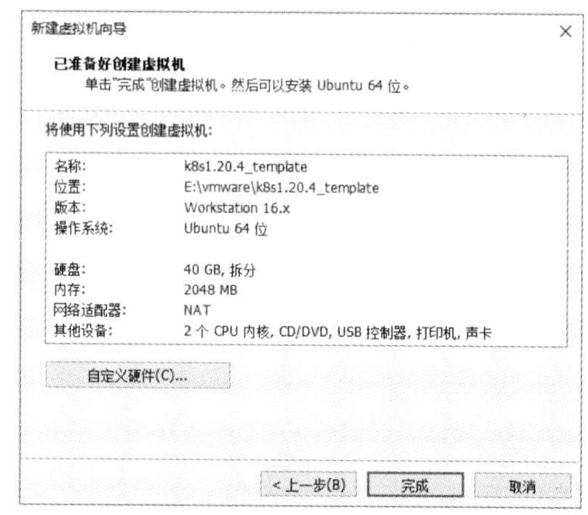

图 1-20　新建虚拟机创建完成

2. 虚拟机模板配置

创建好虚拟机模板 k8s1.20.4_template 之后，可以编辑虚拟机设置，指定安装文件 ubuntu-20.04.2-live-server-amd64.iso。具体操作如下。

① 在 VMware Workstation Pro 中先单击上方工具栏中用于显示或隐藏库的按钮，将左侧

“库”显示出来，然后在左侧“库”中选择刚创建好的虚拟机模板“k8s1.20.4_template”选项，然后单击右侧主区域的“编辑虚拟机设置”按钮，如图 1-21 所示。

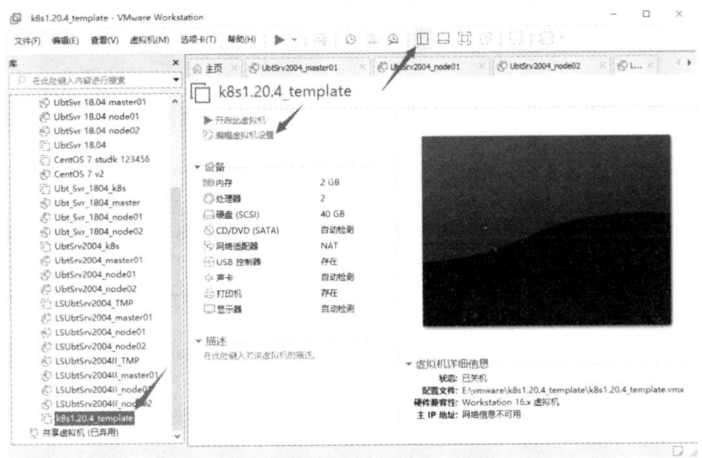

图 1-21　VMware Workstation 编辑虚拟机设置选择

② 在“硬件”中选择“CD/DVD(SATA)”，“连接”部分选择“使用 ISO 映像文件”单选按钮，单击“浏览”按钮，选择之前下载的 ubuntu-20.04.2-live-server-amd64.iso 文件，如图 1-22 所示，单击“确定”按钮即可。

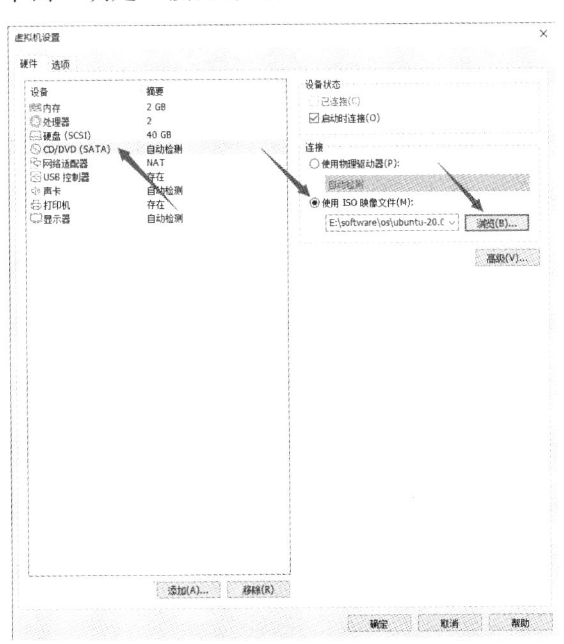

图 1-22　虚拟机设置 CD/DVD(SATA)配置

3. Ubuntu Server 20.04 LTS 64 位安装

启动虚拟机模板 k8s1.20.4_template，如图 1-23 所示。

由于 Ubuntu Server 20.04 LTS 64 位是服务器版，系统安装过程中显示的均为字符界面，不支持鼠标。安装系统启动之后，进入系统安装过程，如下。

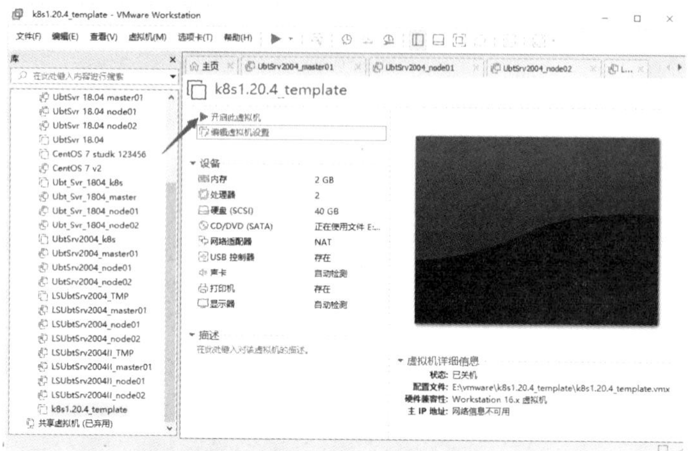

图 1-23　VMware Workstation 启动虚拟机

① 默认选择“English”即可，如图 1-24 所示，然后直接按回车键。

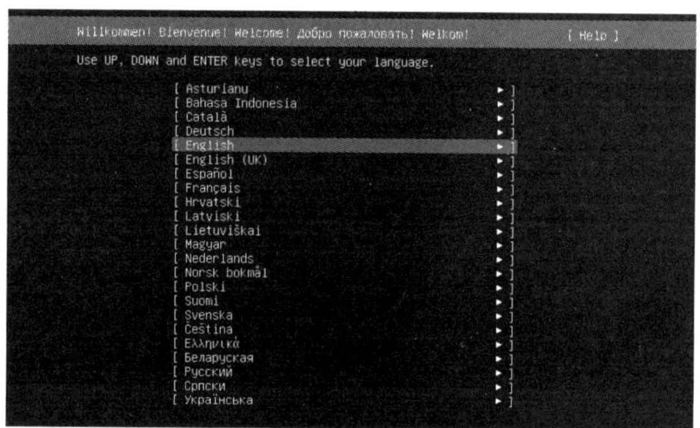

图 1-24　Ubuntu 系统安装语言选择

② 系统安装程序更新，由于 Ubuntu 不定期发布新的安装器，当前系统安装程序未必是最新版本，在已连接网络的情况下，会提示是否更新系统安装程序。选择“Continue without updating”（不更新继续下一步），如图 1-25 所示。

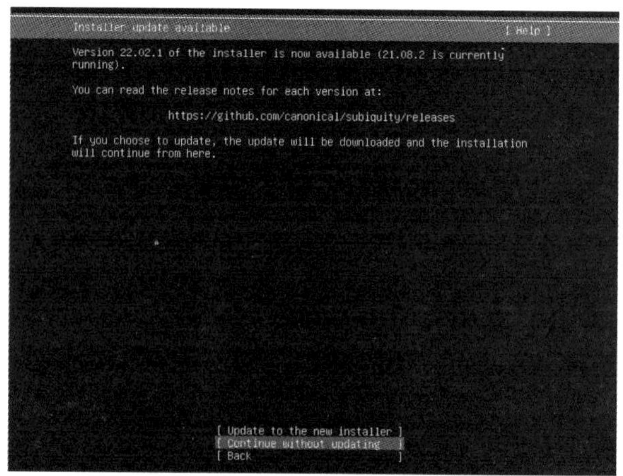

图 1-25　Ubuntu 安装系统安装程序更新

③ 键盘配置，采用默认布局即可，无须更改，直接按回车键确认。

④ 网络连接部分，系统默认分配了动态 IP 地址，如图 1-26 所示，此处不做修改，直接按回车键确认。

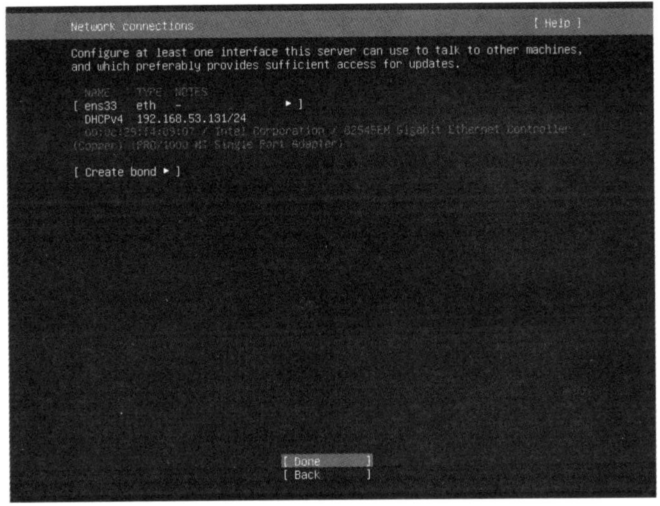

图 1-26 Ubuntu 安装网络连接设置

⑤ Ubuntu 镜像源配置，推荐采用阿里云镜像源，速度较快，并且链接稳定。按 Tab 键进行输入点跳转，将“Mirror address”部分修改为阿里云的镜像地址，输入完成之后，再按 Tab 键跳转到“Done”上，如图 1-27 所示。按回车键确认。

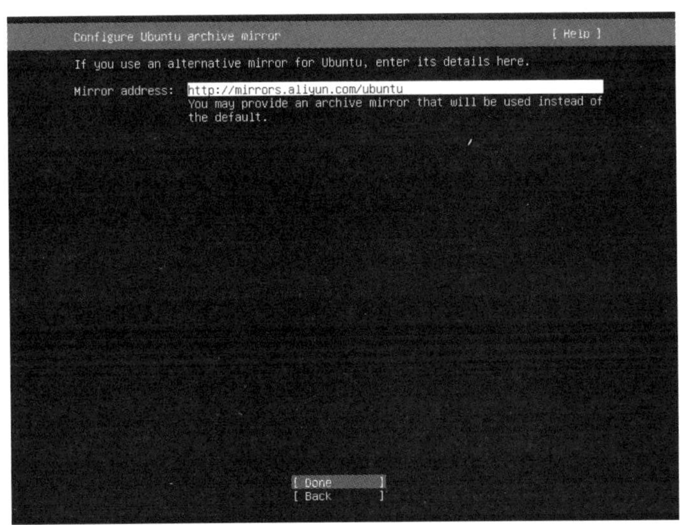

图 1-27 Ubuntu 安装软件源（镜像站）配置

⑥ 存储配置向导部分，按 Tab 键跳转至“Set up this disk as an LVM group”，按空格键取消选中，如图 1-28 所示。选择“Done”，按回车键确认。

⑦ 存储配置部分，如图 1-29 所示，直接按回车键确认。

⑧ 由于涉及格式化磁盘，因此需要再次确认，系统会弹出确认对话框，按 Tab 键将对话框中的选中项由“No”跳转至“Continue”，如图 1-30 所示，然后按回车键确认。

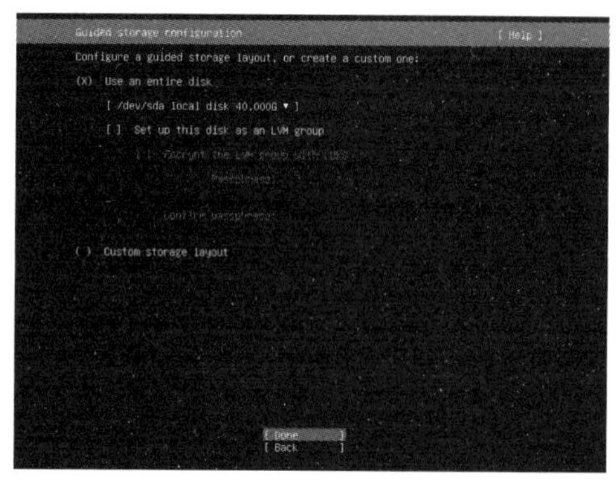

图 1-28　Ubuntu 安装存储布局设置

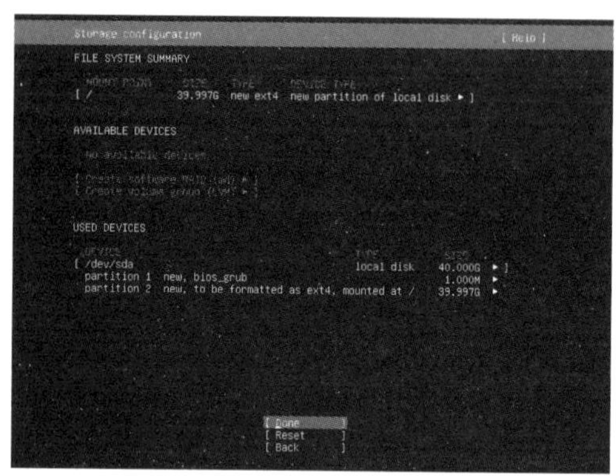

图 1-29　Ubuntu 安装存储配置

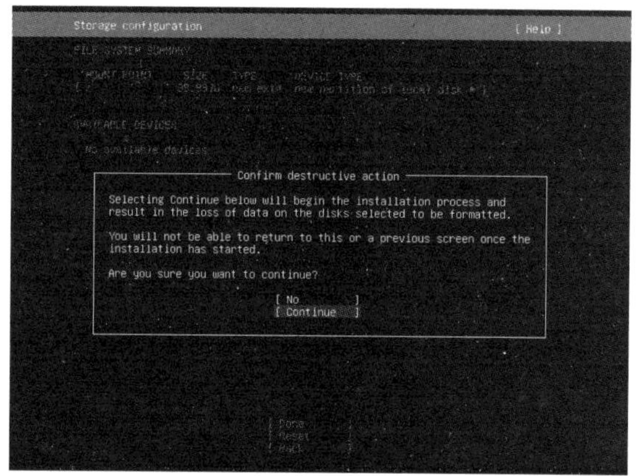

图 1-30　Ubuntu 安装存储格式化（数据清除）确认

⑨ 用户信息设置部分，输入用户名与密码。本书密码统一使用 123456，方便记忆，但是需要强调的是，在生产环境中，切不可使用简单密码。在图 1-31 中，密码以*显示，因为 ubuntu 系统中有一种内置的安全机制，可以防止他人在用户输入时查看密码。

⑩ SSH 设置部分，由于后期将使用 MobaXterm 或 Putty 远程登录工具，因此需要安装 SSH 服务器。按 Tab 键跳转至“Install OpenSSH server”，按空格键选中后，再跳转至“Done”，如图 1-32 所示，然后按回车键确认。

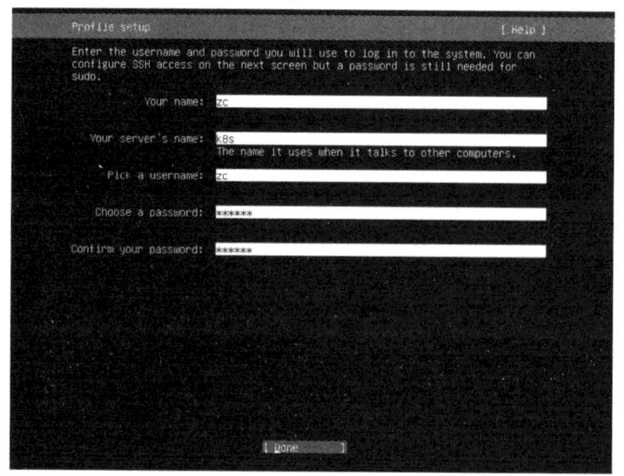

图 1-31　Ubuntu 安装用户信息设置

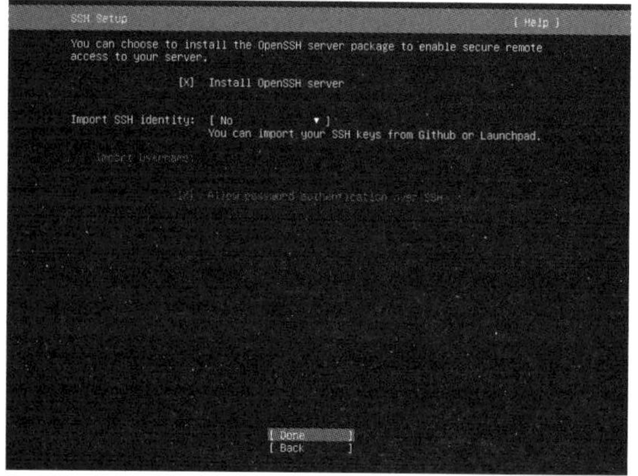

图 1-32　Ubuntu 安装 SSH 设置

⑪ 整个 Ubuntu Server 20.04 LTS 64 位的安装与配置基本结束，如图 1-33 所示，无须再安装其他软件，直接按回车键即可。

⑫ 等待安装，直至出现“Reboot Now”，如图 1-34 所示，按回车键重启系统。

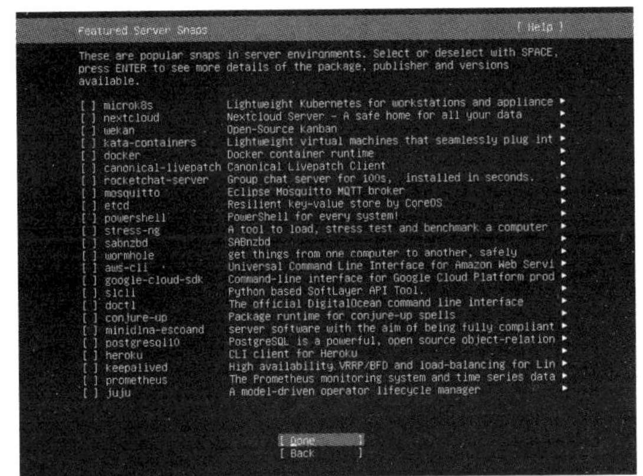

图 1-33 Ubuntu 安装自带服务增选

图 1-34 Ubuntu 安装重启系统

⑬ 在重启过程中，会提示移除安装媒介，如图 1-35 所示，直接按回车键重启即可。

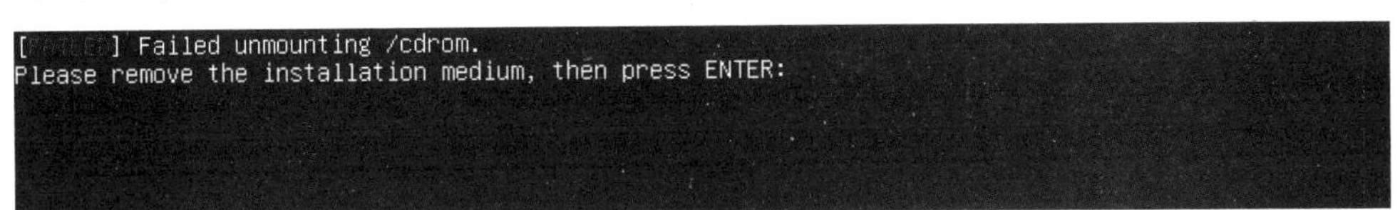

图 1-35 Ubuntu 安装移除安装媒介

4. Ubuntu Server 20.04 LTS 64 位配置

由于 Ubuntu Server 20.04 LTS 64 位中自带 Cloud-init，其是开源的云初始化程序，能够对新创建的弹性云服务器中指定的自定义信息（主机名、密钥和用户数据等）进行初始化配置。因此，在启动系统之后，可以发现终端屏幕上有许多输出信息，如图 1-36 所示。

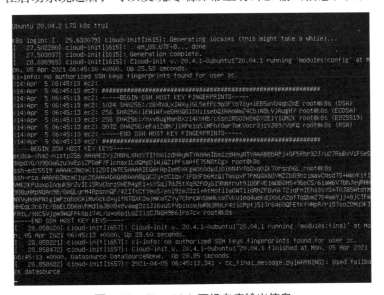

图 1-36 Cloud-init 开机自启输出信息

可以直接按回车键，系统提示输入用户名与密码（根据前文安装时的设置，这里的用户名为 zc，密码为 123456），输入之后，即可登录 Ubuntu Server，如图 1-37 所示。

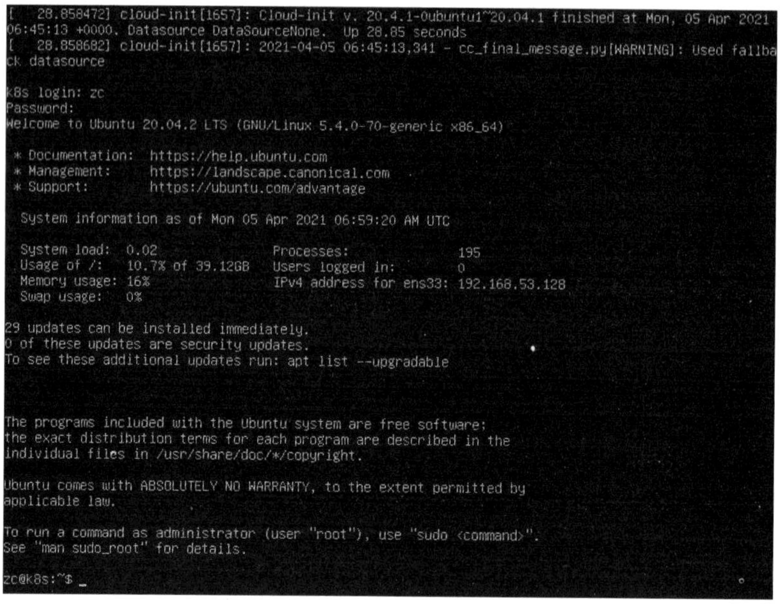

```
[   28.858472] cloud-init[1657]: Cloud-init v. 20.4.1-0ubuntu1~20.04.1 finished at Mon, 05 Apr 2021
06:45:13 +0000. Datasource DataSourceNone.  Up 28.85 seconds
[   28.858682] cloud-init[1657]: 2021-04-05 06:45:13,341 - cc_final_message.py[WARNING]: Used fallba
ck datasource

k8s login: zc
Password:
Welcome to Ubuntu 20.04.2 LTS (GNU/Linux 5.4.0-70-generic x86_64)

 * Documentation:  https://help.ubuntu.com
 * Management:     https://landscape.canonical.com
 * Support:        https://ubuntu.com/advantage

  System information as of Mon 05 Apr 2021 06:59:20 AM UTC

  System load:  0.02              Processes:               195
  Usage of /:   10.7% of 39.12GB  Users logged in:         0
  Memory usage: 16%               IPv4 address for ens33:  192.168.53.128
  Swap usage:   0%

29 updates can be installed immediately.
0 of these updates are security updates.
To see these additional updates run: apt list --upgradable


The programs included with the Ubuntu system are free software;
the exact distribution terms for each program are described in the
individual files in /usr/share/doc/*/copyright.

Ubuntu comes with ABSOLUTELY NO WARRANTY, to the extent permitted by
applicable law.

To run a command as administrator (user "root"), use "sudo <command>".
See "man sudo_root" for details.

zc@k8s:~$ _
```

图 1-37　Ubuntu Server 登录

登录 Ubuntu Server 之后，需要进行如下配置。

① Ubuntu Server 会在每次启动系统时，自动给 root 用户分配密码，为了方便以 root 用户身份进行登录，需要手动配置 root 用户密码：

```
zc@k8s:~$ sudo passwd root
[sudo] password for zc:
New password:
Retype new password:
passwd: password updated successfully
```

修改密码之后，使用 logout 命令退出登录，再以 root 用户身份重新登录系统。登录之后，提示符为 root@k8s:~#。

② 修改 SSH 服务配置，允许 root 用户远程访问。使用 vim /etc/ssh/sshd_config 命令，将 PermitRootLogin prohibit-password 一行修改为 PermitRootLogin yes，如下：

```
PermitRootLogin yes
```

然后，重新启动 SSH 服务，使配置生效：

```
root@k8s:~# systemctl restart ssh
```

③ 查看系统 IP 地址，在输出内容中 ens33 部分显示虚拟机模板实际 IP 地址为 192.168.53.131：

```
root@k8s:~# ip addr
1: lo: <LOOPBACK,UP,LOWER_UP> mtu 65536 qdisc noqueue state UNKNOWN group default qlen 1000
    link/loopback 00:00:00:00:00:00 brd 00:00:00:00:00:00
    inet 127.0.0.1/8 scope host lo
       valid_lft forever preferred_lft forever
    inet6 ::1/128 scope host
```

```
       valid_lft forever preferred_lft forever
2: ens33: <BROADCAST,MULTICAST,UP,LOWER_UP> mtu 1500 qdisc fq_codel state UP group
default qlen 1000
    link/ether 00:0c:29:f4:09:07 brd ff:ff:ff:ff:ff:ff
    inet 192.168.53.131/24 brd 192.168.53.255 scope global dynamic ens33
       valid_lft 1116sec preferred_lft 1116sec
    inet6 fe80::20c:29ff:fef4:907/64 scope link
       valid_lft forever preferred_lft forever
```

④ 启动 MobaXterm 或其他 SSH 远程登录软件，本书以 MobaXterm 为示例，单击“Sessions”菜单中的“New session”新建会话，如图 1-38 所示。

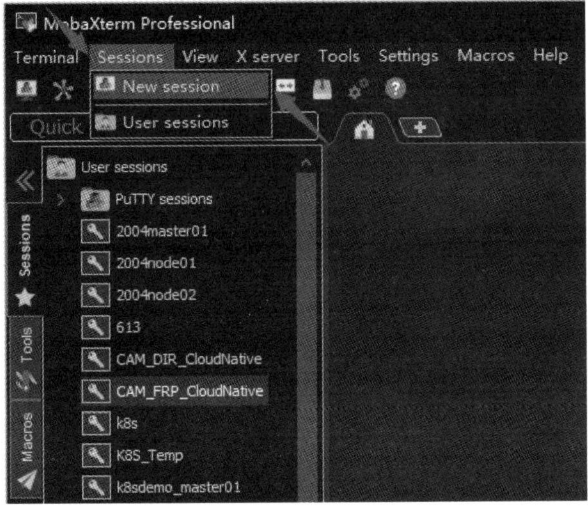

图 1-38 MobaXterm 新建会话

⑤ 在基础 SSH 设置页，输入之前查看的 IP 地址，并指定用户名为 root，设置会话名为 k8s1.20.4_template，如图 1-39 所示，最后单击“OK”按钮。

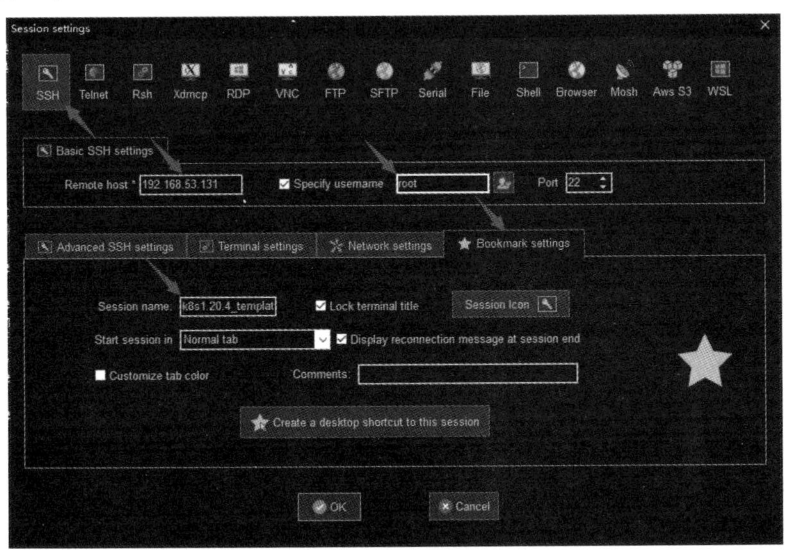

图 1-39 MobaXterm 基础 SSH 设置

⑥ 首次使用 MobaXterm 时，会提示配置“Master Password”（主密码），以便 MobaXterm 存储所有会话的密码，从而实现快速自动填写密码、便捷登录的目的。这里要求主密码最少有 7 个字符，输入 1234567，如图 1-40 所示。

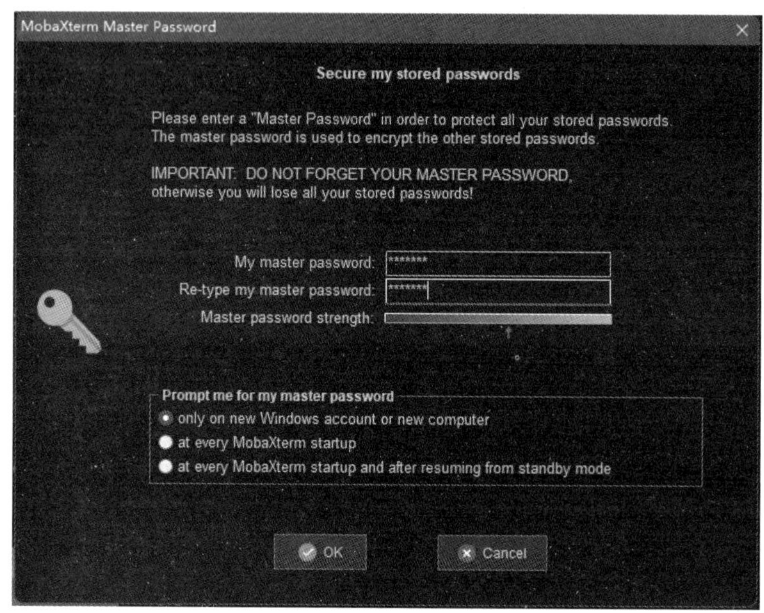

图 1-40　MobaXterm 主密码设置

⑦ 登录之后，便可使用命令进行运维与部署工作了，并且支持与宿主机进行复制、粘贴，如图 1-41 所示。

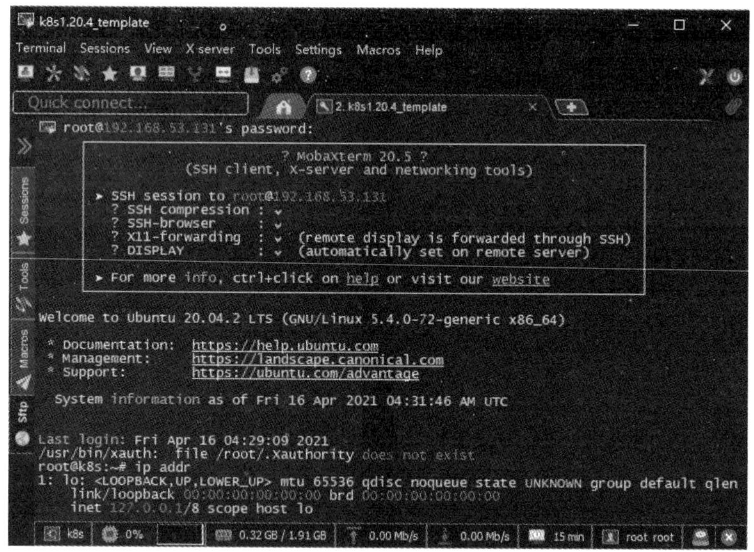

图 1-41　MobaXterm 登录

后续操作均在用 MobaXterm 软件进行远程登录的情况下实施。

对于英文阅读存在一定困难的读者，可以安装翻译软件进行取词翻译，如图 1-42 所示。

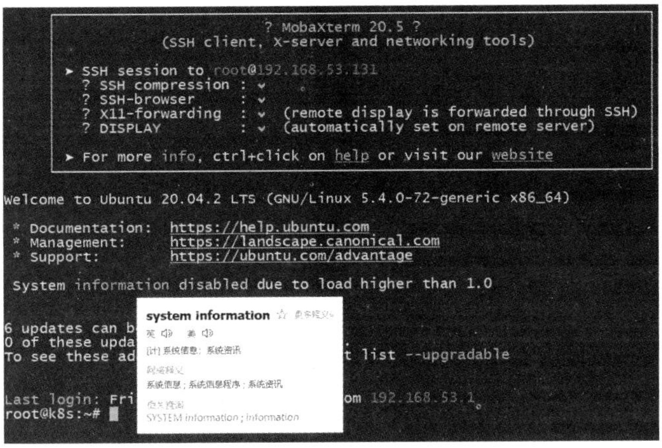

图 1-42 MobaXterm 界面取词与翻译

⑧ 由于 Cloud-init 针对公有云环境进行系统初始化操作，因此在本书中并不需要，这里将其卸载、删除：

```
root@k8s:~# apt-get -y autoremove cloud-init
Reading package lists... Done
Building dependency tree
Reading state information... Done
The following packages will be REMOVED:
  cloud-init eatmydata libeatmydata1 python3-importlib-metadata python3-jinja2
  python3-json-pointer python3-jsonpatch python3-jsonschema python3-markupsafe
  python3-more-itertools python3-pyrsistent python3-zipp
...
```

⑨ 使用 ip route 命令查看当前系统默认路由信息，输出内容中紧跟 default via 之后的 IP 地址即默认路由：

```
root@k8s:~# ip route
default via 192.168.53.2 dev ens33 proto dhcp src 192.168.53.128 metric 100
192.168.53.0/24 dev ens33 proto kernel scope link src 192.168.53.128
192.168.53.2 dev ens33 proto dhcp scope link src 192.168.53.128 metric 100
```

⑩ 当前虚拟机模板 IP 地址为系统自动分配的，在实际工作中，各服务器与节点的 IP 地址往往需要手动指定，因此本书中需要使用静态 IP 地址。使用 vim/etc/netplan/00-.installer-config.yaml 命令编辑配置文件，修改后/etc/netplan/00-installer-config.yaml 内容如下：

```
# This is the network config written by 'subiquity'
network:
  ethernets:
    ens33:
      # dhcp4: true
      dhcp4: false
      addresses: [192.168.53.131/24]
      gateway4: 192.168.53.2
      nameservers:
```

```
      addresses: [223.5.5.5,223.6.6.6]
  version: 2
```

其中，对于 YAML 格式的文件要注意各行的缩进，每个字段的冒号“:”之后要有一个空格，addresses 字段中的 192.168.53.131/24 为当前系统的 IP 地址，而 gateway4 字段中的 192.168.53.2 为之前查看的系统默认路由。

【常识与技巧】

YAML 格式的文件扩展名为.yaml 或.yml，YAML 是一种格式标记语言。其语法和其他高级语言的类似，并且可以简单表达清单、散列表、标量等数据形态，特别适合用来表达或编辑各种数据结构、配置文件等。其基本用法如下。

- 大小写敏感。
- 使用缩进表示层级关系。
- 缩进不允许按 Tab 键，只允许按空格键。
- 缩进的距离不重要，只要相同层级的元素左对齐即可。
- '#'表示注释。

使用 netplan apply 命令使配置生效：

```
root@k8s:~# netplan apply
```

⑪ 配置完虚拟机网络信息后，通过 apt-get update 命令获取系统中可更新的软件，再通过 apt-get -y upgrade 命令更新这些软件，保持系统中软件版本为最新的：

```
root@k8s:~# apt-get update & apt-get -y upgrade
[1] 18645
Reading package lists... Done
Building dependency tree
Reading state information... Done
Calculating upgrade... Done
...
```

⑫ Ubuntu Server 20.04 LTS 64 位系统中默认已经开放了 22、80、443 端口，若使用其他集群操作系统，请确保这些端口已经开放。Ubuntu Server 20.04 LTS 64 位系统中默认未安装 SELinux，也未激活防火墙，若使用其他集群操作系统，请确保防火墙处于关闭状态。开启 bash 参数自动补全功能，使用 vim/etc/bash.bashrc 命令，编辑/etc/bash.bashrc 文件，取消 bash-completion 相关的注释，具体代码如下：

```
# enable bash completion in interactive shells
if ! shopt -oq posix; then
  if [ -f /usr/share/bash-completion/bash_completion ]; then
    . /usr/share/bash-completion/bash_completion
  elif [ -f /etc/bash_completion ]; then
    . /etc/bash_completion
  fi
fi
```

将代码中除第一行之外的其他行代码前的“#”删除，如上述代码所示，并保存、退出。使用 source 命令，更新配置使之生效：

```
root@k8s:~# source /etc/bash.bashrc
```

⑬ 关闭系统 swap 分区，使用 vim /etc/fstab 命令，注释掉/swap.img 所在行，内容如下：

```
# /swap.img      none      swap     sw      0        0
```

保存并退出之后，使用 shutdown -h now 命令关闭系统：

```
root@k8s:~# shutdown -h now
```

5. 虚拟机模板快照拍摄

在 VMware Workstation Pro 的菜单中选择“快照”中的“拍摄快照”，如图 1-43 所示。

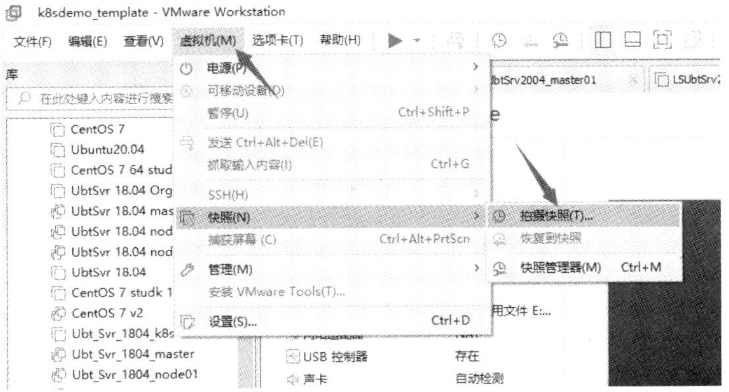

图 1-43 VMware Workstation 虚拟机拍摄快照选择

输入名称，这里建议输入方便记忆且易于描述当前系统状态的名称，例如“系统安装与配置完成”，单击“拍摄快照”按钮即可，如图 1-44 所示。

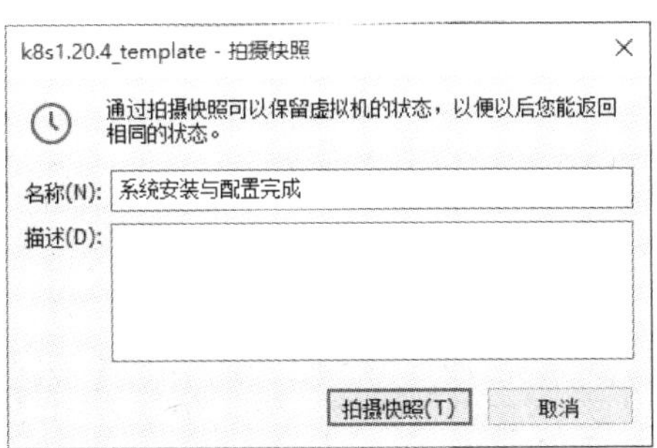

图 1-44 VMware Workstation 拍摄快照名称设置

6. Docker 安装

Kubernetes 基于容器技术，因此需要部署容器运行时环境，本书中使用 docker-ce（Docker 社区版），也可以部署其他容器运行时环境。

启动虚拟机模板系统，远程登录之后，进行如下安装步骤。

① 安装必要的系统工具，即 apt-transport-https ca-certificates curl software-properties-common：

```
root@k8s:~# apt-get -y install apt-transport-https ca-certificates curl software-
properties-common
Reading package lists... Done
Building dependency tree
Reading state information... Done
...
```

② 安装 GPG 证书，使用 curl -fsSL https://mirrors.aliyun.com/docker-ce/linux/ubuntu/gpg |

apt-key add - 命令：

```
root@k8s:~# curl -fsSL https://mirrors.aliyun.com/docker-ce/linux/ubuntu/gpg | apt-key add -
OK
```

上面的 GPG 证书安装使用阿里云的 Docker 软件源。其实，除了 Docker 官方网站之外，许多组织（如清华大学、中国科学技术大学等）均提供了 Docker 软件源，读者可根据需要进行设置，只需使用对应的软件源替换上述命令中的“https://mirrors.aliyun.com/docker-ce/linux/ubuntu/gpg”即可。

③ 写入 docker-ce 软件源信息，使用 add-apt-repository "deb [arch=amd64] https://mirrors.aliyun.com/ docker-ce/linux/ubuntu $(lsb_release -cs) stable" 命令：

```
root@k8s:~# add-apt-repository "deb [arch=amd64] https://mirrors.aliyun.com/docker-ce/linux/ubuntu $(lsb_release -cs) stable"
Hit:1 http://mirrors.aliyun.com/ubuntu focal InRelease
Hit:2 http://mirrors.aliyun.com/ubuntu focal-updates InRelease
Hit:3 http://mirrors.aliyun.com/ubuntu focal-backports InRelease
Get:4 https://mirrors.aliyun.com/docker-ce/linux/ubuntu focal InRelease [36.2 kB]
Hit:5 http://mirrors.aliyun.com/ubuntu focal-security InRelease
Get:6 https://mirrors.aliyun.com/docker-ce/linux/ubuntu focal/stable amd64 Packages [8,458 B]
Fetched 44.6 kB in 1s (80.3 kB/s)
Reading package lists... Done
```

④ 写入 docker-ce 软件源信息之后，需要更新软件信息：

```
root@k8s:~# apt-get update
Hit:1 http://mirrors.aliyun.com/ubuntu focal InRelease
Hit:2 https://mirrors.aliyun.com/docker-ce/linux/ubuntu focal InRelease
Hit:3 http://mirrors.aliyun.com/ubuntu focal-updates InRelease
Hit:4 http://mirrors.aliyun.com/ubuntu focal-backports InRelease
Hit:5 http://mirrors.aliyun.com/ubuntu focal-security InRelease
Reading package lists... Done
```

⑤ 由于 Kubernetes 不支持 Docker 20 以上版本，因此需要在安装时手动指定 docker-ce 版本。先使用 apt-cache madison docker-ce 命令查看当前软件源中 docker-ce 的所有版本信息：

```
root@k8s:~# apt-cache madison docker-ce
 docker-ce | 5:20.10.5~3-0~ubuntu-focal | https://mirrors.aliyun.com/docker-ce/linux/ubuntu focal/stable amd64 Packages
...
 docker-ce | 5:19.03.15~3-0~ubuntu-focal | https://mirrors.aliyun.com/docker-ce/linux/ubuntu focal/stable amd64 Packages
 docker-ce | 5:19.03.14~3-0~ubuntu-focal | https://mirrors.aliyun.com/docker-ce/linux/ubuntu focal/stable amd64 Packages
 docker-ce | 5:19.03.13~3-0~ubuntu-focal | https://mirrors.aliyun.com/docker-ce/linux/ubuntu focal/stable amd64 Packages
...
```

可以发现当前满足 Kubernetes 要求的 docker-ce 版本最高为 19.03.15~3-0~ubuntu-focal 版本。因此，安装该版本。注意在指定版本时，需要包括 19.03.15~3-0~ubuntu-focal 前面

的“5:”：

```
root@k8s:~# apt-get install -y docker-ce=5:19.03.15~3-0~ubuntu-focal
Reading package lists... Done
Building dependency tree
Reading state information... Done
The following additional packages will be installed:
  aufs-tools cgroupfs-mount containerd.io docker-ce-cli pigz
The following NEW packages will be installed:
  aufs-tools cgroupfs-mount containerd.io docker-ce docker-ce-cli pigz
...
```

7. Docker 配置

为了支持 Kubernetes，需要在安装完 Docker 之后，进行一系列的配置。

① 使用 docker info 命令查看 docker-ce 的信息：

```
root@k8s:~# docker info
Client:
 Context:    default
 Debug Mode: false
 Plugins:
  app: Docker App (Docker Inc., v0.9.1-beta3)
  buildx: Build with BuildKit (Docker Inc., v0.5.1-docker)
...
 Server Version: 19.03.15
...
 Operating System: Ubuntu 20.04.2 LTS
 OSType: linux
 Architecture: x86_64
 CPUs: 2
 Total Memory: 1.913GiB
 Name: k8s
...
 Live Restore Enabled: false

WARNING: No swap limit support
```

注意输出内容尾部的警告信息：WARNING: No swap limit support，表示当前操作系统下 docker-ce 不支持 swap 限制。使用基于 rpm 包管理器的系统（例如 CentOS、Red Hat 等操作系统）不会出现此警告，这些系统默认情况下启用了该功能。针对 deb 包管理器的系统（例如本书中使用的 Ubuntu 等操作系统）的解决办法：编辑/etc/default/grub 文件，添加或编辑 GRUB_CMDLINE_LINUX 行，增加两个键值对 cgroup_enable=memory 和 swapaccount=1，如下所示：

```
GRUB_CMDLINE_LINUX="cgroup_enable=memory swapaccount=1"
```

更新 grub，并重启系统：

```
root@k8s:~# update-grub
Sourcing file `/etc/default/grub'
Sourcing file `/etc/default/grub.d/init-select.cfg'
```

```
Generating grub configuration file ...
Found linux image: /boot/vmlinuz-5.4.0-70-generic
Found initrd image: /boot/initrd.img-5.4.0-70-generic
done
root@k8s:~# reboot
```

② 重启系统之后，需要配置 iptables。Docker 在 1.13 版本之后，将系统 iptables 中 FORWARD 链的默认策略设置为 DROP，而 Kubernetes 则需要该策略为 ACCEPT。临时性解决方法为执行命令 iptables -P FORWARD ACCEPT。永久性解决方法为编辑/lib/systemd/system/docker.service 文件，在 Service 中的 ExecReload=/bin/kill -s HUP $MAINPID 行之后增加 ExecStartPost=/sbin/iptables -P FORWARD ACCEPT：

```
ExecStartPost=/sbin/iptables -P FORWARD ACCEPT
```

更新配置，并重启 docker：

```
root@k8s:~# systemctl daemon-reload
root@k8s:~# systemctl restart docker
```

可以使用 iptables -L | less 命令查看修改后的结果：

```
...
Chain FORWARD (policy ACCEPT)
...
```

③ 自定义 Docker 镜像加速器。创建/etc/docker/daemon.json 文件，内容如下：

```
{
    "registry-mirrors": ["http://f1361db2.m.daocloud.io"],
    "exec-opts": ["native.cgroupdriver=systemd"],
    "log-driver": "json-file",
    "log-opts": {
      "max-size": "100m"
    },
    "storage-driver": "overlay2"
}
```

其中的 registry-mirrors 字段用于指定镜像加速器，这里使用了 DaoCloud 的加速器。推荐使用阿里云的个人账户专属镜像加速器。阿里云的个人账户专属镜像加速器可以在阿里云控制台的容器镜像服务下的镜像加速器中找到。具体如图 1-45 所示。

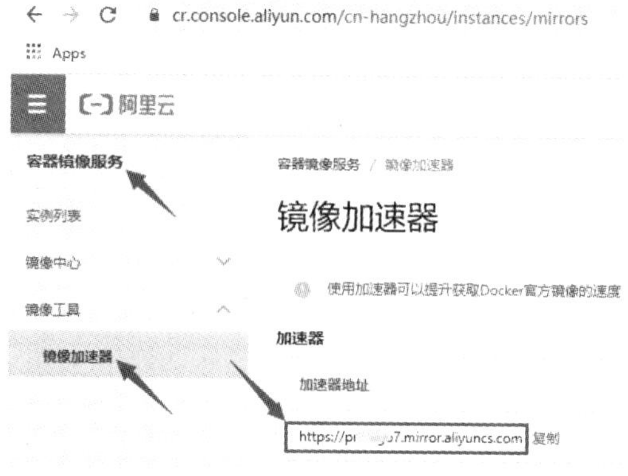

图 1-45 阿里云镜像加速器

exec-opts 字段用于将 cgroupdriver 由默认值 cgroupfs 修改为 systemd。更新配置，并重启 docker：

```
root@k8s:~# systemctl daemon-reload
root@k8s:~# systemctl restart docker
```

④ 使用 shutdown -h now 命令，关闭系统。在 VMware Workstation Pro 中拍摄快照，快照名为“Docker 19.03.15 安装配置完成”。

8. kubeadm 的安装与配置

本书中的 Kubernetes 集群采用官方的 kubeadm 方式部署，涉及以下 3 个软件，它们均需要在集群中的每个节点上安装。

- kubeadm：用于初始化集群。
- kubelet：在集群中的每个节点上用于启动 Pod 和容器等。
- kubectl：用于与集群进行通信。

本书使用 Kubernetes 1.20.4，安装过程如下。

① 启动系统，并远程登录。安装必要的系统工具：

```
root@k8s:~# apt-get update && apt-get install -y apt-transport-https
Hit:1 http://mirrors.aliyun.com/ubuntu focal InRelease
Get:2 http://mirrors.aliyun.com/ubuntu focal-updates InRelease [114 kB]
...
Fetched 1,704 B in 0s (5,185 B/s)
(Reading database ... 71068 files and directories currently installed.)
Preparing to unpack .../apt-transport-https_2.0.5_all.deb ...
Unpacking apt-transport-https (2.0.5) over (2.0.4) ...
Setting up apt-transport-https (2.0.5) ...
```

② 安装 Kubernetes 的 GPG 证书，使用命令 curl https://mirrors.aliyun.com/kubernetes/apt/ doc/apt-key.gpg | apt-key add -：

```
root@k8s:~# curl https://mirrors.aliyun.com/kubernetes/apt/doc/apt-key.gpg | apt-key
add -
  % Total    % Received % Xferd  Average Speed   Time    Time     Time  Current
Dload      Upload     Total   Spent    Left    Speed
100  2537  100  2537    0     0    487      0  0:00:05  0:00:05 --:--:--   607
OK
```

③ 增加 Kubernetes 软件源，创建/etc/apt/sources.list.d/kubernetes.list 文件，内容如下：

```
deb https://mirrors.aliyun.com/kubernetes/apt/ kubernetes-xenial main
```

增加 Kubernetes 软件源后，更新软件源：

```
root@k8s:~# apt-get update
Hit:1 http://mirrors.aliyun.com/ubuntu focal InRelease
Hit:2 http://mirrors.aliyun.com/ubuntu focal-updates InRelease
Hit:3 http://mirrors.aliyun.com/ubuntu focal-backports InRelease
Hit:4 https://mirrors.aliyun.com/docker-ce/linux/ubuntu focal InRelease
Hit:5 http://mirrors.aliyun.com/ubuntu focal-security InRelease
Reading package lists... Done
```

④ 查看当前软件源中 kubeadm 的所有版本信息：

```
root@k8s:~# apt-cache madison kubeadm
   kubeadm |  1.21.0-00 | https://mirrors.aliyun.com/kubernetes/apt  kubernetes-
xenial/main amd64 Packages
   kubeadm |  1.20.6-00 | https://mirrors.aliyun.com/kubernetes/apt  kubernetes-
xenial/main amd64 Packages
   kubeadm |  1.20.5-00 | https://mirrors.aliyun.com/kubernetes/apt  kubernetes-
xenial/main amd64 Packages
   kubeadm |  1.20.4-00 | https://mirrors.aliyun.com/kubernetes/apt  kubernetes-
xenial/main amd64 Packages
   kubeadm |  1.20.2-00 | https://mirrors.aliyun.com/kubernetes/apt  kubernetes-
xenial/main amd64 Packages
   kubeadm |  1.20.1-00 | https://mirrors.aliyun.com/kubernetes/apt  kubernetes-
xenial/main amd64 Packages
   kubeadm |  1.20.0-00 | https://mirrors.aliyun.com/kubernetes/apt  kubernetes-
xenial/main amd64 Packages
```

⑤ 安装 kubeadm 1.20.4。安装指定版本的 kubeadm，需要同时指定 kubeadm、kubelet 和 kubectl 这 3 个软件的版本，它们的版本必须相同。本书将使用编写本书时 Kubernetes 的最新版本 1.20.4，推荐各位读者在安装环境时，也与本书保持一致，使用 1.20.4 版本。而在指定版本时，“=1.20.4-00”是通过前一步骤中的 apt-cache madison kubeadm 命令查看并获取的。具体代码如下：

```
root@k8s:~# apt-get install kubeadm=1.20.4-00 kubelet=1.20.4-00 kubectl=1.20.4-00
Reading package lists... Done
Building dependency tree
Reading state information... Done
The following additional packages will be installed:
  conntrack cri-tools ebtables kubernetes-cni socat
Suggested packages:
  nftables
The following NEW packages will be installed:
  conntrack cri-tools ebtables kubeadm kubectl kubelet kubernetes-cni socat
0 upgraded, 8 newly installed, 0 to remove and 1 not upgraded.
Need to get 68.7 MB of archives.
After this operation, 294 MB of additional disk space will be used.
...
```

注：若要安装最新版本，使用 apt-get install kubeadm 命令即可，无须给出具体版本号。

⑥ Kubernetes 需要使通过网桥的数据包由主机系统上的 iptables 规则处理，其默认为关闭状态，因此需要修改配置使其开启。创建/etc/sysctl.d/k8s.conf 文件，输入的内容如下：

```
net.bridge.bridge-nf-call-ip6tables = 1
net.bridge.bridge-nf-call-iptables = 1
```

⑦ 手动加载所有配置文件，使之生效：

```
root@k8s:~# sysctl --system
```

```
* Applying /etc/sysctl.d/10-console-messages.conf ...
kernel.printk = 4 4 1 7
* Applying /etc/sysctl.d/10-ipv6-privacy.conf ...
net.ipv6.conf.all.use_tempaddr = 2
net.ipv6.conf.default.use_tempaddr = 2
* Applying /etc/sysctl.d/10-kernel-hardening.conf ...
kernel.kptr_restrict = 1
* Applying /etc/sysctl.d/10-link-restrictions.conf ...
fs.protected_hardlinks = 1
fs.protected_symlinks = 1
* Applying /etc/sysctl.d/10-magic-sysrq.conf ...
kernel.sysrq = 176
* Applying /etc/sysctl.d/10-network-security.conf ...
net.ipv4.conf.default.rp_filter = 2
net.ipv4.conf.all.rp_filter = 2
* Applying /etc/sysctl.d/10-ptrace.conf ...
kernel.yama.ptrace_scope = 1
* Applying /etc/sysctl.d/10-zeropage.conf ...
vm.mmap_min_addr = 65536
* Applying /usr/lib/sysctl.d/50-default.conf ...
net.ipv4.conf.default.promote_secondaries = 1
sysctl: setting key "net.ipv4.conf.all.promote_secondaries": Invalid argument
net.ipv4.ping_group_range = 0 2147483647
net.core.default_qdisc = fq_codel
fs.protected_regular = 1
fs.protected_fifos = 1
* Applying /usr/lib/sysctl.d/50-pid-max.conf ...
kernel.pid_max = 4194304
* Applying /etc/sysctl.d/99-sysctl.conf ...
* Applying /etc/sysctl.d/k8s.conf ...
net.bridge.bridge-nf-call-ip6tables = 1
net.bridge.bridge-nf-call-iptables = 1
* Applying /usr/lib/sysctl.d/protect-links.conf ...
fs.protected_fifos = 1
fs.protected_hardlinks = 1
fs.protected_regular = 2
fs.protected_symlinks = 1
* Applying /etc/sysctl.conf ...
```

请忽略输出内容中的“Invalid argument”信息，该信息对 Kubernetes 无影响。

⑧ 使用 shutdown -h now 命令，关闭系统。在 VMware Workstation Pro 中拍摄快照，快照名为“Kubeadm 1.20.4 安装配置完成”。

至此，虚拟机模板中 Kubernetes 的基础环境部署完成。在接下来的项目中将进行集群环境部署。

知识小结

本项目首先讲述了 Kubernetes 的概念与起源、功能、组件，以及生态与市场，重点对 Kubernetes 核心组件进行了讲解。随后，进行了 Kubernetes 部署规划，陆续给出了虚拟机软件的安装与配置、远程登录软件的安装，以及作为集群中所有节点模板的虚拟机模板系统的安装与配置。

习题

一、选择题

1. Kubernetes 1.20.4 中主节点硬件配置中内存最低要求是以下哪项？（ ）

A. 1GB　B. 2GB　C. 4GB　D. 1700MB

2. Ubuntu Server 中重新启动服务使用的命令是以下哪项？（ ）

A. systemctl restart <serviceName>　B. restart <serviceName>

C. systemctl <serviceName>　D. 以上都不对

3. Ubuntu Server 中查看 IP 地址的命令是以下哪项？（ ）

A. ip　B. ip addr

C. netconfig　D. ipconfig

4. Ubuntu Server 中查看软件源中软件所有版本信息的命令是以下哪项？（ ）

A. apt-get madison <software>

B. apt-cache search <software>

C. apt-cache madison <software>

D. apt-cache list <software>

二、判断题

1. Kubernetes 主要提供了如下 6 方面的功能：服务发现和负载均衡、存储编排、自动部署和回滚、自动完成装箱计算、自我修复、密钥与配置管理。（ ）

2. 集群至少由一个主节点（Master）和一个工作节点（Worker）构成。（ ）

3. Pod 是可以在 Kubernetes 中创建和管理的、最小的、可部署的计算单元，是一组（一个或多个）容器，这些容器共享存储、网络等资源。（ ）

4. 控制平面组件（Control Plane Component）用于对集群做出全局决策（比如调度），以及检测和响应集群事件（例如，K8s 中的每个 ReplicaSet 控制器都可以根据需要创建和删除 Pod，以使得副本个数达到期望值，进而保证集群稳定性）。（ ）

5. ube-apiserver 组件公开了 Kubernetes API 服务器。Kubernetes API 服务器是 Kubernetes 控制平面的前端。Kubernetes API 服务器主要实现的是 kube-apiserver。（ ）

6. etcd 是兼具一致性和高可用性的键值数据库，可作为保存 Kubernetes 所有集群数据的后台数据库。（ ）

7. kube-scheduler 负责监视新创建的、未指定运行节点（Node）的 Pod，并根据调度决策选择适合的节点让 Pod 在上面运行。（ ）

8. kube-controller-manager 是在主节点上运行的控制器管理器组件。（ ）

9. kubelet 是一个在集群中每个节点上运行的代理。它能保证运行在 Pod 中的容器处于健康状态。kubelet 不管理不是由 Kubernetes 创建的容器。（ ）

10. kube-proxy 是集群中每个节点上运行的网络代理，维护节点上的网络规则。这些网络规则允许从集群内部或外部的网络会话与 Pod 进行网络通信。（　）

三、实验题

1. 安装虚拟机软件。若为 Windows 操作系统可以使用 VMware Workstation、VirtualBox，若为 macOS 可以使用 VirtualBox、Parallels Desktop 等。

2. 在实验题 1 的虚拟机软件内创建虚拟机，安装并配置 Ubuntu Server 20.04 LTS 64 位操作系统，将所创建的虚拟机作为项目 3 中的虚拟机模板。安装完成之后关闭虚拟机，并拍摄快照。

3. 在实验题 2 的 Ubuntu Server 中安装、配置 Docker 19.03.15 及 kubeadm 1.20.4。安装完成之后关闭虚拟机，并拍摄快照。

项目 2 Kubernetes 集群环境部署与节点管理

学习目标

知识目标

- 掌握部署 Kubernetes 的网络规划。
- 掌握 Kubernetes 的节点配置。
- 掌握 Kubernetes 单控制平面的创建与配置。
- 掌握 Kubernetes 的节点管理。

能力目标

- 能根据应用场景规划 Kubernetes 网络架构。
- 能根据应用场景配置 Kubernetes 节点。
- 能创建和配置 Kubernetes 单控制平面。
- 能根据应用场景对 Kubernetes 节点进行管理。

素质目标

- 具备持续学习和自主探究能力，能够不断学习和掌握 Kubernetes 的最新技术。
- 具备分析问题和解决问题的能力，能够独立解决部署 Kubernetes 集群时遇到的问题。
- 具备规范意识和安全意识，能够按照最佳实践进行 Kubernetes 集群的配置与管理。

项目描述

项目 1 介绍了虚拟机软件的安装与配置和远程登录软件的安装，同时创建了虚拟机模板。本项目将对项目 1 中的虚拟机模板进行克隆，设置节点的基础环境，并创建一个 Kubernetes 集群的单控制平面。本项目的工作既包含节点配置、参数自动补全配置、控制平面配置文件生成、控制平面初始化，也包含 kubectl 配置文件设置与 Kubernetes 网络配置，还包含集群的节点管理。

任务 2.1　网络规划与虚拟机节点克隆

任务说明

在部署 Kubernetes 集群环境之前，需要根据实际对集群网络进行规划，包括主机名、静态 IP 地址等。同时，根据所规划的网络信息，由虚拟机模板进行克隆生成用于 Kubernetes 集群的节点。本任务的具体要求如下。

- 主机名与网络规划。
- 虚拟机节点克隆。

知识引入：集群节点规划

在项目 1 Kubernetes 基础环境部署中，给出了具体的硬件与软件环境要求。本书用于演示用途的 Kubernetes 集群包含 3 个节点：一个主节点（Master）、两个工作节点（Worker01、Worker02）。

由于 3 个节点的基础环境一致，因此，在项目 1 Kubernetes 基础环境部署中已经创建了一台具有基础环境的虚拟机作为模板，本任务将通过该模板克隆生成 3 台虚拟机，分别充当主节点和两个工作节点。

注意：由于 VMware Workstation Player 16 不支持虚拟机克隆与快照，因此，若使用 VMware Workstation Player 16，则需要创建 3 台虚拟机，并依次安装。

任务实现

1. 主机名与网络规划

集群主机名与网络规划如表 2-1 所示。

表 2-1　集群主机名与网络规划

角色	虚拟机名	主机名	IP 地址
主节点（Master）	k8s1.20.4_master01	master01	192.168.53.100
工作节点（Worker01）	k8s1.20.4_worker01	worker01	192.168.53.101
工作节点（Worker02）	k8s1.20.4_worker02	worker02	192.168.53.102

2. 虚拟机节点克隆

① 根据网络规划，本任务将通过模板克隆生成 3 台节点虚拟机，具体信息如图 2-1 所示。

② 由于所创建的 3 个节点的克隆方式一致，因此本任务将以主节点 master01 为例进行虚拟机节点克隆演示，其他两台操作与其一致。启动 VMware Workstation Pro，选择虚拟机库中项目 1 Kubernetes 基础环境部署所创建的虚拟机 k8s1.20.4_template，如图 2-2 所示。

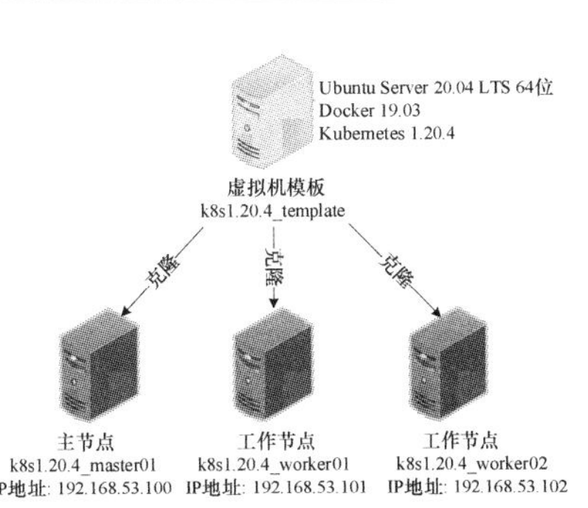

图 2-1　虚拟机克隆各节点信息

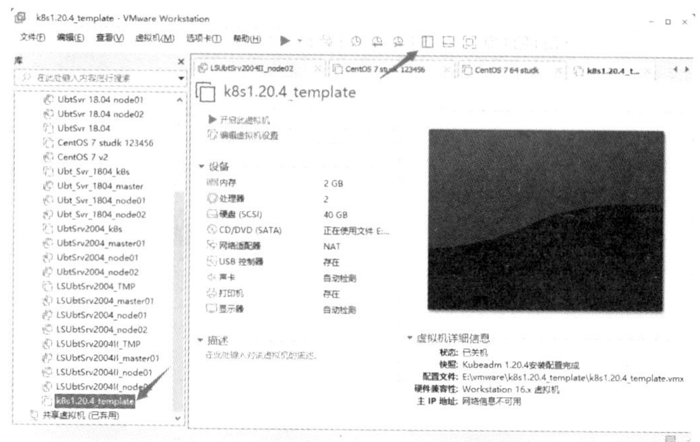

图 2-2 VMware Workstation 虚拟机库选择

③ 选择 VMware Workstation Pro 中“虚拟机”菜单的“管理”中的“克隆”，如图 2-3 所示。

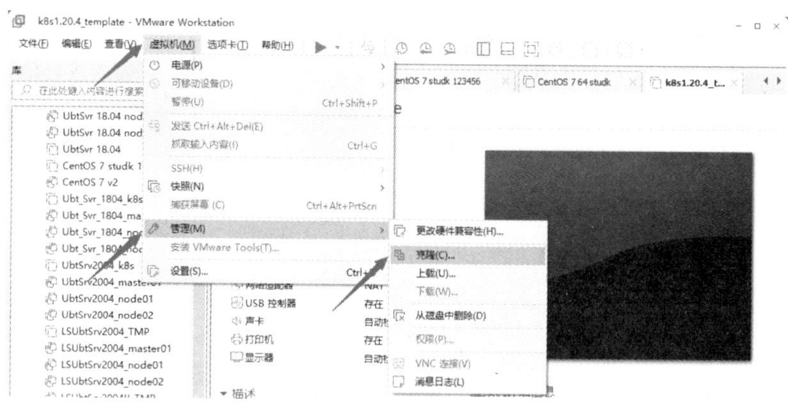

图 2-3 VMware Workstation Pro“克隆”选择

④ 在“克隆虚拟机向导”中，单击“下一步”。

⑤ 在“克隆源”部分，选择“现有快照”单选按钮，从下拉列表中，选取在项目 1 中拍摄的快照“Kubeadm 1.20.4 安装配置完成”，如图 2-4 所示，单击“下一步”。

⑥ 在“克隆类型”中，选择默认的“创建链接克隆”单选按钮即可，如图 2-5 所示，可以减少磁盘空间占用。

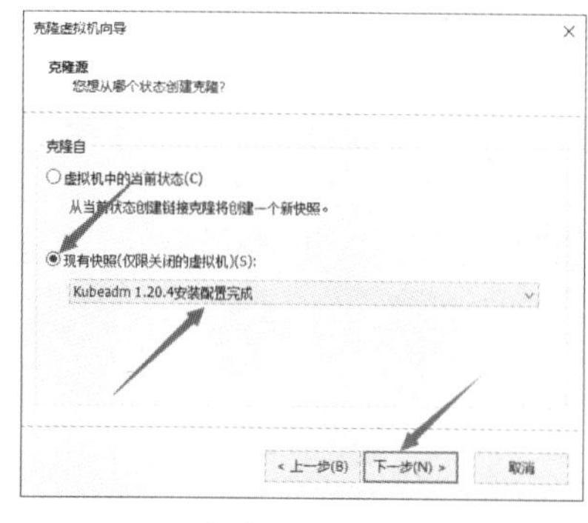

图 2-4 克隆虚拟机克隆源选择

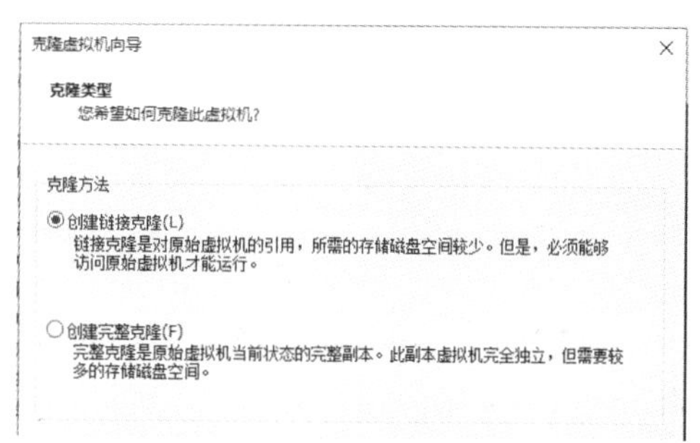

图 2-5 克隆虚拟机克隆类型选择

⑦ 在“新虚拟机名称”部分，根据表 2-1，设置主节点 master01 的虚拟机名称为 k8s1.20.4_master01，输入后单击“完成”按钮，如图 2-6 所示。

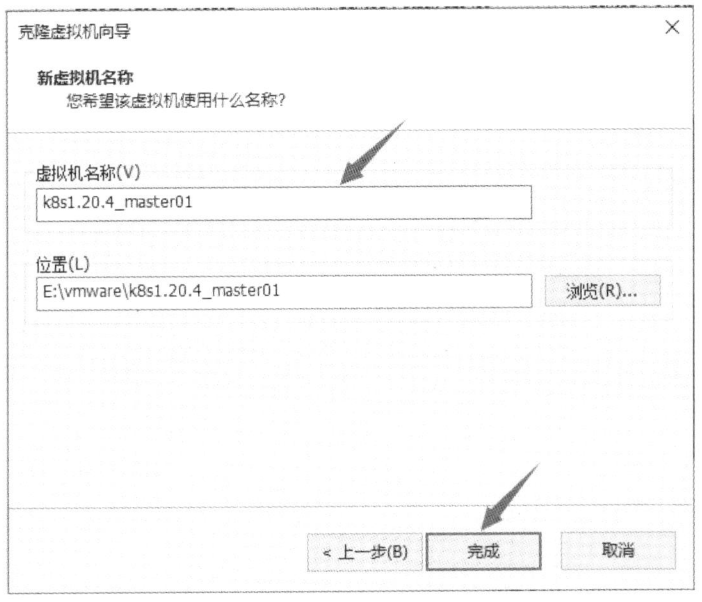

图 2-6 克隆虚拟机新虚拟机名称设置

⑧ 克隆完成之后，单击“关闭”按钮即可。

⑨ 在 VMware Workstation Pro 主界面，选中刚刚创建的 k8s1.20.4_master01 虚拟机，单击“编辑虚拟机设置”按钮，如图 2-7 所示。

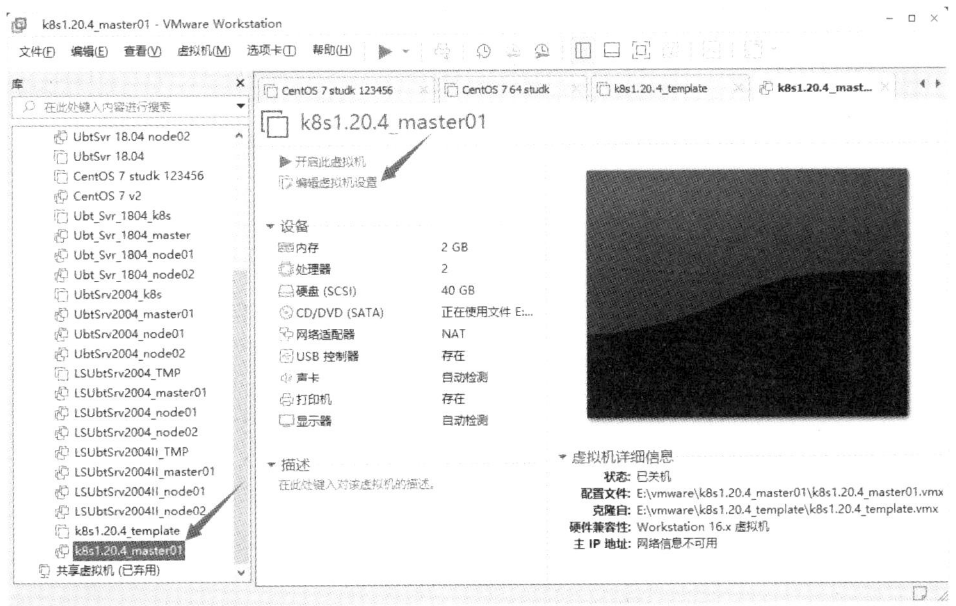

图 2-7 VMware Workstation 编辑虚拟机设置选择

⑩ 在“虚拟机设置”中，“内存”部分确保主节点 master01 的内存为 2GB（2048MB），如图 2-8 所示。如果是工作节点 worker01 和 worker02，则其内存应为 1GB（1024MB）。

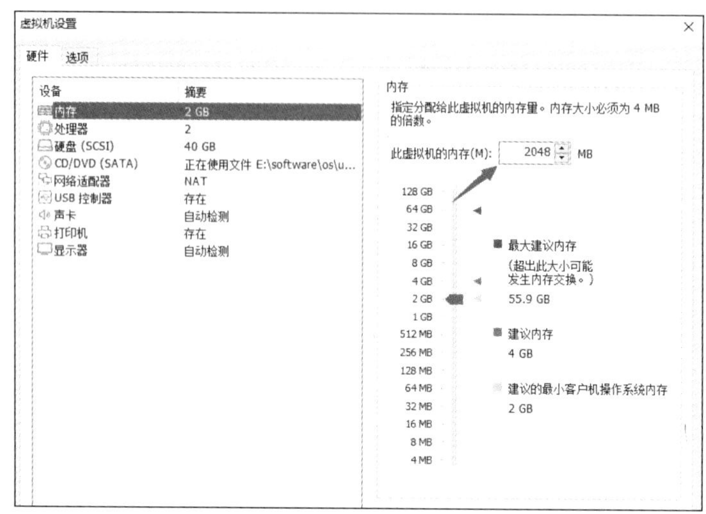

图 2-8　虚拟机内存设置

⑪ 在“虚拟机设置”中，“处理器”部分确保主节点 master01 的“处理器内核总数”为 2，如图 2-9 所示。如果是工作节点 worker01 和 worker02，则其内核总数应为 1，最后单击“确定”按钮即可。

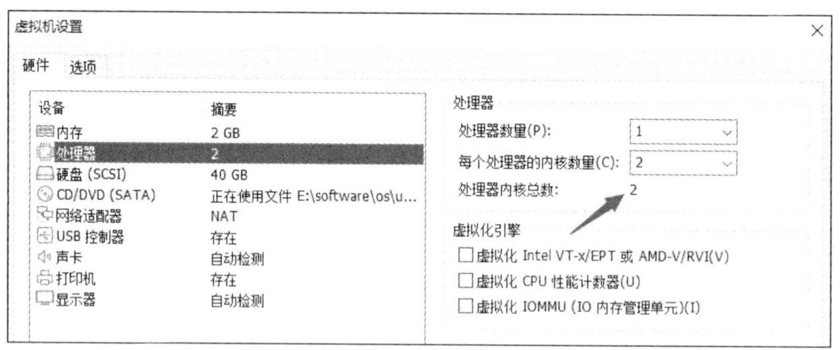

图 2-9　虚拟机处理器设置

以上为主节点 master01 的虚拟机节点克隆，并根据表 1-1 对虚拟机进行了相应的硬件调整。工作节点 worker01 与 worker02 的克隆与主节点 master01 的克隆一致，在此不赘述。只需在新虚拟机名称部分，分别输入 k8s1.20.4_worker01 与 k8s1.20.4_worker02；将内存均改为 1GB，“处理器内核总数”均改为 1。

需要注意的是，3 个节点均基于虚拟机模板 k8s1.20.4_template 使用链接克隆（减少磁盘空间占用），因此，虽然在本书的后续内容中不再使用该虚拟机模板，但也不可将其删除，否则将造成 3 个节点均无法启动。

任务 2.2　节点配置与单控制平面创建

任务说明

针对本项目任务 2.1 中的 3 个节点进行配置，包括各节点的主机名、IP 地址，需要根据主机名与网络规划进行设置。此外，还需要创建一个单控制平面，形成一个基础 Kubernetes 集群环境。本任务的具体要求如下。

- 节点配置。
- 参数自动补全配置。
- 控制平面配置文件生成。
- 控制平面初始化。
- kubectl 配置文件设置。
- Kubernetes 网络配置。

知识引入：控制平面与 kubectl 命令

控制平面可用于对集群做出全局决策（比如调度），以及检测和响应集群事件（例如，K8s 中的每个 ReplicaSet 控制器都可以根据需要创建和删除 Pod，以使得副本个数达到期望值，进而保证集群稳定性）。控制平面由 kube-apiserver、etcd、kube-scheduler、kube-controller-manager 等组件构成。为创建、部署控制平面，可以使用 kubeadm 工具。创建控制平面后，便拥有了一个可以进行资源调度的"集群"。

kubeadm 是一个提供了 kubeadm init 命令和 kubeadm join 命令的工具，作为创建 Kubernetes 集群的"快捷途径"的较佳实践工具。kubeadm 通过执行必要的操作来启动和运行最小可用集群。按照设计，它关注启动引导，而非配置机器。同样，安装各种"锦上添花"的扩展，例如 Kubernetes Dashboard 监控方案，以及特定云平台的扩展，都属于 kubeadm 的管辖范围。

实现与集群进行交互，可以使用 kubectl 命令。kubectl 命令行工具用于管理 Kubernetes 集群。使用 kubectl 在$HOME/.kube 目录下查找一个名为 config 的配置文件，可以通过设置 KUBECONFIG 环境变量或设置--kubeconfig 参数来指定其他 kubeconfig 文件。

任务实现

1. 节点配置

① 由于 3 个节点的配置内容一致，仅各节点的主机名、IP 地址需要根据主机名与网络规划进行设置，因此本任务将以主节点 master01 为例进行虚拟机节点配置演示。启动主节点 master01 并登录之后，配置主节点 master01 的静态 IP 地址为 192.168.53.100/24。编辑/etc/netplan/00-installer-config.yaml 文件，内容如下：

```
network:
  ethernets:
    ens33:
      # dhcp4: true
      dhcp4: false
      addresses: [192.168.53.100/24]
      gateway4: 192.168.53.2
      nameservers:
        addresses: [223.5.5.5,223.6.6.6]
  version: 2
```

通过 netplan apply 命令应用配置，使配置生效，随后使用 ip addr 命令查看 IP 地址，如下：

```
root@k8s:~# netplan apply
root@k8s:~# ip addr
```

```
...
2: ens33: <BROADCAST,MULTICAST,UP,LOWER_UP> mtu 1500 qdisc fq_codel state UP group
default qlen 1000
    link/ether 00:0c:29:87:d8:9b brd ff:ff:ff:ff:ff:ff
    inet 192.168.53.100/24 brd 192.168.53.255 scope global ens33
       valid_lft forever preferred_lft forever
    inet6 fe80::20c:29ff:fe87:d89b/64 scope link
       valid_lft forever preferred_lft forever
...
```

② 配置主节点 master01 的主机名为 master01，然后重新打开终端环境，可以发现主机名修改成功，如下：

```
root@k8s:~# hostnamectl set-hostname master01 --static
root@k8s:~# su
root@master01:~#
```

③ 修改主机 hosts 文件，编辑/etc/hosts 文件，添加主节点 master01、工作节点 worker01、工作节点 worker02 的主机名与 IP 地址的对应关系，添加的内容如下：

```
192.168.53.100 master01
192.168.53.101 worker01
192.168.53.102 worker02
```

其中，192.168.53.100 master01、192.168.53.101 worker01、192.168.53.102 worker02 的对照关系请参照表 2-1。

以上为主节点 master01 的配置，工作节点 worker01 与 worker02 的配置与主节点 master01 的一致，只是对应的主机名、IP 地址有所差异，在此不赘述。在所有节点均配置完之后，将 3 个节点关机。在 VMware Workstation Pro 中拍摄快照，快照名为“节点配置完成”。

此后，本书示例中，在系统启动后均以 root 用户身份登录，不再单独强调。

2. 参数自动补全配置

由于 kubeadm 与 kubectl 命令参数较多、较长，在进行命令行输入时如果不启用参数自动补全功能，往往容易拼写错误，效率低下。因此，建议先进行 kubeadm 与 kubectl 命令参数自动补全配置。启动 3 个节点，仅在主节点 master01 上，使用 vim 命令编辑 /root/.bashrc 文件，在文件末尾添加如下内容：

```
# kubeadm
source <(kubeadm completion bash)
# kubetcl
source <(kubectl completion bash)
```

更新配置，使之生效：

```
root@master01:~# source /root/.bashrc
```

3. 控制平面配置文件生成

控制平面的创建需要提供配置文件，kubeadm 提供了生成控制平面配置文件的参数。在主节点 master01 上创建 init-cluster 目录，在该目录下生成集群控制平面配置文件 init-defaults.yaml。

```
root@master01:~# mkdir init-cluster
root@master01:~# cd init-cluster/
```

```
root@master01:~/init-cluster# kubeadm config print init-defaults > init-defaults.yaml
root@master01:~/init-cluster# ls
init-defaults.yaml
```

所生成的 init-defaults.yaml 文件的内容如下：

```
apiVersion: kubeadm.k8s.io/v1beta2
bootstrapTokens:
- groups:
  - system:bootstrappers:kubeadm:default-node-token
  token: abcdef.0123456789abcdef
  ttl: 24h0m0s
  usages:
  - signing
  - authentication
kind: InitConfiguration
localAPIEndpoint:
  advertiseAddress: 1.2.3.4
  bindPort: 6443
nodeRegistration:
  criSocket: /var/run/dockershim.sock
  name: master01
  taints:
  - effect: NoSchedule
    key: node-role.kubernetes.io/master
---
apiServer:
  timeoutForControlPlane: 4m0s
apiVersion: kubeadm.k8s.io/v1beta2
certificatesDir: /etc/kubernetes/pki
clusterName: kubernetes
controllerManager: {}
dns:
  type: CoreDNS
etcd:
  local:
    dataDir: /var/lib/etcd
imageRepository: k8s.gcr.io
kind: ClusterConfiguration
kubernetesVersion: v1.20.0
networking:
  dnsDomain: cluster.local
  serviceSubnet: 10.96.0.0/12
scheduler: {}
```

编辑生成的 init-defaults.yaml 文件，进行如下 4 处信息的修改。

① advertiseAddress 字段，表示 API Server 地址，此处将其修改为主节点 master01 的

IP 地址，如下：

```
advertiseAddress: 192.168.53.100
```

② nodeRegistration 的 name 字段与 taints 字段，在 Kubernetes 1.21.0 中，由于引入 bug，name 字段与 taints 字段不会自动修改，需要手动将其调整为示例中的值，用于设置主节点 master01 的节点名与初始化后主节点 master01 是否参与常规 Pod 的调度。但本书使用 Kubernetes 1.20.4，此部分保持不变即可。

③ clusterName 字段，表示集群名，此处将集群名设定为 cluster-demo01，如下：

```
clusterName: cluster-demo01
```

④ imageRepository 字段，表示部署集群时使用的镜像仓库地址，此处修改如下：

```
imageRepository: registry.aliyuncs.com/google_containers
```

4. 控制平面初始化

使用 kubeadm init 命令在主节点 master01 上进行控制平面集群初始化：

```
root@master01:~/init-cluster# kubeadm init --config init-defaults.yaml
[init] Using Kubernetes version: v1.20.0
[preflight] Running pre-flight checks
[preflight] Pulling images required for setting up a Kubernetes cluster
[preflight] This might take a minute or two, depending on the speed of your internet
connection
[preflight] You can also perform this action in beforehand using 'kubeadm config
images pull'
[certs] Using certificateDir folder "/etc/kubernetes/pki"
...
Your Kubernetes control-plane has initialized successfully!

To start using your cluster, you need to run the following as a regular user:

  mkdir -p $HOME/.kube
  sudo cp -i /etc/kubernetes/admin.conf $HOME/.kube/config
  sudo chown $(id -u):$(id -g) $HOME/.kube/config

Alternatively, if you are the root user, you can run:

  export KUBECONFIG=/etc/kubernetes/admin.conf

You should now deploy a pod network to the cluster.
Run "kubectl apply -f [podnetwork].yaml" with one of the options listed at:
  https://kubernetes.io/docs/concepts/cluster-administration/addons/

Then you can join any number of worker nodes by running the following on each as
root:

kubeadm join 192.168.53.100:6443 --token abcdef.0123456789abcdef \
    --discovery-token-ca-cert-hash
sha256:2db0c967a424aa39a12d83ca7ea679433ad21c15ed5acde351f5a3b4c1cda612
```

“Your Kubernetes control-plane has initialized successfully!”表明控制平面集群初始化成功。

虽然上述命令中使用了 init-defaults.yaml 配置文件来指定配置信息，但也可以不使用该配置文件，直接在 kubeadm init 初始化命令中给出相应的参数，具体代码如下。

```
root@master01:~/init-cluster#        kubeadm        init        --apiserver-advertise-address=192.168.53.100 --image-repository=registry.aliyuncs.com/google_containers
```

但直接给出参数的方式仅适合在测试等场景下临时使用，在生产环境中还是要通过 init-defaults.yaml 配置文件进行初始化。

5. kubectl 配置文件设置

在控制平面初始化中，使用 kubeadm 进行控制平面初始化时的输出内容中存在如下信息：

```
To start using your cluster, you need to run the following as a regular user:

  mkdir -p $HOME/.kube
  sudo cp -i /etc/kubernetes/admin.conf $HOME/.kube/config
  sudo chown $(id -u):$(id -g) $HOME/.kube/config

Alternatively, if you are the root user, you can run:

  export KUBECONFIG=/etc/kubernetes/admin.conf
```

初始化控制平面之后，Kubernetes 会在主节点 master01 的/etc/kubernetes/admin.conf 文件中生成配置信息，其内容如下：

```
apiVersion: v1
clusters:
- cluster:
    certificate-authority-data: LS0tLS1CRUdJTiBDRVJUSUZJQ0FU...
    server: https://192.168.53.100:6443
    name: cluster-demo01
contexts:
- context:
    cluster: cluster-demo01
    user: kubernetes-admin
  name: kubernetes-admin@cluster-demo01
current-context: kubernetes-admin@cluster-demo01
kind: Config
preferences: {}
users:
- name: kubernetes-admin
  user:
    client-certificate-data: LS0tLS1CRUdJTiBDRVJUSUZJQ0FURS0tL...
    client-key-data: LS0tLS1CRUdJTiBSU0EgUFJJVkFURSBLRVktLS0tLQp...
```

其中：

① “server: https://192.168.53.100:6443”表示集群配置服务器 API Server 的地址；

② “name: cluster-demo01”表示集群名；

③ “user: kubernetes-admin”表示集群用户名。

初始化完成之后，可以使用 kubectl get nodes 命令查看当前控制平面中节点的数量及简要信息，如下：

```
root@master01:~/init-cluster# cd
root@master01:~# kubectl get nodes
The connection to the server localhost:8080 was refused - did you specify the right
host or port?
```

上述信息提示连接被拒绝，这是 kubectl 无法获知集群配置服务器地址、集群名、集群用户名及对应的证书数据等配置信息造成的。因此，kubectl 无法获取集群内部各节点的信息。有以下 3 种方式可使 kubectl 获取这些配置信息，使用这 3 种方式的任何一种均可，但推荐第 3 种方式。

① 在 kubectl 命令中，使用--kubeconfig 参数指定配置文件：

```
root@master01:~# kubectl --kubeconfig=/etc/kubernetes/admin.conf get nodes
NAME        STATUS     ROLES                   AGE    VERSION
master01    NotReady   control-plane,master    46m    v1.20.4
```

该方式的问题在于，每次均需要给出--kubeconfig 参数，命令烦琐，使用不方便。

② 设置 KUBECONFIG 环境变量，然后就可以直接使用 kubectl get nodes 命令。在 Linux 中，使用 export 命令可以设置相应的暂时环境变量：

```
root@master01:~# export KUBECONFIG=/etc/kubernetes/admin.conf
root@master01:~# kubectl get nodes
NAME        STATUS     ROLES                   AGE    VERSION
master01    NotReady   control-plane,master    17h    v1.20.4
```

该方式的问题在于，每次重启系统之后，使用 export 命令设置的暂时环境变量均失效，需要重新设置，使用不方便。

③ 在用户当前主目录（~/，即$HOME 目录）中创建隐藏目录，然后将 admin.conf 配置文件复制到隐藏目录下，再修改对应的所属用户与组，如下：

```
root@master01:~# mkdir -p $HOME/.kube
root@master01:~# cp -i /etc/kubernetes/admin.conf $HOME/.kube/config
root@master01:~# chown $(id -u):$(id -g) $HOME/.kube/config
root@master01:~# kubectl get nodes
NAME        STATUS     ROLES                   AGE    VERSION
master01    NotReady   control-plane,master    17h    v1.20.4
```

虽然使用 admin.conf 配置文件可以使 kubectl 连接到集群中，但是目前主节点 master01 的状态为 NotReady。

6. Kubernetes 网络配置

在控制平面初始化中，使用 kubeadm 进行控制平面初始化时的输出内容中存在如下信息：

```
You should now deploy a pod network to the cluster.
Run "kubectl apply -f [podnetwork].yaml" with one of the options listed at:
  https://kubernetes.io/docs/concepts/cluster-administration/addons/
```

这是因为使用 kubeadm 部署 Kubernetes 时，在初始化之后，仅创建了一个空的控制平面集群，所以里面连基本的 Pod 网络也没有，可以访问给出的官方链接查看所支持的包括网络插件在内的各种插件。本书使用 Calico 网络，可使用 kubectl apply 命令安装

Calico 网络插件。

```
root@master01:~# kubectl apply -f https://docs.projectcalico.org/v3.18/manifests/calico.yaml
configmap/calico-config created
customresourcedefinition.apiextensions.k8s.io/bgpconfigurations.crd.projectcalico.or
g created
...
daemonset.apps/calico-node created
serviceaccount/calico-node created
deployment.apps/calico-kube-controllers created
serviceaccount/calico-kube-controllers created
poddisruptionbudget.policy/calico-kube-controllers created
```

如果 https://docs.projectcalico.org/v3.18/manifests/calico.yaml 无法访问，可以使用本书所提供的 calico_v3.18.yaml 配置文件，对应的命令为 kubectl apply - calico_v3.18.yaml。

kubectl apply 命令的具体功能与用法将在后文中进行详细讲解，此处仅介绍其可用于安装插件。

若在使用 Calico 网络插件时，提示“calico/node is not ready: BIRD is not ready: BGP not established”，可以使用 kubectl edit 命令对相应资源进行编辑：

```
root@master01:~# kubectl edit -n kube-system daemonsets.apps calico-node
```

该命令将直接使用 Linux 的 vi 打开相应的配置文件，所以，在操作过程中支持 vi 命令。使用 vi 的“:set nu”命令开启 vi 行数显示，在第 70 行左右，“- name: CALICO_DISABLE_FILE_LOGGING”键值对之后，添加如下信息：

```
- name: CALICO_DISABLE_FILE_LOGGING          # 原信息
  value: "true"                              # 原信息
- name: IP_AUTODETECTION_METHOD
  value: interface=ens33
```

注意，此处 ens33 为通过 ip addr 命令查看得到的实际网卡设备名。阿里云上的设备一般显示为 eth0，而 VMware Workstation 中，则为 ens33。

完成 Kubernetes 的网络配置之后，再次查看节点信息：

```
root@master01:~# kubectl get nodes
NAME       STATUS   ROLES                  AGE   VERSION
master01   Ready    control-plane,master   18h   v1.20.4
```

主节点 master01 的状态已经变更为 Ready。至此，集群创建完成，只是当前集群内部仅有一个主节点，需要将工作节点加入当前集群中。

将主节点 master01 关机，在 VMware Workstation Pro 中拍摄快照，快照名为“控制平面、Calico 网络部署完成”。

至此，已经创建了一个仅含主节点 master01 的未包含任何工作节点的集群。后续会讲解如何添加工作节点到集群之中。

任务 2.3 节点管理与集群状态查看

任务说明

在前面的任务中，已经创建了控制平面，其仅含有一个主节点 master01。本任务将完成工作节点的添加、删除，节点的重置，集群健康状态的验证及节点资源信息的查看。

知识引入：Kubernetes 节点操作

在任务 2.2 中，使用 kubeadm 进行控制平面初始化时的输出内容中存在如下信息：

```
Then you can join any number of worker nodes by running the following on each as
root:
...
kubeadm join 192.168.53.100:6443 --token abcdef.0123456789abcdef \
    --discovery-token-ca-cert-hash
sha256:2db0c967a424aa39a12d83ca7ea679433ad21c15ed5acde351f5a3b4c1cda612
```

因为使用 kubeadm 部署 Kubernetes，在初始化之后，仅创建了一个空的控制平面集群，其中没有任何工作节点。通过将上述命令复制或输入任何一个工作节点中并执行可以将该节点加入当前集群中。注意，“\”在 Linux 中为续行符，用于把一条较长的命令分解为多行，方便阅读。此时在工作节点中无须再安装网络插件，网络插件会自动安装。

任务实现

在工作节点 worker01 上执行下述命令：

```
root@worker01:~# kubeadm join 192.168.53.100:6443 --token abcdef.0123456789abcdef \
> --discovery-token-ca-cert-hash \
> sha256:2db0c967a424aa39a12d83ca7ea679433ad21c15ed5acde351f5a3b4c1cda612
[preflight] Running pre-flight checks
[preflight] Reading configuration from the cluster...
...
[kubelet-start] Starting the kubelet
[kubelet-start] Waiting for the kubelet to perform the TLS Bootstrap...

This node has joined the cluster:
* Certificate signing request was sent to apiserver and a response was received.
* The Kubelet was informed of the new secure connection details.

Run 'kubectl get nodes' on the control-plane to see this node join the cluster.
```

在主节点 master01 上使用 kubectl get nodes 命令查看节点信息：

```
root@master01:~# kubectl get nodes
NAME       STATUS     ROLES                  AGE     VERSION
master01   Ready      control-plane,master   19h     v1.20.4
worker01   NotReady   <none>                 1m21s   v1.20.4
root@master01:~# kubectl get nodes
NAME       STATUS     ROLES                  AGE     VERSION
master01   Ready      control-plane,master   19h     v1.20.4
worker01   Ready      <none>                 3m21s   v1.20.4
```

由于本书中设置的工作节点硬件配置条件较低，加入速度较慢，大约几分钟之后，工作节点 worker01 成功加入，状态由 NotReady 变为 Ready。

在 kubeadm join 命令中，除了需要给出所加入的 Kubernetes API Server 地址（本例中为 192.168.53.100:6443），还需要给出--token 参数（本例中为 abcdef.0123456789abcdef）

及--discovery-token-ca-cert-hash 参数（本例中为 sha256:2db0c967a424aa39a12d83ca7ea679433ad21c15ed5acde351f5a3b4c1cda612）。

① --token 参数：可以使用 kubeadm token list 命令查看。

```
root@master01:~# kubeadm token list
TOKEN                      TTL  EXPIRES                    EXTRA GROUPS
abcdef.0123456789abcdef    4h   2021-04-17T06:30:39Z  ...  default-node-token
```

默认情况下，token 的有效期限为 24h，所以查看的 TTL 信息均为 24h 之内的，该 token 将在 24h 之后失效。如果需要再使用，则需要重新创建。上面的输出信息中，仅给出了相对重要的几列内容，其他列内容已经省掉。

> **【常识与技巧】**：token 是服务器生成的一段字符串，被用作客户端进行请求的一个令牌。当第一次登录后，服务器生成一个 token 并将此 token 返回给客户端，以后客户端只需带上这个 token 来请求数据即可，无须再次带上用户名和密码。

创建 token 的命令为 kubeadm token create：

```
root@master01:~# kubeadm token create
o67ud3.89q1a0eujxi1hyu1
root@master01:~# kubeadm token list
TOKEN                      TTL  EXPIRES                    EXTRA GROUPS
abcdef.0123456789abcdef    3h   2021-04-17T06:30:39Z  ...default-node-token
o67ud3.89q1a0eujxi1hyu1    23h  2021-04-18T02:34:42Z  ...default-node-token
```

若希望生成一个永久有效的 token，可以使用--ttl 0 参数：

```
root@master01:~# kubeadm token create --ttl 0
m0utoe.jhmb9xmezpgfqie6
root@master01:~# kubeadm token list
TOKEN                      TTL          EXPIRES                 EXTRA GROUPS
abcdef.0123456789abcdef    3h           2021-04-17T06:30:39Z  ...default-node-token
m0utoe.jhmb9xmezpgfqie6    <forever>    <never>               ...default-node-token
o67ud3.89q1a0eujxi1hyu1    23h          2021-04-18T02:34:42Z  ...default-node-token
```

新创建的 token 的 TTL 为<forever>（表示永久），而 EXPIRES 为<never>（表示永不超期）。

② --discovery-token-ca-cert-hash 参数：该参数的值截取于主节点 master01 的 CA 证书，可以使用 openssl 命令查看：

```
root@master01:~# openssl x509 -pubkey -in /etc/kubernetes/pki/ca.crt | \
> openssl rsa -pubin -outform der 2>/dev/null | \
> openssl dgst -sha256 -hex | sed 's/^.* //'
2db0c967a424aa39a12d83ca7ea679433ad21c15ed5acde351f5a3b4c1cda612
```

注意，在使用--discovery-token-ca-cert-hash 给出具体参数值时，要在其前面加上“sha256:”。只要主节点 master01 的 CA 证书不变，则截取出来的 hash 值（sha256）就不变。CA 证书的存储位置在：

```
root@master01:~# ls /etc/kubernetes/pki/ca.crt -l
-rw-r--r-- 1 root root 1066 Apr 16 06:29 /etc/kubernetes/pki/ca.crt
```

现在可以使用永久 token 将工作节点 worker02 加入集群。在工作节点 worker02 上执行 kubeadm join 命令：

```
root@worker02:~# kubeadm join 192.168.53.100:6443 --token m0utoe.jhmb9xmezpgfqie6 \
> --discovery-token-ca-cert-hash \
> sha256:2db0c967a424aa39a12d83ca7ea679433ad21c15ed5acde351f5a3b4c1cda612
[preflight] Running pre-flight checks
[preflight] Reading configuration from the cluster...
...
[kubelet-start] Starting the kubelet
[kubelet-start] Waiting for the kubelet to perform the TLS Bootstrap...

This node has joined the cluster:
* Certificate signing request was sent to apiserver and a response was received.
* The Kubelet was informed of the new secure connection details.

Run 'kubectl get nodes' on the control-plane to see this node join the cluster.
```

在主节点 master01 上查看节点信息：

```
root@master01:~# kubectl get nodes
NAME       STATUS   ROLES                  AGE     VERSION
master01   Ready    control-plane,master   20h     v1.20.4
worker01   Ready    <none>                 47m     v1.20.4
worker02   Ready    <none>                 2m16s   v1.20.4
```

【常识与技巧】：在实际运维中，可能会在 Kubernetes 集群运行若干天之后（比如公司业务上升，或其他原因）添加新工作节点到集群中。若每次均创建 token、查看 token 和截取 CA 证书的 hash 值，十分不便，可以考虑使用 kubeadm token create --print-join-command 命令，自动生成可直接运行于待加入工作节点之上的节点加入命令。

```
root@master01:~# kubeadm token create --print-join-command
kubeadm join 192.168.53.100:6443 --token 3jlik7.k8v204bdlvvyjcie     --discovery-token-ca-cert-hash
sha256:2db0c967a424aa39a12d83ca7ea679433ad21c15ed5acde351f5a3b4c1cda612
```

直接复制上述输出内容到其他待加入工作节点使其加入集群。

与工作节点加入集群时需要在待加入工作节点之上执行 kubeadm join 命令不同，将工作节点从集群中删除，需要先在主节点 master01 上使用 kubectl delete nodes <nodeName> 命令。下面的命令将会把工作节点 worker02 从集群中删除：

```
root@master01:~# kubectl get nodes
NAME       STATUS   ROLES                  AGE     VERSION
master01   Ready    control-plane,master   20h     v1.20.4
worker01   Ready    <none>                 47m     v1.20.4
worker02   Ready    <none>                 2m16s   v1.20.4
root@master01:~# kubectl delete nodes worker02
node "worker02" deleted
root@master01:~# kubectl get nodes
NAME       STATUS   ROLES                  AGE     VERSION
master01   Ready    control-plane,master   20h     v1.20.4
worker01   Ready    <none>                 62m     v1.20.4
```

虽然在控制平面中已经删除了工作节点 worker02，但是依然需要在工作节点 worker02 上进行相关的清理。

① 使用kubeadm reset命令来进行重置，使节点恢复为初始状态：

```
root@worker02:~# kubeadm reset
[reset] WARNING: Changes made to this host by 'kubeadm init' or 'kubeadm join' will
be reverted.
[reset] Are you sure you want to proceed? [y/N]: y
[preflight] Running pre-flight checks
W0417 04:07:54.795791    33949 removeetcdmember.go:79] [reset] No kubeadm config,
using etcd pod spec to get data directory
[reset] No etcd config found. Assuming external etcd
[reset] Please, manually reset etcd to prevent further issues
[reset] Stopping the kubelet service
[reset] Unmounting mounted directories in "/var/lib/kubelet"
[reset] Deleting contents of config directories: [/etc/kubernetes/manifests
/etc/kubernetes/pki]
[reset] Deleting files: [/etc/kubernetes/admin.conf /etc/kubernetes/kubelet.conf
/etc/kubernetes/bootstrap-kubelet.conf        /etc/kubernetes/controller-manager.conf
/etc/kubernetes/scheduler.conf]
[reset] Deleting contents of stateful directories: [/var/lib/kubelet
/var/lib/dockershim /var/run/kubernetes /var/lib/cni]

The reset process does not clean CNI configuration. To do so, you must remove
/etc/cni/net.d

The reset process does not reset or clean up iptables rules or IPVS tables.
If you wish to reset iptables, you must do so manually by using the "iptables"
command.

If your cluster was setup to utilize IPVS, run ipvsadm --clear (or similar)
to reset your system's IPVS tables.

The reset process does not clean your kubeconfig files and you must remove them
manually.
Please, check the contents of the $HOME/.kube/config file.
```

② 清理相关网络：

```
root@worker02:~# rm -rf /etc/cni/net.d/*
```

③ 清理iptables：

```
root@worker02:~# iptables -F && iptables -t nat -F && iptables -t mangle -F && iptables -X
```

④ 若安装了ipvsadm（默认未安装），则需要清理IP虚拟服务器（IP Virtual Server，IPVS）：

```
root@worker02:~# ipvsadm -C
```

从Kubernetes的1.8版本开始，kube-proxy引入了IPVS模式，IPVS模式与iptables同样基于Netfilter，但是采用hash表。因此当service（服务）数量达到一定规模时，hash表的速度优势就会显现出来，从而提高service的服务性能。

以上是删除并重置节点的全部工作。现在可以再次在工作节点worker02上使用kubeadm join命令使其重新加入群集了。

> **【常识与技巧】**：除了使用上箭头快速上翻找到并输入前一次输入的命令，还可以使用 history 命令查看当前用户的历史输入命令，然后使用“!<no>”来快速执行历史命令，而无须再次输入。对于较长的命令，可以快速输入。

使用历史命令可将工作节点 worker02 重新加入集群，首先通过 history 命令查看系统中的历史命令，找到 kubeadm join 命令，其序号为 56，然后通过输入!56 可以执行加入集群命令。读者需根据自己实验环境中查询到的命令序号来执行命令。

```
root@worker02:~# history
...
  56  kubeadm join 192.168.53.100:6443 --token m0utoe.jhmb9xmezpgfqie6 --discovery-token-ca-cert-hash
sha256:2db0c967a424aa39a12d83ca7ea679433ad21c15ed5acde351f5a3b4c1cda612
   57  docker ps -a
root@worker02:~# !56
kubeadm join 192.168.53.100:6443 --token m0utoe.jhmb9xmezpgfqie6 --discovery-token-ca-cert-hash sha256:2db0c967a424aa39a12d83ca7ea679433ad21c15ed5acde351f5a3b4c1cda612
[preflight] Running pre-flight checks
...
This node has joined the cluster:
* Certificate signing request was sent to apiserver and a response was received.
* The Kubelet was informed of the new secure connection details.

Run 'kubectl get nodes' on the control-plane to see this node join the cluster.
```

在主节点 master01 上查看节点信息，如下：

```
root@master01:~# kubectl get nodes
NAME        STATUS   ROLES                    AGE    VERSION
master01    Ready    control-plane,master     22h    v1.20.4
worker01    Ready    <none>                   153m   v1.20.4
worker02    Ready    <none>                   62s    v1.20.4
```

现在，工作节点 worker01、worker02 均已成功加入集群之中。

在部署集群之后，可进行集群状态检查，以保障后续操作是在集群的健康状态之下开展的。可以通过下面几种方式检查集群健康状态。

① 检查组件状态是否健康，如下：

```
root@master01:~# kubectl get componentstatuses
Warning: v1 ComponentStatus is deprecated in v1.19+
NAME                 STATUS      MESSAGE                        ERROR
controller-manager   Unhealthy   Get ...: connection refused
scheduler            Unhealthy   Get ...: connection refused
etcd-0               Healthy     {"health":"true"}
```

该命令已经处于 deprecated（弃用）状态，并且输出信息描述不够准确，虽然显示只有 etcd-0 处于健康（Healthy）状态，但是 controller-manager、scheduler 其实也处于健康状态。因此不推荐使用这种方式。

② 查看集群系统信息，如下：

```
root@master01:~# kubectl cluster-info
Kubernetes control plane is running at https://192.168.53.100:6443
```

```
KubeDNS is running at
 https://192.168.53.100:6443/api/v1/namespaces/kube-system/services/kube-
dns:dns/proxy

To further debug and diagnose cluster problems, use 'kubectl cluster-info dump'.
```

- “Kubernetes control plane is running”表明控制平面处于运行状态；
- “KubeDNS is running”表明 KubeDNS 处于运行状态。

③ 查看核心组件是否处于正常状态，如下：

```
root@master01:~# kubectl -n kube-system get pods
NAME                                        READY   STATUS    RESTARTS   AGE
calico-kube-controllers-69496d8b75-vmblf    1/1     Running   2          4h4m
calico-node-bf2wv                           1/1     Running   2          3h39m
calico-node-hrv8q                           1/1     Running   0          30m
calico-node-zm5kh                           1/1     Running   1          3h3m
coredns-7f89b7bc75-2pszh                    1/1     Running   2          22h
coredns-7f89b7bc75-qq6tk                    1/1     Running   2          22h
etcd-master01                               1/1     Running   5          22h
kube-apiserver-master01                     1/1     Running   6          22h
kube-controller-manager-master01            1/1     Running   5          22h
kube-proxy-4jc7n                            1/1     Running   1          3h3m
kube-proxy-lpb6p                            1/1     Running   0          30m
kube-proxy-wm2dj                            1/1     Running   5          22h
kube-scheduler-master01                     1/1     Running   5          22h
```

当所有核心组件的 READY 列均为 1/1、STATUS 列均为 Running 时，集群才完全进入就绪、健康状态。此命令也是在重启集群之后，检查集群状态的常用命令。kubectl 命令中的-n kube-system 参数表明该命令在 kube-system 核心命名空间中执行，关于命名空间的概念将在后文中展开讲解。

此外，kubectl 命令会作为一种 Linux 服务运行于每个节点之上。当使用 kubectl 命令，例如 kubectl get nodes 命令时，若出现下列信息：

```
root@master01:~# kubectl get nodes
The connection to the server localhost:8080 was refused - did you specify the right
host or port?
```

或使用 kubectl get nodes 命令后，输出信息中出现之前已经加入的节点，且节点状态变为 NotReady 等情况，可在相应的节点上查看 kubelet 服务的状态：

```
root@master01:~# systemctl status kubelet.service
kubelet.service - kubelet: The Kubernetes Node Agent
     Loaded: loaded (/lib/systemd/system/kubelet.service; enabled; vendor preset:
enabled)
    Drop-In: /etc/systemd/system/kubelet.service.d
             └─10-kubeadm.conf
     Active: active (running) since Wed 2021-04-21 07:20:29 UTC; 2h 44min ago
       Docs: https://kubernetes.io/docs/home/
   Main PID: 734 (kubelet)
      Tasks: 20 (limit: 2247)
     Memory: 105.5M
```

```
     CGroup: /system.slice/kubelet.service
...
```

需要确保 kubelet 服务的状态为 active （running）。

至此，具有 3 个节点的集群环境已经部署完成。使用 shutdown -h now 命令将 3 个节点全部关机，在 VMware Workstation Pro 中拍摄快照，快照命名为“集群部署完成”。

在开启 3 个节点时，或在重启 3 个节点时，在启动主节点 master01 之后立刻在主节点 master01 上查看节点信息及集群系统信息：

```
root@master01:~# kubectl get nodes
The connection to the server 192.168.53.100:6443 was refused - did you specify the right host or port?
root@master01:~# kubectl cluster-info

To further debug and diagnose cluster problems, use 'kubectl cluster-info dump'.
The connection to the server 192.168.53.100:6443 was refused - did you specify the right host or port?
```

可以发现连接请求被拒绝。这是因为启动 Kubernetes 集群需要一定的时间周期。略等片刻，再次查看：

```
root@master01:~# kubectl get nodes
NAME       STATUS   ROLES                  AGE     VERSION
master01   Ready    control-plane,master   22h     v1.20.4
worker01   Ready    <none>                 3h17m   v1.20.4
worker02   Ready    <none>                 45m     v1.20.4
root@master01:~# kubectl cluster-info
Kubernetes control plane is running at https://192.168.53.100:6443
KubeDNS is running at
 https://192.168.53.100:6443/api/v1/namespaces/kube-system/services/kube-dns:dns/proxy

To further debug and diagnose cluster problems, use 'kubectl cluster-info dump'.
```

现在，集群处于就绪状态。若集群未能如期启动，或需要重启集群，也可以使用 systemctl restart docker 命令来达到重启集群中某节点上对应的 Kubernetes 资源的目的。

通过节点资源信息查看，可以了解节点的状态、节点系统版本、内核版本等多方面信息。Kubernetes 提供了以下若干查看节点资源信息的命令。

① 查看节点资源简略信息，如下：

```
root@master01:~# kubectl get nodes
NAME       STATUS   ROLES                  AGE     VERSION
master01   Ready    control-plane,master   23h     v1.20.4
worker01   Ready    <none>                 3h54m   v1.20.4
worker02   Ready    <none>                 82m     v1.20.4
```

其中，部分列的含义如下。

- STATUS 列：节点状态。
- AGE 列：节点加入集群中的时长。
- VERSION 列：节点上 Kubernetes 的版本号。

② 查看节点资源扩展信息，如下：

```
root@master01:~# kubectl get nodes -o wide
```

```
NAME      ... INTERNAL-IP    OS-IMAGE            KERNEL-VERSION     CONTAINER-RUNTIME
master01 ... 192.168.53.100 Ubuntu 20.04.2 LTS  5.4.0-72-generic   docker://19.3.15
worker01 ... 192.168.53.101 Ubuntu 20.04.2 LTS  5.4.0-72-generic   docker://19.3.15
worker02 ... 192.168.53.102 Ubuntu 20.04.2 LTS  5.4.0-72-generic   docker://19.3.15
```

上面的输出信息中，部分列的含义如下。

- INTERNAL-IP 列：节点的 IP 地址。
- OS-IMAGE 列：节点系统镜像版本号。
- KERNEL-VERSION 列：节点系统内核版本。
- CONTAINER-RUNTIME 列：节点容器运行时的版本。

③ 查看指定节点资源详细信息，如下：

```
root@master01:~# kubectl describe nodes worker01
Name:          worker01
Roles:         <none>
Labels:        beta.kubernetes.io/arch=amd64
...
```

其中，Conditions（状态）部分内容示例如下：

```
Conditions:
  Type                 Status ... Reason                       Message
  ----                 ------ ... ------                       -------
  NetworkUnavailable   False      CalicoIsUp                   Calico is running on...
  MemoryPressure       False      KubeletHasSufficientMemory   kubelet has sufficient...
  DiskPressure         False      KubeletHasNoDiskPressure     kubelet has no disk pres...
  PIDPressure          False      KubeletHasSufficientPID      kubelet has sufficient...
  Ready                True       KubeletReady                 kubelet is posting ready...
```

上面的输出信息中，部分列的含义如下：

- Type 列：状态类型。
- Status 列：状态具体值。
- Reason 列：当前状态取值的原因。
- Message 列：状态具体描述。

可以看到 NetworkUnavailable（网络不可用）状态为 False（假，表示网络可用），类似的，MemoryPressure（内存压力）、DiskPressure（磁盘压力）、PIDPressure（PID 压力）、Ready（是否就绪）均为健康状态。这些信息通常需要在运维某个节点时关注。

> **【常识与技巧】**：Linux 中，PID 是进程的代号，每个进程有唯一的 PID。它是进程运行时系统随机分配的，在运行时 PID 是不会改变标识符的，但是退出或终止进程之后，PID 的标识符就会被系统回收。这样 PID 便可被继续分配给新运行的进程了。系统中所容纳的进程数量是有限的，通常为 32768 个。当系统中 PID 数量过多后，系统将无法再为新启动的进程分配 PID，新的进程无法启动。因此，上述 Conditions 中含有 PIDPressure，用于查看当前系统中是否 PID 过多，影响节点健康状态。

其中，Allocatable（可分配）部分内容示例如下：

```
Allocatable:
  cpu:                1
  ephemeral-storage:  37803678044
```

```
  hugepages-1Gi:       0
  hugepages-2Mi:       0
  memory:                  873280Ki
  pods:                    110
```

该部分信息主要用于描述当前节点的可用资源。其中，ephemeral-storage 表示磁盘存储，memory 表示内存。

其中，Events（事件）部分内容示例如下：

```
Events:
  Type    Reason                    From          Message
  ----    ------                    ----          -------
  Normal  Starting                  kubelet       Starting kubelet.
  Normal  NodeHasSufficientPID      kubelet       Node    worker01    status    is    now:
NodeHas...
  Normal  NodeAllocatableEnforced   kubelet       Updated Node Allocatable limit across
pods
  Normal  NodeHasSufficientMemory   kubelet       Node    worker01    status    is    now:
NodeHasSuf...
  Normal  NodeHasNoDiskPressure     kubelet       Node    worker01    status    is    now:
NodeHasNo...
  Normal  Starting                  kube-proxy    Starting kube-proxy.
```

上面的输出信息中，略去部分列内容。其中部分列的含义如下。

- Type 列：事件类型。
- Reason 列：事件产生的原因。
- From 列：产生当前事件的程序。
- Message 列：事件的具体描述。

kubectl describe 命令可用于故障排查，在 Events 部分中查看节点、Pod 等资源的状态不符合预期的原因。

④ 节点资源信息格式化输出，可以指定为 YAML 格式或 JSON 格式，通过 -o yaml 参数或 -o json 参数可以设置信息输出格式。

```
root@master01:~# kubectl get nodes worker01 -o yaml
apiVersion: v1
kind: Node
metadata:
  annotations:
    kubeadm.alpha.kubernetes.io/cri-socket: /var/run/dockershim.sock
    node.alpha.kubernetes.io/ttl: "0"
...
root@master01:~# kubectl get nodes -o json
{
    "apiVersion": "v1",
    "items": [
        {
            "apiVersion": "v1",
            "kind": "Node",
            "metadata": {
                "annotations": {
...
```

在 Kubernetes 运维过程中，如果需要编写 YAML 格式或 JSON 格式的配置文件，可以从 Kubernetes 官方文档中查找示例，同样也可以使用以上命令从其他同类型的资源中以指定的格式输出文件，例如 kubectl get nodes worker01 -o yaml > worker01.yaml。然后编辑、修改该配置文件，以符合要求。

知识小结

本项目首先介绍了 Kubernetes 网络规划与虚拟机节点克隆，然后通过预先规划好的网络结构进行了节点配置与单控制平面创建，重点是 Kubernetes 节点的配置、Kubernetes 参数自动补全配置和控制平面管理。最后介绍了节点管理与集群状态查看，以 3 节点架构为例，介绍了工作节点的添加、删除，节点的重置，集群健康状态的验证及节点资源信息的查看。通过对本项目的学习，读者可以掌握 Kubernetes 集群环境部署与节点管理。

习题

一、选择题

1. 在进行虚拟机克隆时，为节省磁盘空间建议使用以下哪项？（　　）

A. 链接克隆　　B. 完整克隆　　C. 压缩克隆　　D. 以上都不对

2. 配置 Ubuntu Server 主机采用静态 IPv4，其/etc/netplan/00-installer-config.yaml 配置文件应该使用以下哪项？（　　）

A. dhcp4: yes　　B. dhcp4: no

C. dhcp4: true　　D. dhcp4: false

3. Ubuntu Server 中 IP 配置文件为/etc/netplan/00-installer-config.yaml，修改配置之后，需使用以下哪条命令应用配置？（　　）

A. netplay apply　　B. network apply

C. netstat apply　　D. ip apply

4. Ubuntu Server 中修改主机名的命令是哪个？（　　）

A. hostnamectl hostname <hostname> --static

B. hostnamectl get-hostname <hostname> --static

C. hostnamectl set-hostname <hostname> --static

D. hostnamectl <hostname> --static

5. kubeadm 作为创建 Kubernetes 集群的"快捷途径"的最佳实践工具，下列哪一条命令不是 kubeadm 所提供的？（　　）

A. init　　B. join　　C. get nodes　　D. reset

6. 控制平面集群初始化需要在哪类节点上进行？（　　）

A. 主节点　　B. 工作节点　　C. 普通节点　　D. 从节点

7. 以下哪条命令可以用于查看当前控制平面中节点的简要信息？（　　）

A. kubectl get nodes　　B. kubectl cluster-info

C. kubectl get componetstatuses　　D. kubectl -n kube-system get pods

8. 如果想使用 kubeadm 生成一个永久的 token，以下哪条命令正确？（　　）

A. kubeadm token list　　B. kubeadm token create

C. kubeadm reset　　D. kubeadm token create --ttl 0

9. 使用 Kebectl get nodes 命名不能查看节点中的哪项信息？（ ）

A. STATUS B. ROLES C. TTL D. AGE

10. 将节点进行删除后还需要做一些清理，以下哪项不是清理步骤？（ ）

A. 清理 iptables B. 清理相关网络

C. 使用 kubeadm reset 命令进行重置 D. 检查组件状态是否健康

11. 在节点配置与单控制平面创建任务中，当控制屏幕配置文件生成后需要编辑生成的 init-defaults.yaml 文件进行修改。以下哪项字段不需要修改？（ ）

A. imageRespository 字段

B. clusterName 字段

C. kubernetesVersion 字段

D. localAPIEndpoint 的 advertiseAddress 字段

二、判断题

1. 控制平面集群初始化需要在主节点上进行。（ ）

2. kubeadm 是一个提供了 kubeadm init 命令和 kubeadm join 命令的工具，可以作为创建 Kubernetes 集群的“快捷途径”最佳实践。（ ）

3. kubeadm 命令与 kubectl 命令均支持配置参数自动补全。（ ）

4. 使用 kubeadm 命令部署 Kubernetes，在初始化之后，不需要单独部署网络。（ ）

5. 查看当前控制平面中节点的简要信息命令为：kubectl get nodes。（ ）

三、实验题

1. 请根据任务 2.1 网络规划与虚拟机节点克隆中的部分节点规划，创建集群。进行控制平面的初始化，安装与配置网络。最终使用 kubectl get nodes 命令验证集群状态，输出如下信息：

```
root@master01:~# kubectl get nodes
NAME        STATUS   ROLES                   AGE   VERSION
master01    Ready    control-plane,master    18h   v1.20.4
```

2. 在项目 1 的基础之上，再创建一台虚拟机，安装好 Ubuntu Server 20.04 LTS 64 位，和 Dockerv19.03.15。具体要求如下：

① 主节点网段不变，仍是 192.168.53.0，最后一位根据学号后三位确定。例如，某学生其学号为 18091730201，则其主节点的 IP 地址为 192.168.53.201；

② 将新创建的虚拟机加入集群中作为 Kubernetes 的计算节点；

③ 请给出安装 kubeadm 的流程与步骤；

④ 给出创建集群控制平面的流程与步骤；

⑤ 集群创建好之后，将计算节点加入集群中。

实验验证，使用 kubectl get nodes -o wide 命令，列出节点的详细信息。

项目 3　标签与注释管理

学习目标

知识目标

- 掌握标签的基本概念与应用场景。
- 掌握标签的查看、添加与删除命令。
- 了解节点角色的分配与管理。
- 掌握注释的基本概念与应用场景。
- 掌握 Kubernetes API 的概念和基本使用。
- 掌握 Resources API 的概念和使用。
- 了解命名空间的概念与使用。

能力目标

- 能根据应用场景正确使用标签。
- 能根据应用场景对节点角色进行分配和管理。
- 能根据应用场景正确使用注释。
- 能根据应用场景调用 Kubernetes API 和 Resources API。
- 能对 Kubernetes 的命名空间进行管理。

素质目标

- 具备持续学习和自主探究的能力，能够不断学习和掌握 Kubernetes 的最新技术。
- 具备分析问题和解决问题的能力，能够独立解决使用标签与注释过程中遇到的问题。
- 具备良好的命名规范和注释习惯，能够在使用标签和注释时遵循一定的命名规范。

项目描述

标签（Label）是附加到 Kubernetes 对象（比如 Pod）上的键值对，旨在指定对用户有意义且相关的对象的标识属性，但不影响核心系统正常运行。

注释（Annotation）也使用 key-value（键值对）的形式进行定义。它定义的是 Kubernetes 对象的元数据（Metadata），是用户任意定义的“附加”信息，可以包括标签不允许使用的字符，以便外部工具进行查找，和标签相比，注释可以包含更多的信息。本项目将完成工作节点角色、标签及注释的创建与管理。

Kubernetes 控制平面的核心是 API 服务器（kube-apiserver）。API 服务器负责提供 HTTP API，以供用户、集群中的不同部分和集群外部组件相互通信。本项目通过任务介绍 Kubernetes API 的基本使用。

命名空间（Namespace）是 Kubernetes 中的虚拟集群，能够帮助企业完成资源隔离、跨团队项目。本项目将完成 Namespace 命令行方式和配置文件方式的管理，进行命名空间创建、查看、删除等操作。

任务 3.1 标签的管理

任务说明

标签是附加到 Kubernetes 对象上的键值对。标签的作用就是在资源上添加标识，用来对资源进行区分和选择。利用标签进行管理是 Kubernetes 特有的管理方式，便于分类管理资源对象。

知识引入：标签基本概念

标签使用户能够以松散耦合的方式将组织结构映射到系统对象，而无须客户端存储这些映射。标签可以在创建时附加到对象，随后可以随时添加和修改。每个对象都可以定义一组键/值标签。每个键对于指定对象必须是唯一的。具体说来，标签的作用如下。

① 控制器通过标签与选择器（Selector）来控制 Pod 生命周期及副本数。

② 服务通过选择器与标签对 Pod 进行分组。

③ 影响调度。

④ 影响网络策略。

任务实现

【标签-示例】：标签的查看、添加与删除。

① 可使用 kubectl get <type> <name> --show-labels 命令查看标签。例如，查看当前所有节点的标签：

```
root@master01:~# kubectl get nodes --show-labels
NAME     STATUS   LABELS
master01 Ready    beta.kubernetes.io/arch=amd64,...,node-role.kubernetes.io/master=
worker01 Ready    beta.kubernetes.io/arch=amd64,...,kubernetes.io/os=linux
worker02 Ready    beta.kubernetes.io/arch=amd64,...,kubernetes.io/os=linux
```

上面的输出信息中，略去部分列内容。

查看工作节点 worker01 的标签：

```
root@master01:~# kubectl get nodes worker01 --show-labels
NAME     STATUS   LABELS
worker01 Ready    beta.kubernetes.io/arch=amd64,...,kubernetes.io/os=linux
```

② 可使用 kubectl describe <type> <name>命令查看对象详细信息，输出信息中 Labels

部分包含标签信息。例如，查看工作节点 worker01 的详细信息：

```
root@master01:~# kubectl describe nodes worker01
Name:     worker01
Roles:    <none>
Labels:   beta.kubernetes.io/arch=amd64
          beta.kubernetes.io/os=linux
          kubernetes.io/arch=amd64
          kubernetes.io/hostname=worker01
          kubernetes.io/os=linux
...
```

③ 可使用 kubectl label <type> <name> key=value 命令为对象添加标签。例如，向工作节点 worker01 添加标签 app（值为空）：

```
root@master01:~# kubectl label nodes worker01 app=
node/worker01 labeled
root@master01:~# kubectl get nodes worker01 --show-labels
NAME     STATUS   LABELS
worker01 Ready    app=,beta.kubernetes.io/arch=amd64,...,kubernetes.io/os=linux
```

上面的输出信息中，略去部分列内容。添加标签 app 之后，查看工作节点 worker01 的标签，发现 app 已经添加成功。对于同一个资源，其标签的值是唯一的，因此，如果在同一个资源对象上再次添加值相同的标签，则必须使用--overwrite 参数，进行覆盖。例如，将工作节点 worker01 的标签 app 更新为 app=test：

```
root@master01:~# kubectl label nodes worker01 app=test
error: 'app' already has a value (), and --overwrite is false
root@master01:~# kubectl label nodes worker01 app=test --overwrite
node/worker01 labeled
root@master01:~# kubectl get nodes worker01 --show-labels
NAME     STATUS   LABELS
worker01 Ready    app=test,beta.kubernetes.io/arch=amd64,...,kubernetes.io/os=linux
```

④ 可使用 kubectl label <type> <name> key-命令，直接删除之前添加的标签。即，将之前添加标签的命令中 key 之后的所有信息替换为“-”即可。例如，删除工作节点 worker01 上的标签 app=test：

```
root@master01:~# kubectl label nodes worker01 app-
node/worker01 labeled
root@master01:~# kubectl get nodes worker01 --show-labels
NAME     STATUS   LABELS
worker01 Ready    beta.kubernetes.io/arch=amd64,...,kubernetes.io/os=linux
```

上面的输出信息中，略去部分列内容。删除标签 app 之后，工作节点 worker01 的标签信息恢复至初始状态。

任务 3.2 节点角色的管理

任务说明

在 kubeadm 引导的 kubernetes 集群中使用 kubectl get nodes 命令查看节点简略信息

时，有一列为 ROLES（角色）列，如下。

```
root@master01:~# kubectl get nodes
NAME          STATUS   ROLES                   AGE      VERSION
master01      Ready    control-plane,master    47h      v1.20.4
worker01      Ready    <none>                  27h      v1.20.4
worker02      Ready    <none>                  25h      v1.20.4
```

上面的输出信息中除了主节点 master01 之外，工作节点的 ROLES 列均为<none>（无），原因是主节点 master01 的 ROLES 列中的 master 角色是该节点在初始化控制平面集群时自动分配好的。而手动添加的计算节点是没有被分配任何角色的，用户可以手动给任意节点设置角色。

知识引入：节点角色分配原理

角色其实就是通过标签实现的，用于授予对单个命名空间的资源访问权限。使用 kubectl get nodes --show-labls 命令可以查看节点标签。

任务实现

【节点角色的管理-示例】：为工作节点添加标签，分配角色，并查看修改后的标签。

① 可以采用手动为工作节点 worker01 与 worker02 添加标签的方式给它们分配角色。

```
root@master01:~# kubectl get nodes --show-labels
NAME     LABELS
master01 ...,[ct(]node-role.kubernetes.io/control-plane=,node-
role.kubernetes.io/master=
worker01 ...
worker02 ...
```

上面的输出信息中，略去部分列内容。对比 3 个节点标签，可以发现主节点 master01 相较工作节点 worker01、worker02 多两个标签："node-role.kubernetes.io/control-plane=" "node-role.kubernetes.io/master="。而 control-plane 与 master 恰恰是主节点 master01 的角色。所以可以采用手动为工作节点 worker01 与 worker02 添加标签的方式给它们分配角色。具体代码如下：

```
root@master01:~# kubectl label nodes worker01 node-role.kubernetes.io/worker=
node/worker01 labeled
root@master01:~# kubectl label nodes worker02 node-role.kubernetes.io/worker=
node/worker02 labeled
root@master01:~# kubectl get nodes
NAME          STATUS   ROLES                   AGE      VERSION
master01      Ready    control-plane,master    2d       v1.20.4
worker01      Ready    worker                  28h      v1.20.4
worker02      Ready    worker                  26h      v1.20.4
```

注意：与角色相对应的标签的 key 格式是固定的，以"node-role.kubernetes.io/"开头，后续跟的即与角色相应的字符串。这里角色仅能起到供运维人员查看的作用。但是可以通过一些产品对角色起调用的作用，比如在公有云平台，可以根据不同的角色，生成指定的命令，为节点安装对应的核心组件。

② 可以使用 kubectl describe nodes worker01 命令查看修改之后工作节点 worker01 的标签：

```
root@master01:~# kubectl describe nodes worker01
Name:           worker01
Roles:          worker
Labels:         beta.kubernetes.io/arch=amd64
                beta.kubernetes.io/os=linux
                    kubernetes.io/arch=amd64
                kubernetes.io/hostname=worker01
                kubernetes.io/os=linux
                    node-role.kubernetes.io/worker=
...
```

任务 3.3 注释的管理

任务说明

注释可以将 Kubernetes 资源对象关联到任意的非标识性元数据。使用客户端（如工具和库）可以检索这些元数据。在实际运维过程中，注释不会被 Kubernetes 直接使用，其主要是方便用户阅读、查找。

知识引入：注释的基本概念及应用场景

可用标签或注释将元数据附加到 Kubernetes 对象，标签可以用来选择对象和查找满足某些条件的对象集合。相反，注释不用于标识和选择对象。注释中的元数据，可以很小，也可以很大，可以是结构化的，也可以是非结构化的，还能够包含标签不允许的字符。

以下举例说明哪些信息可使用注释进行记录。

① 由声明性配置所管理的字段。将这些字段附加为注释，能够将它们与客户端或服务端设置的默认值、自动生成的字段以及通过自动调整大小或自动伸缩系统设置的字段区分开来。

② 构建、发布或镜像的信息（如时间戳、发布 ID、Git 分支、镜像哈希、仓库地址等）。

③ 指向日志记录、监控、分析或审计仓库的指针。

④ 可用于调试目的的客户端库或工具信息（如名称、版本和构建信息等）。

⑤ 用户或者工具/系统的来源信息［如来自其他生态系统组件的相关对象的统一资源定位符（Uniform Resource Locator，URL）］。

⑥ 轻量级上线工具的元数据信息（如配置或检查点）。

⑦ 负责人员的电话或呼机号码，或指定在何处可以找到该信息的目录条目（如团队网站）。

⑧ 从用户到最终运行的命令，用于修改行为或使用非标准功能。

虽然可将这类信息存储在外部数据库或目录中而不使用注释，但这样做就使得开发人员很难生成用于部署、管理、自检的客户端共享库和工具。

Kubernetes 提供了注释相关的命令，其语法与标签的完全一致，只是命令中使用的是 kubectl annotate，而不是 kubectl label。此外，也没有对应的--show-annotation 参数。

任务实现

【注释-示例】：注释的查看、添加与删除。

① 查看工作节点 worker01 的注释：

```
root@master01:~# [ct(]kubectl describe nodes worker01
Name:         worker01
Roles:        worker
Labels:       beta.kubernetes.io/arch=amd64
...
                   node-role.kubernetes.io/worker=
Annotations:  kubeadm.alpha.kubernetes.io/cri-socket: /var/run/dockershim.sock
              node.alpha.kubernetes.io/ttl: 0
                   projectcalico.org/IPv4Address: 192.168.53.101/24
              projectcalico.org/IPv4IPIPTunnelAddr: 172.18.5.0
              volumes.kubernetes.io/controller-managed-attach-detach: true
...
```

工作节点 worker01 的注释中含有任务 2.2 中的 Calico 网络信息“projectcalico.org/IPv4Address”“projectcalico.org/IPv4IPIPTunnelAddr”。

② 为工作节点 worker01 添加注释 app=test：

```
root@master01:~# kubectl annotate nodes worker01 app=test
node/worker01 annotated
root@master01:~# kubectl describe nodes worker01
Name:         worker01
Roles:        worker
Labels:       beta.kubernetes.io/arch=amd64
...
                   node-role.kubernetes.io/worker=
Annotations:  app: test
              kubeadm.alpha.kubernetes.io/cri-socket: /var/run/dockershim.sock
              node.alpha.kubernetes.io/ttl: 0
                   projectcalico.org/IPv4Address: 192.168.53.101/24
              projectcalico.org/IPv4IPIPTunnelAddr: 172.18.5.0
              volumes.kubernetes.io/controller-managed-attach-detach: true
...
```

③ 删除之前添加的注释 app：

```
root@master01:~# kubectl annotate nodes worker01 app-
node/worker01 annotated
root@master01:~# kubectl describe nodes worker01
Name:         worker01
Roles:        worker
Labels:       beta.kubernetes.io/arch=amd64
...
                   node-role.kubernetes.io/worker=
Annotations:  kubeadm.alpha.kubernetes.io/cri-socket: /var/run/dockershim.sock
              node.alpha.kubernetes.io/ttl: 0
```

```
        projectcalico.org/IPv4Address: 192.168.53.101/24
    projectcalico.org/IPv4IPIPTunnelAddr: 172.18.5.0
    volumes.kubernetes.io/controller-managed-attach-detach: true
...
```

任务 3.4 Kubernetes API 的使用

任务说明

Kubernetes API 使用户可以查询和操纵 Kubernetes API 中对象（例如 Pod、Namespace、ConfigMap 和 Event）的状态。大部分操作都可以通过 kubectl 命令行工具或类似 kubeadm 的命令行工具来执行，使用这些工具也会调用 Kubernetes API。不过，也可以使用 REST 调用来访问这些 Kubernetes API。

知识引入：Kubernetes API 的概念与使用

REST API 是 Kubernetes 的重要组成部分。所有操作和组件之间的通信及外部用户命令都是调用 Kubernetes API 服务器处理的 REST API。因此，Kubernetes 平台视一切皆为 Kubernetes API 对象，且它们在 Kubernetes API 中有相应的定义。

不同的 Kubernetes API 版本代表着不同的稳定性和支持级别。

（1）Alpha

① 版本名称包含 alpha（例如，v1alpha1）。

② 软件可能会有 bug。启用某个特性可能会暴露出 bug，某些特性可能默认被禁用。

③ 对某个特性的支持可能会随时被删除。

④ API 可能在以后的软件版本中以不兼容的方式被更改。

⑤ 由于缺陷风险增加和缺乏长期支持，建议仅将该软件用于短期测试集群。

（2）Beta

① 版本名称包含 beta（例如，v2beta3）。

② 软件被适当地测试过。启用某个特性被认为是安全的，该特性默认开启。

③ 尽管一些特性会发生细节上的变化，但它们将会被长期支持。

④ 后续发布版本可能会有不兼容的变动，因此不建议生产、使用该版本的软件。

（3）Stable

① 版本名称如 vX，其中 X 为整数。

② Stable 版本的功能特性将出现在后续发布的软件版本中。

Kubernetes API 组能够简化对 Kubernetes API 的扩展。Kubernetes API 组信息出现在 REST 路径中，也出现在序列化对象的 apiVersion 字段中。

以下是 Kubernetes API 中的几个组。

① 核心（Legacy）组的 REST 路径为/api/v1。核心组并不作为 apiVersion 字段的一部分（例如，apiVersion: v1）。

② 指定的组位于 REST 路径/apis/$GROUP_NAME/$VERSION，并且使用 apiVersion: $GROUP_NAME/$VERSION（例如，apiVersion: batch/v1）表示。

资源和 Kubernetes API 组在默认情况下是被启用的。可以通过在 Kubernetes API 服务器上设置--runtime-config 参数来启用或禁用它们。--runtime-config 参数接受以逗号分隔的 <key>[=<value>]对，用于描述 Kubernetes API 服务器的运行时配置。如果省略了=<value>

部分，那么视其指定值为=true。例如：

① 禁用 batch/v1，对应的参数设置为--runtime-config=batch/v1=false；

② 启用 batch/v2alpha1，对应的参数设置为--runtime-config=batch/v2alpha1。

启用或禁用 Kubernetes API 组或资源时，需要重启 Kubernetes API 服务器和控制器管理器以使--runtime-config 参数生效。

任务实现

可使用 kubectl api-versions 命令查看含有 Kubernetes API 组的 Kubernetes API 版本：

```
root@master01:~# kubectl api-versions
admissionregistration.k8s.io/v1
admissionregistration.k8s.io/v1beta1
...
networking.k8s.io/v1
networking.k8s.io/v1beta1
node.k8s.io/v1
node.k8s.io/v1beta1
policy/v1beta1
rbac.authorization.k8s.io/v1
rbac.authorization.k8s.io/v1beta1
scheduling.k8s.io/v1
scheduling.k8s.io/v1beta1
storage.k8s.io/v1
storage.k8s.io/v1beta1
v1
```

① “/” 之前的是 Kubernetes API 组名，“/” 之后的是版本信息。使用该命令列出了当前 Kubernetes 所支持的 API 组及版本。

② 除了最后的一项 v1 之外，其他都是命名组，v1 是核心组。

可使用 kubectl api-resources 命令查看含有的 Kubernetes API 资源：

```
root@master01:~# kubectl api-resources
NAME                SHORTNAMES  APIVERSION  NAMESPACED  KIND
bindings                        v1          true        Binding
componentstatuses   cs          v1          false       ComponentStatus
configmaps          cm          v1          true        ConfigMap
endpoints           ep          v1          true        Endpoints
...
nodes               no          v1          false       Node
...
daemonsets          ds          apps/v1     true        DaemonSet
deployments         deploy      apps/v1     true        Deployment
replicasets         rs          apps/v1     true        ReplicaSet
statefulsets        sts         apps/v1     true        StatefulSet
...
```

① SHORTNAMES 列表示对应的 API 资源可以采用的相应缩写。例如，nodes 的缩写为 no，因此在查看节点的简略信息时，除了之前一直使用的 kubectl get nodes 命令之

外，还可以使用 kubectl get no 命令：

```
root@master01:~# kubectl get no
NAME        STATUS   ROLES                  AGE    VERSION
master01    Ready    control-plane,master   2d2h   v1.20.4
worker01    Ready    worker                 31h    v1.20.4
worker02    Ready    worker                 28h    v1.20.4
```

本书中如无特殊说明，在 kubectl 命令中对 API 资源均不采用缩写形式表示。

② NAMESPACED 列为 true 的 API 资源可被归属到某个特定的命名空间，而为 false 的则为集群资源（不属于任何特定的命名空间）。例如，nodes 便属于集群资源。

③ KIND 列表示类型，在任务 2.2 中所生成的 init-defaults.yaml 文件中，就含有 kind 字段。kind 字段是区分大小写的，因此，在编写 YAML 格式的配置文件时，要注意区分大小写，并且其 kind 取值要为 kubectl api-resources 命令的执行结果中 KIND 列的值之一。

任务 3.5　命名空间的命令行方式管理

任务说明

使用命令行方式管理命名空间，可以通过相关 kubectl 命令快速完成命名空间的查看、创建与删除，适用于小场景、调试场景或测试场景。

知识引入：命名空间基本概念

Kubernetes 支持多个虚拟集群，它们的底层依赖于同一个物理集群。这些虚拟集群被称为命名空间。命名空间的使用场景如下。

① 命名空间为资源的名称提供了一个使用范围。资源的名称需要在命名空间内是唯一的，但不能跨命名空间。命名空间不能相互嵌套，每个 Kubernetes 资源只能存在一个命名空间中。

② 命名空间是在多个用户之间划分集群资源的一种工具（通过资源配额）。对于只有几个到几十个用户的集群，根本不需要创建或考虑命名空间。

③ 不需要使用多个命名空间来分隔轻微不同的资源（例如同一软件的不同版本，可使用标签区分同一命名空间中的不同资源）。

大多数 Kubernetes 资源（例如 Pod、Service、副本控制器等）都位于某些命名空间中。但是命名空间资源本身并不在命名空间中，而底层资源（例如节点和持久化卷等）不属于任何命名空间。

在实际项目中，一个项目往往有多个团队参与，而命名空间不支持嵌套，所以并不满足实际项目的需求。在众多企业级 PaaS 云平台产品中还会有一个资源叫作 Project。原生的 Kubernetes 是没有 Project 的，因此无法创建 Project。如果需要创建 Project，则需要企业级的云产品（云平台），比如灵雀云、Rancher 等。

任务实现

命名空间可以通过相关 kubectl 命令进行查看、创建与删除，具体可参见如下示例。

【命名空间命令行-示例】：以命令行方式查看、创建与删除命名空间。

① 命名空间的查看，如同其他资源一样，可以使用 kubectl get namespaces 命令查看

集群中的所有命名空间：

```
root@master01:~# kubectl get namespaces
NAME              STATUS   AGE
default           Active   2d4h
kube-node-lease   Active   2d4h
kube-public       Active   2d4h
kube-system       Active   2d4h
```

可以发现在部署集群之后，默认存在 4 个命名空间：default、kube-node-lease、kube-public 和 kube-system。

- default：没有指明使用其他命名空间的对象所使用的默认命名空间。
- kube-node-lease：此命名空间用于与各个节点相关的租期（Lease）对象；此对象的设计使得集群规模很大时节点心跳检测性能得到提升。一般不需要运维人员管理与维护该命名空间。
- kube-public：所有用户（包括未经过身份验证的用户）都可以读取它。该命名空间主要用于集群，可以保存在整个集群中可见和可读的资源。其公共性方面只存在一种约定，而不是要求。一般不需要运维人员管理与维护该命名空间。
- kube-system：Kubernetes 系统创建对象时所使用的命名空间，可以理解为 Windows 系统中的 C 盘（系统盘）。

4 个默认的命名空间是不允许被删除的。

② kubectl 命令中，可以通过参数-n 来指定访问具体命名空间中的资源，如下：

```
root@master01:~# kubectl -n kube-system get pods
NAME                                       READY   STATUS    RESTARTS AGE
calico-kube-controllers-69496d8b75-vmblf   1/1     Running   5        34h
calico-node-bf2wv                          1/1     Running   5        33h
calico-node-hrv8q                          1/1     Running   3        30h
calico-node-zm5kh                          1/1     Running   4        33h
coredns-7f89b7bc75-2pszh                   1/1     Running   5        2d4h
coredns-7f89b7bc75-qq6tk                   1/1     Running   5        2d4h
etcd-master01                              1/1     Running   8        2d4h
kube-apiserver-master01                    1/1     Running   9        2d4h
kube-controller-manager-master01           1/1     Running   8        2d4h
kube-proxy-4jc7n                           1/1     Running   4        33h
kube-proxy-lpb6p                           1/1     Running   3        30h
kube-proxy-wm2dj                           1/1     Running   8        2d4h
kube-scheduler-master01                    1/1     Running   8        2d4h
```

③ 可使用 kubectl create namespace <name>命令创建自定义的命名空间：

```
root@master01:~# kubectl create namespace ccit-cloud
namespace/ccit-cloud created
root@master01:~# kubectl create namespace ccit-software
namespace/ccit-software created
root@master01:~# kubectl get namespaces
NAME              STATUS   AGE
ccit-cloud        Active   28s
```

```
ccit-software     Active   5s
default           Active   2d4h
kube-node-lease   Active   2d4h
kube-public       Active   2d4h
kube-system       Active   2d4h
```

不同的团队可以在不同的命名空间中发布应用，互不影响。默认不同命名空间中的应用可以互相访问与通信。

④ 可使用 kubectl delete namespace <name>命令删除命名空间：

```
root@master01:~# kubectl delete namespace ccit-cloud
namespace "ccit-cloud" deleted
root@master01:~# kubectl delete namespaces ccit-software
namespace "ccit-software" deleted
root@master01:~# kubectl delete namespaces kube-public
Error from server (Forbidden): namespaces "kube-public" is forbidden: this namespace
may not be deleted
root@master01:~# kubectl get namespaces
NAME              STATUS   AGE
default           Active   2d4h
kube-node-lease   Active   2d4h
kube-public       Active   2d4h
kube-system       Active   2d4h
```

可以删除之前创建的 ccit-cloud、ccit-sofware 两个命名空间，但是无法删除 4 个默认命名空间。

任务 3.6　命名空间的配置文件方式管理

任务说明

在实际生产、运维过程中，往往需要在正式部署之前进行充分的测试与验证，通过测试与验证之后，再在生产环境下进行部署，这便需要确保在生产环境下的部署包括输入的命令在内均是正确无误的，使用脚本（例如，YAML 格式的配置文件）可以大大降低命令误输入的可能。

知识引入：命名空间配置文件说明

除了命令行方式管理外，Kubernetes 还提供了配置文件（YAML 脚本）方式管理，同样能够进行 Namespace 的创建、删除等。为规定资源配置信息，脚本文件中一般包括 apiVersion、kind、metadata 等字段。

- apiVersion 表示待创建对象的 Kubernetes API 版本号，对于命名空间应使用值 v1。该值可以参见 kubectl api-resource 命令的执行结果中 APIVERSION 列的值。
- kind 表示其为命名空间资源，该值可以参见 kubectl api-resource 命令的执行结果中 KIND 列的值，注意大小写。
- metadata 表示当前配置文件所描述的命名空间的名称（例如本任务中的 ccit-cloud）。

任务实现

【命名空间配置文件-示例】：以配置文件方式创建与删除命名空间。

① 在主节点 master01 上创建 namespaces 文件夹，在其中创建 namespace.yaml 文件，内容如下：

```
apiVersion: v1
kind: Namespace
metadata:
  name: ccit-cloud
```

② 对于 YAML 文件各字段的定义与解释可以使用 kubectl explain namespace 命令查看：

```
root@master01:~/namespaces# kubectl explain namespace
KIND:     Namespace
VERSION:  v1

DESCRIPTION:
     Namespace provides a scope for Names. Use of multiple namespaces is
     optional.

FIELDS:
   apiVersion   <string>
     APIVersion defines the versioned schema of this representation of an
     object. Servers should convert recognized schemas to the latest internal
     value, and may reject unrecognized values. More info:
     https://git.k8s.io/community/contributors/devel/sig-architecture/api-
conventions.md#resources
...
```

③ 可使用 kubectl create -f <fileName>命令通过指定文件来创建所描述的资源：

```
root@master01:~/namespaces# kubectl create -f namespace.yaml
namespace/ccit-cloud created
root@master01:~/namespaces# kubectl get namespaces
NAME              STATUS   AGE
ccit-cloud        Active   6s
default           Active   2d5h
kube-node-lease   Active   2d5h
kube-public       Active   2d5h
kube-system       Active   2d5h
```

需要注意的是，使用 kubectl create 命令不可以创建两个相同的资源。如果再次应用 kubectl create -f namespace.yaml 命令（假设 namespace.yaml 文件内容未发生变化），则会报错，提示已经存在 ccit-cloud 命名空间：

```
root@master01:~/namespaces# kubectl create -f namespace.yaml
Error from server (AlreadyExists): error when creating "namespace.yaml": namespaces
"ccit-cloud" already exists
```

④ 可使用 kubectl delete -f <fileName>命令通过指定文件来删除所描述的资源：

```
root@master01:~/namespaces# kubectl delete -f namespace.yaml
```

```
namespace "ccit-cloud" deleted
root@master01:~/namespaces# kubectl get namespaces
NAME              STATUS     AGE
default           Active     2d5h
kube-node-lease   Active     2d5h
kube-public       Active     2d5h
kube-system       Active     2d5h
```

从本项目开始，在所有项目结束时均需要将当前项目内所创建的资源清除，以免影响后续项目的实践操作。各项目彼此独立，互不影响。

知识小结

本项目重点讲解关于标签、角色与注释的内容，介绍了 Kubernetes API 版本控制、Kubernetes API 组、Kubernetes API 版本查看、Kubernetes API 资源查看，还介绍了以命令行方式查看、创建、删除命名空间，以及以配置文件方式创建与删除命名空间。

习题

一、选择题

1. 标签是 key/value（键值对），被关联到对象上，需要注意的是以下哪项？（　　）

A. 每个对象的标签的 key 具有唯一性

B. 每个对象只能定义一组 key/value 标签

C. 每个对象的标签的 value 具有唯一性

D. 标签直接对核心系统有语义含义

2. 在 Kubernetes 中有关于标签与注释相似处的描述，以下错误的是哪项？（　　）

A. 标签和注释都可以将元数据关联到 Kubernetes 资源对象

B. 注释与标签类似，也使用键值对的形式进行定义

C. Kubernetes 提供了注释相关的命令，其语法与标签的完全一致，只是命令中使用的是 kubectl annotate，而不是 kubectl label

D. 标签和注释中的元数据可多可少，可以是结构化的或非结构化的

3. kubectl annotate key=value 命令的功能是以下哪项？（　　）

A. 添加标签　　B. 更改注释　　C. 添加注释　　D. 查询注释

4. 使用 kubectl describe nodes worker01 命令可以查看工作节点 worker01 的哪些信息？（　　）

A. Role　　B. Name　　C. Label　　D. Annotation

5. 关于标签的作用正确的是以下哪项？（　　）

A. 服务通过选择器与标签对 Pod 进行分组

B. 对节点进行重置

C. 验证集群状态

D. 影响调度

二、判断题

1. 标签中的元数据可多可少，可以是结构化的或非结构化的，也可以包含标签中不

允许出现的字符。 (　　)

2. 标签和注释都可以将元数据关联到 Kubernetes 资源对象。 (　　)

3. 对于命名空间 kube-public，所有用户（但必须是身份验证的用户）都可以读取它。该命名空间主要用于集群，可以保存在整个集群中可见或可读的资源。其公共性方面只存在一种约定，而不是要求。一般不需要运维人员管理与维护该命名空间。 (　　)

4. 命名空间 kube-node-lease 用于与各个节点相关的租期（Lease）对象；此对象的设计使得集群规模很大时节点心跳检测性能得到提升。一般不需要运维人员管理与维护该命名空间。 (　　)

5. 不同的团队可以在不同的命名空间中发布应用，互不影响。默认不同命名空间中的应用可以互相访问与通信。 (　　)

6. Kubernetes API 使用户可以查询和操纵 Kubernetes API 中对象（例如 Pod、Namespace、ConfigMap 和 Event）的状态。大部分操作都可以通过 kubectl 命令行工具或类似 kubeadm 的命令行工具来执行，使用这些工具也会调用 Kubernetes API。 (　　)

7. REST API 是 Kubernetes 的重要组成部分。所有操作和组件之间的通信及外部用户命令都是调用 Kubernetes API 服务器处理的 REST API。 (　　)

8. 不同的 Kubernetes API 版本代表着不同的稳定性和支持级别：Stable 表示软件可能会有 bug。对某个特性的支持可能会随时被删除。 (　　)

9. 资源和 Kubernetes API 组是在默认情况下被启用的。可以通过在 Kubernetes API 服务器上设置--runtime-config 参数来启用或禁用它们。 (　　)

10. 使用 kubectl api-resources 命令查看含有的 Kubernetes API 资源，输出列中，NAMESPACED 列为 true 的 API 资源可被归属到某个特定的命名空间，而为 false 的则为集群资源（不属于任何特定的命名空间）。 (　　)

项目 4 工作负载之 Pod 管理

学习目标

知识目标

- 掌握 Pod 的概念与作用。
- 熟悉 Pod 内部的资源共享。
- 掌握 Pod 的命令行管理方式。
- 掌握 Pod 的镜像拉取策略与重启策略。
- 熟悉 Pod 的资源请求与限制。
- 掌握容器登录。
- 掌握 kubectl 资源修改命令。
- 掌握 Init 容器和静态 Pod。

能力目标

- 能根据应用场景正确使用和管理 Pod。
- 能根据应用场景实现 Pod 内部的资源共享。
- 能根据应用场景设置 Pod 镜像拉取与重启策略。
- 能根据应用场景实现 Pod 资源请求和限制。
- 能根据应用场景实现容器登录。

素质目标

- 具备持续学习和自主探究的能力，能够不断学习和掌握 Kubernetes 的最新技术。
- 具备分析问题和解决问题的能力，能够独立解决使用 Pod 过程中遇到的问题。
- 具备规范意识和安全意识，能够按照最佳实践进行 Pod 的配置与管理。

项目描述

在 Kubernetes 中，Pod 是用户可操作的最小单元，也是实际项目中应用程序真正运行的地方。本项目将完成 Pod 的创建与删除、镜像拉取与重启策略、资源请求与限制等及静态 Pod 的管理。

任务 4.1　Pod 的命令行方式管理

任务说明

在学习 Pod 的命令行方式管理之前，需要了解 Pod 的基础概念及内部资源共享情况。以命令行方式管理 Pod 是最直接的一种方式，需要通过命令行进行简单 Pod 的管理。实际生产环境中，基于配置文件（脚本）进行 Pod 管理能够避免很多错误（命令输入错误等）。

知识引入：Pod 的基本概念及内部资源共享

Pod（就像豌豆荚）是一组（一个或多个）容器（就像豌豆）的载体；这些容器共享存储、网络等信息与资源，Pod 与容器的关系如图 4-1 所示。Pod 中的内容总是并置的并且被一同调度，在共享的上下文中运行。Pod 所建模的是特定于应用的“逻辑主机”，其中包含一个或多个应用容器，这些容器是相对紧密地耦合在一起的。在非云环境中，在相同的物理机或虚拟机上运行的应用类似于在同一逻辑主机上运行的云应用。

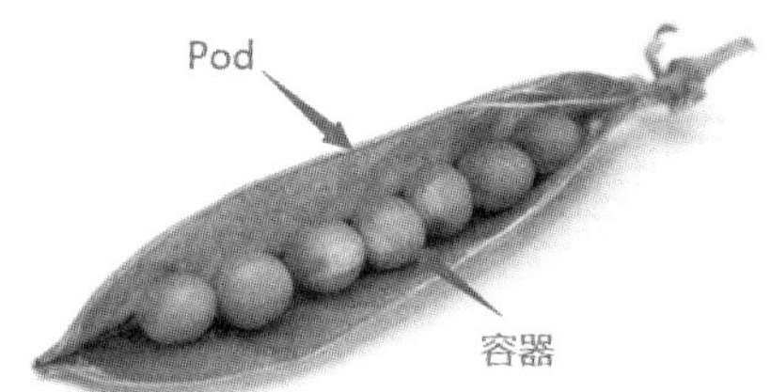

图 4-1　Pod 与容器的关系

① Pod 是 Kubernetes 中可以创建和部署的最小也是最简的单元，在描述副本数量时，常说系统中现存几个 Pod。

② Pod 中封装着应用的容器（有的情况下是好几个容器），还包括存储、独立的 IP 地址，管理容器如何运行的策略选项信息。

③ Pod 代表着部署的一个单元，Kubernetes 中应用的一个实例，可能由一个或者多个容器组合在一起共享资源。

④ 有些 Pod 中具有 Init 容器和应用容器。Init 容器会首先运行，且会阻塞应用容器的启动，直到其完成所有任务为止，后续内容将会进一步讲解。

Pod 的作用如下。

① 方便管理：在 Kubernetes 中，Pod 是容器的载体，一个 Pod 拥有一个或多个容器，作为一个逻辑单元，方便管理。

② 资源共享和通信：同一个 Pod 中的容器共享一个网络栈和存储，相互之间可以直接通过 localhost 进行通信，同时也共享同一块存储卷。

Kubernetes 直接管理的对象是 Pod，而不是底层的 Docker，因为 Docker 被封装在 Pod 中，所以不会被直接被操作。这意味着，Pod 也可以包含其他公司的容器产品，比如 CoreOS 的 rkt 或阿里巴巴的 Pouch。

Pod 被设计成支持形成内聚服务单元的多个协作过程（形式为容器）。容器之间可以共享资源和依赖、彼此通信、协调何时以及以何种方式终止自身的运行，如图 4-2 所示。

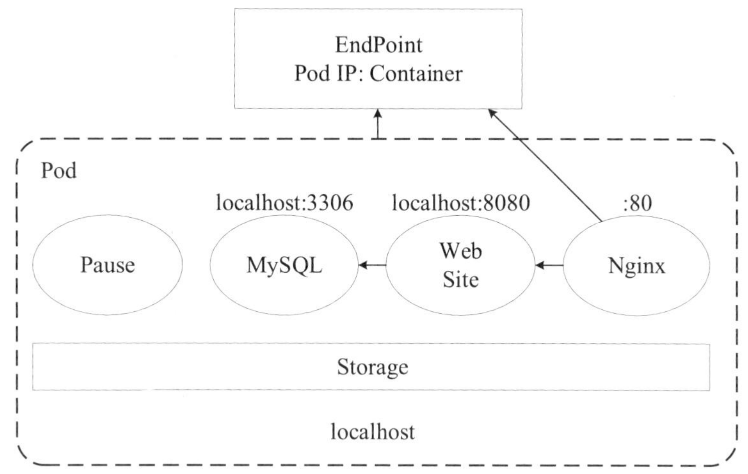

图 4-2　Pod 内部资源共享示例

Pod 资源共享和通信的特点如下。

① 网络共享：每个 Pod 都会被分配一个唯一的 IP 地址。Pod 中的所有容器共享网络空间，包括 IP 地址和端口。Pod 内部的容器可以使用 localhost 互相通信。Pod 中的容器与外界通信时，必须为其分配共享网络资源（例如使用宿主机的端口映射）。

② 存储共享：Storage 中有 1 个或多个 Volume。可为 Pod 指定多个共享的 Volume。Pod 中的所有容器都可以访问共享的 Volume。Volume 也可以用来持久化 Pod 中的存储资源，以防容器重启后文件丢失。

多个容器可以放到同一个 Pod 中的重要判定标准为，这些容器的生命周期是一致的。

任务实现

【Pod 命令行-示例】：以命令行方式创建、查看与删除 Pod。

① 可使用 kubectl run --image=<imageName> <podName>命令进行 Pod 的创建：

```
root@master01:~# kubectl run --image=nginx pod-test
pod/pod-test created
```

这里创建了一个名为 pod-test 的 Pod。

② 可使用 kubectl get pods 命令查看默认命名空间中的 Pod：

```
root@master01:~# kubectl get pods
NAME        READY    STATUS              RESTARTS     AGE
pod-test    0/1      ContainerCreating   0            34s
root@master01:~# kubectl get pods
NAME        READY    STATUS              RESTARTS     AGE
pod-test    1/1      Running             0            2m55s
```

由于 Pod 的启动需要一定的时间与周期，因此起初 pod-test 处于 ContainerCreating 状态，随后在 Pod 完全启动之后，进入 Running 状态。

在任务 2.3 中，查看核心组件是否处于正常状态时，使用了 kubectl -n kube-system get pods 命令，其中-n kube-system 参数表示指定查看 kube-system 命名空间下的核心组件。在未给出命名空间的情况下，使用 kubectl 命令默认仅访问 default 命名空间下的资源。此外，kubectl 命令还提供了--all-namespaces 参数，用于访问所有命名空间下的资源。

```
root@master01:~# kubectl get pods --all-namespaces
NAMESPACE     NAME                                       READY   STATUS    RESTARTS AGE
default       pod-test                                   1/1     Running   1        5h40m
kube-system   calico-kube-controllers-69496d8b75-vmblf   1/1     Running   7        2d4h
kube-system   calico-node-bf2wv                          1/1     Running   7        2d4h
kube-system   calico-node-hrv8q                          1/1     Running   5        2d
kube-system   calico-node-zm5kh                          1/1     Running   6        2d3h
kube-system   coredns-7f89b7bc75-2pszh                   1/1     Running   7        2d23h
kube-system   coredns-7f89b7bc75-qq6tk                   1/1     Running   7        2d23h
kube-system   etcd-master01                              1/1     Running   10       2d23h
kube-system   kube-apiserver-master01                    1/1     Running   11       2d23h
kube-system   kube-controller-manager-master01           1/1     Running   10       2d23h
kube-system   kube-proxy-4jc7n                           1/1     Running   6        2d3h
kube-system   kube-proxy-lpb6p                           1/1     Running   5        2d
kube-system   kube-proxy-wm2dj                           1/1     Running   10       2d23h
kube-system   kube-scheduler-master01                    1/1     Running   10       2d23h
```

其中，NAMESPACE 列给出了 Pod 所在的命名空间，RESTARTS 列表示重启次数。这里的重启次数是指容器的重启次数，这个概念与容器技术中的 docker restart <container> 是有差异的。这里的重启次数相当于 docker rm -f <container> && docker run <image>两个命令的综合效果，也就是把之前的容器删除（rm -f），然后启动（run）一个新容器。

③ 可使用 kubectl delete pod <podName>命令删除指定的 Pod：

```
root@master01:~# kubectl delete pod pod-test
pod "pod-test" deleted
root@master01:~# kubectl get pods
No resources found in default namespace.
```

【Pod 配置文件-示例】：以配置文件方式创建与删除 Pod。

① 在主节点 master01 上创建 workloads-pods 文件夹，在其中创建 pod1.yaml 文件，内容如下：

```
apiVersion: v1
kind: Pod
metadata:
  name: pod-nginx
spec:
  containers:
  - name: c-nginx
    image: nginx
```

该 YAML 文件描述了一个 Pod 资源（kind 字段为 Pod），Pod 名为 pod-nginx。Pod 内含有一个名为 c-nginx 的容器，容器对应的镜像为 nginx。

② 可使用 kubectl create -f 命令，指定 YAML 文件创建对应的资源，并进行查看：

```
root@master01:~/workloads-pods# kubectl create -f pod1.yaml
pod/pod-nginx created
root@master01:~/workloads-pods# kubectl get pods
```

```
NAME          READY   STATUS    RESTARTS         AGE
pod-nginx     1/1     Running   0                18s
root@master01:~/workloads-pods# kubectl -n default get pods
NAME          READY   STATUS    RESTARTS         AGE
pod-nginx     1/1     Running   0                4m50s
```

可以看到在未指定命名空间的情况下，创建的 Pod 处于默认的命名空间。

③ 可使用 kubectl -n <namespace> create 在指定的命名空间中创建对应的资源：

```
root@master01:~/workloads-pods# kubectl create namespace test
namespace/test created
root@master01:~/workloads-pods# kubectl -n test create -f pod1.yaml
pod/pod-nginx created
root@master01:~/workloads-pods# kubectl -n test get pods
NAME        READY   STATUS    RESTARTS     AGE
pod-nginx   1/1     Running   0            44s
root@master01:~/workloads-pods# kubectl get pods --all-namespaces
NAMESPACE   NAME        READY   STATUS    RESTARTS     AGE
default     pod-nginx   1/1     Running   0            11m
...
test        pod-nginx   1/1     Running   0            3m49s
```

这里先创建名为 test 的命名空间，然后使用 pod1.yaml 配置文件创建 Pod 时在命令行中通过-n test 参数指定在 test 命名空间中创建。随后，在 test 命名空间中查看 Pod。最后，使用--all-namespaces 参数，查看所有命名空间下的 Pod，可以发现在 default 和 test 两个命名空间中均有一个名为 pod-nginx 的 Pod，进一步验证了各命名空间在资源名称上的隔离性。

④ 可在 YAML 文件中同时描述多个资源，各资源之间使用“---”分隔。并且，可以在资源的元数据（metadata 字段）中通过 namespace 来指定资源所在的命名空间。在 workloads-pods 文件夹内创建 pod2.yaml 文件，内容如下：

```
apiVersion: v1
kind: Namespace
metadata:
  name: test2
---
apiVersion: v1
kind: Pod
metadata:
  name: pod-nginx
  namespace: test2
spec:
  containers:
  - name: c-nginx
    image: nginx
```

整个 YAML 文件由两部分资源描述构成，使用“---”分隔。第一部分描述 test2 命名空间资源，第二部分描述 pod-nginx，其在 test2 命名空间。

使用 kubectl create -f 命令创建 pod2.yaml 文件中描述的资源：

```
root@master01:~/workloads-pods# kubectl create -f pod2.yaml
namespace/test2 created
pod/pod-nginx created
root@master01:~/workloads-pods# kubectl -n test2 get pods
NAME         READY    STATUS    RESTARTS        AGE
pod-nginx    1/1      Running   0               74s
```

在使用 pod2.yaml 文件创建资源时，创建了两个资源 namespace/test2 和 pod/pod-nginx。创建时，"/" 之前的 namespace 和 pod 表示资源类型，"/" 之后的 test2 和 pod-nginx 表示资源名称。

清理之前创建的 Pod 与命名空间：

```
root@master01:~/workloads-pods# kubectl delete namespaces test test2
namespace "test" deleted
namespace "test2" deleted
root@master01:~/workloads-pods# kubectl delete pod pod-nginx
pod "pod-nginx" deleted
root@master01:~/workloads-pods# kubectl get pods --all-namespaces
NAMESPACE    NAME                                       READY    STATUS    RESTARTS  AGE
kube-system  calico-kube-controllers-69496d8b75-vmblf  1/1      Running   7         2d6h
...
```

在删除命名空间 test、test2 时，命名空间内相应的 Pod 等资源也均被删除掉。

⑤ 在一个 Pod 内可含有多个容器。在 workloads-pods 文件夹内创建 pod3.yaml 文件，内容如下：

```
apiVersion: v1
kind: Pod
metadata:
  name: pod-nginx
spec:
  containers:
  - name: c-nginx
    image: nginx
  - name: c-tomcat
    image: tomcat
```

在该 YAML 文件中，containers 字段含有两个容器 c-nginx 与 c-tomcat。每个-name 项对应一个容器。使用 kubectl create -f 创建 pod3.yaml 文件中描述的资源：

```
root@master01:~/workloads-pods# kubectl create -f pod3.yaml
pod/pod-nginx created
root@master01:~/workloads-pods# kubectl get pods
NAME         READY    STATUS               RESTARTS         AGE
pod-nginx    0/2      ContainerCreating    0                7s
```

其中，READY 列中 "/" 前的值表示当前启动的容器的数量，而 "/" 后的值为 Pod 中容器的总数。只有当两个容器（c-nginx 和 c-tomcat）均启动了，READY 列的值才会变为 2/2。

在此期间，使用 kubectl describe pod 命令查看 pod-nginx 的详细信息：

```
root@master01:~/workloads-pods# kubectl describe pod pod-nginx
Name:            pod-nginx
Namespace:    default
Priority:     0
Node:         worker02/192.168.53.102
...
Events:
  Type   Reason       Age     From             Message
  ----   ------       ----    ----             -------
  Normal Scheduled    3m4s default-scheduler Successfully assigneddefault/pod-ngi...
  Normal Pulling      3m4s    kubelet          Pulling image "nginx"
  Normal Pulled       2m43s   kubelet          Successfully pulled image "nginx" in...
  Normal Created      2m43s   kubelet          Created container c-nginx
  Normal Started      2m43s   kubelet          Started container c-nginx
  Normal Pulling      2m42s   kubelet          Pulling image "tomcat"
```

上面的输出内容中略去部分列内容。当前正在从镜像仓库拉取（Pulling）镜像 tomcat。kubectl describe 命令的执行结果，可作为运维诊断时的参考。当两个镜像均被拉取完成，相应的容器均运行起来之后，查看 Pod 资源信息，其 READY 列的值为 2/2：

```
root@master01:~/workloads-pods# kubectl get pods
NAME         READY    STATUS    RESTARTS     AGE
pod-nginx    2/2      Running   0            11m
```

任务 4.2　Pod 的镜像拉取与重启管理

任务说明

Pod 是一个或一组容器的载体，其运行同样需要基于容器，不同情况下所需采用的镜像拉取策略也不同。Kubernetes 中不支持重启 Pod 资源，往往根据配置决定是否删除、重启 Pod。

知识引入：镜像拉取策略与重启策略

针对 Pod 的镜像拉取和重启策略，在配置文件中，可分别通过 imagePullPolicy 和 restartPolicy 进行配置。

imagePullPolicy 有以下 3 种取值。

① Always：不论本地是否已经存在所需镜像，每次均重新拉取镜像（默认）。

② Never：仅使用本地镜像，从不下载。若本地没有所需镜像，报错。

③ IfNotPresent：仅当本地没有所需镜像时，才从仓库拉取镜像。

restartPolicy 有以下 3 种取值。

① Always：失败或完成（正常退出）状态，均重启容器。

② OnFailure：失败状态才重启容器。

③ Never：无论失败或完成（正常退出）状态，均不重启容器。

任务实现

【策略管理-示例】：使用 kubectl get pod <podName> -o yaml 命令可以查看指定 Pod 信息的 YAML 格式文件，在其输出信息中含有容器镜像的拉取策略与重启策略，如下：

```
root@master01:~# kubectl get pod pod-nginx -o yaml
apiVersion: v1
kind: Pod
metadata:
...
spec:
  containers:
  - image: nginx
    imagePullPolicy: Always
    name: c-nginx
    resources: {}
...
  - image: tomcat
    imagePullPolicy: Always
    name: c-tomcat
    resources: {}
...
  restartPolicy: Always
...
```

其中，imagePullPolicy 描述了 Pod 中容器的镜像拉取策略，而 restartPolicy 则描述了 Pod 的重启策略。

重启策略可以通过 kubectl get pods 命令的执行结果中 RESTARTS 列的值反映出来。查看当前系统中 pod--nginx 的扩展信息：

```
root@master01:~# kubectl get pods pod-nginx -o wide
NAME         READY    STATUS    RESTARTS      AGE     NODE       ...
pod-nginx    2/2      Running   2             4h5m    worker02 ...
```

上面的输出信息中，略去部分列内容。对于当前运行于工作节点 worker02 之上的 pod-nginx，其 RESTARTS 列的值为 2，表示重启了两次。在工作节点 worker02 之上，重启 Docker 引擎（服务）：

```
root@worker02:~# systemctl restart docker
```

再次回到主节点 master01 上查看当前系统中 pod-nginx 的扩展信息：

```
root@master01:~# kubectl get pods pod-nginx -o wide
NAME         READY    STATUS              RESTARTS  AGE      NODE       ...
pod-nginx    0/2      CrashLoopBackOff 2            4h       worker02 ...
root@master01:~# kubectl get pods pod-nginx -o wide
NAME         READY    STATUS              RESTARTS  AGE      NODE       ...
pod-nginx    2/2      Running             4         4h4m          worker02 ...
```

由于在工作节点 worker02 上重启 Docker 引擎后，造成 pod-nginx 中的容器随之退出，进而造成容器的重启（内部其实是删除原容器，重新启动新容器）。由于 pod-nginx

含有两个容器，因此这里的 RESTARTS 列的值是指容器的重启次数，这里增加 2，最终 RESTARTS 列的值由之前的 2 变为 4（2+2）。

任务 4.3 Pod 的资源请求与限制

任务说明

Pod 作为运行容器的资源，将占用其主机上的内存、CPU 等硬件资源。因此，需要提供一定的方法监测 Kubernetes 各种资源的硬件资源占用情况。为了防止某个应用随运行时间的推移，造成内存等资源的占用越来越多，以至于影响整个服务器或其他应用的资源使用（例如内存不足、CPU 过载等），就需要在使用 Pod 所占用的资源时对其加以一定的限制。本任务的具体要求如下：

- 熟悉资源监测插件 Metrics-Server 的部署与使用；
- 掌握不可压缩资源的配置与应用；
- 掌握可压缩资源的配置与应用。

知识引入：可压缩资源与不可压缩资源

集群中的资源可以进一步区分为可压缩资源与不可压缩资源，例如内存就属于不可压缩资源，CPU 则属于可压缩资源。

对于不可压缩资源，可通过 spec.containers.resources 字段在 Pod 的配置文件中进行设定。对于不可压缩资源而言，在运行 Pod 过程中如果容器的资源占用超过了相应的资源限制，则该容器将被删除，并尝试重新启动一个全新的容器（这会反映到 kubectl get pods 命令的执行结果中 RESTARTS 列的值的增加上）。

对于可压缩资源，可通过 spec.containers.resources 字段在 Pod 的配置文件中进行设定。对于可压缩资源而言，当运行 Pod 过程中容器的资源占用超过了相应的资源限制之后，容器不会重启，依然运行，因为对应的资源是可被“压缩”的。

任务实现

【Metrics-Server 插件部署-示例】：部署 Metrics-Server 插件过程如下：

① 首先下载插件。不推荐最新版，本书中使用 Metrics-Server 0.37。可以先在 GitHub 的 releases 页面下载 Metrics-Server 0.37 的源代码。将源代码中\metrics-server-0.3.7\deploy\1.8+目录下的 7 个 YAML 文件复制至主节点 master01 中的单独目录下（假设目录为 ~/metrics-server）；

```
root@master01:~/metrics-server# ls -la
total 36
drwxr-xr-x  2 root root 4096 Apr 19 12:24 .
drwx------ 10 root root 4096 Apr 19 12:23 ..
-rw-r--r--  1 root root  397 Apr 19 12:24 aggregated-metrics-reader.yaml
-rw-r--r--  1 root root  303 Apr 19 12:24 auth-delegator.yaml
-rw-r--r--  1 root root  324 Apr 19 12:24 auth-reader.yaml
-rw-r--r--  1 root root  298 Apr 19 12:24 metrics-apiservice.yaml
-rw-r--r--  1 root root 1157 Apr 19 12:24 metrics-server-deployment.yaml
-rw-r--r--  1 root root  297 Apr 19 12:24 metrics-server-service.yaml
```

```
-rw-r--r--  1 root root  532 Apr 19 12:24 resource-reader.yaml
```

② 修改 metrics-server-deployment.yaml 文件；

将 image 的版本信息由 k8s.gcr.io/metrics-server/metrics-server:v0.3.7 改为 htcfive/metrics-server-amd64。

在 imagePullPolicy 之后，增加 command 字段，具体如下：

```
command:
- /metrics-server
- --kubelet-insecure-tls
- --kubelet-preferred-address-types=InternalIP,ExternalIP,Hostname
```

修改后，代码片段如下：

```
...
      containers:
      - name: metrics-server
        image: htcfive/metrics-server-amd64
        imagePullPolicy: IfNotPresent
        command:
        - /metrics-server
        - --kubelet-insecure-tls
        - --kubelet-preferred-address-types=InternalIP,ExternalIP,Hostname
...
```

③ 使用 kubectl create -f .命令，在~/metrics-server 目录下使用当前目录下所有的 YAML 文件创建相应的资源；

```
root@master01:~/metrics-server# kubectl apply -f .
clusterrole.rbac.authorization.k8s.io/system:aggregated-metrics-reader created
clusterrolebinding.rbac.authorization.k8s.io/metrics-server:system:auth-delegator
created
rolebinding.rbac.authorization.k8s.io/metrics-server-auth-reader created
Warning:  apiregistration.k8s.io/v1beta1  APIService  is  deprecated  in  v1.19+,
unavailable in v1.22+; use apiregistration.k8s.io/v1 APIService
apiservice.apiregistration.k8s.io/v1beta1.metrics.k8s.io created
serviceaccount/metrics-server created
deployment.apps/metrics-server created
service/metrics-server created
clusterrole.rbac.authorization.k8s.io/system:metrics-server created
clusterrolebinding.rbac.authorization.k8s.io/system:metrics-server created
```

注意：kubectl apply -f .命令中最后的“.”表示当前目录。

④ 使用 kubectl -n kube-system get pods 命令查看系统核心组件；

```
root@master01:~/metrics-server# kubectl -n kube-system get pods
NAME                                       READY   STATUS    RESTARTS   AGE
calico-kube-controllers-69496d8b75-vmblf   1/1     Running   9          2d11h
...
metrics-server-5c997c66fc-4s5zn            1/1     Running   0          4m11s
```

Metrics-Server 所对应的核心组件 metrics-server-5c997c66fc-4s5zn 已经成功运行，处于 Running 状态，READY 列的值为 1/1。

⑤ 可使用 kubectl top <type> <name>查看相关节点/Pod 的资源占用情况；

```
root@master01:~/metrics-server# kubectl top nodes
NAME        CPU(cores)   CPU%    MEMORY(bytes)        MEMORY%
master01    283m         14%     1110Mi               59%
worker01    66m          6%      476Mi                55%
worker02    94m          9%      505Mi                59%
root@master01:~/metrics-server# kubectl top pods
NAME        CPU(cores)   MEMORY(bytes)
pod-nginx   2m           70Mi
```

需要说明的是，Kubernetes 中，1000m CPU = 1 CPU，单位 m 表示 milli-CPU（milli-，表示毫）。因此，pod-nginx 占用了约千分之二的 CPU 资源，内存占用了 70Mi，其中包含两个容器。

⑥ 清理 Pod，恢复工作路径；

```
root@master01:~/metrics-server# kubectl delete pod pod-nginx
pod "pod-nginx" deleted
root@master01:~/metrics-server# kubectl get pods
No resources found in default namespace.
root@master01:~/metrics-server# cd
root@master01:~/#
```

【不可压缩资源的请求与限制-示例】：不可压缩资源的请求与限制。

① 在主节点 master01 上的 workloads-pods 文件夹内创建 memory-demo1.yaml 文件，内容如下：

```
apiVersion: v1
kind: Pod
metadata:
  name: memory-demo1
spec:
  containers:
  - name: memory-demo-ctr
    image: polinux/stress
    resources:
      limits:
        memory: "200Mi"
      requests:
        memory: "100Mi"
    command: ["stress"]
    args: ["--vm", "1", "--vm-bytes", "150M", "--vm-hang", "1"]
```

要为容器指定资源限制，需要在 Pod 配置文件内的 resources 字段中指定 limits 字段；而要指定资源请求，则要在 resources 字段中指定 requests 字段。该配置文件中对容器 memory-demo-ctr 的内存请求为 100MB，而其相应的内存上限为 200MB（运行过程中不允许超过上限）。

该 Pod 中的容器使用了 polinux/stress 镜像，其含有 stress 工具，以供进行压力测试。配置文件中的 args 字段部分提供了容器启动时的参数，"--vm-bytes", "150M"参数用于告知容器尝试分配 150MB 内存。

② 使用 kubectl create -f memory-demo1.yaml 命令创建相应的 Pod（名为 memory-demo1）：

```
root@master01:~/workloads-pods# kubectl create -f memory-demo1.yaml
pod/memory-demo1 created
root@master01:~/workloads-pods# kubectl get pods
NAME         READY    STATUS    RESTARTS     AGE
memory-demo1 1/1      Running   0            77s
root@master01:~/workloads-pods# kubectl top pods
NAME         CPU(cores)    MEMORY(bytes)
memory-demo1 70m           151Mi
```

使用 kubectl top pods 命令查看 memory-demo1 资源的占用情况，memory-demo1 占用了 151MB 的内存，符合 memory-demo1.yaml 配置文件中约定的资源请求与限制的要求。

③ 复制 memory-demo1.yaml 文件为 memory-demo2.yaml：

```
root@master01:~/workloads-pods# cp memory-demo1.yaml memory-demo2.yaml
```

修改 memory-demo2.yaml 文件中的 Pod 名为 memory-demo2，并将参数 args 中的"150M"修改为"250M"。修改之后 memory-demo2.yaml 文件内容如下：

```
apiVersion: v1
kind: Pod
metadata:
  name: memory-demo2
spec:
  containers:
  - name: memory-demo-ctr
    image: polinux/stress
    resources:
      limits:
        memory: "200Mi"
      requests:
        memory: "100Mi"
    command: ["stress"]
    args: ["--vm", "1", "--vm-bytes", "250M", "--vm-hang", "1"]
```

④ 使用 kubectl create -f memory-demo2.yaml 命令创建相应的 Pod（名为 memory-demo2）：

```
root@master01:~/workloads-pods# kubectl create -f memory-demo2.yaml
pod/memory-demo2 created
```

⑤ 使用 watch -n1 "kubectl get pods; kubectl top pods"命令，观察输出信息：

```
root@master01:~/workloads-pods# watch -n1 "kubectl get pods; kubectl top pods"
```

【常识与技巧】：Linux 中的 watch 命令可以将命令的执行结果输出到标准输出设备，多用于周期性执行命令/定时执行命令，以观察输出信息变动。参数-n 1 表示每隔 1s 运行一次双引号（"）中列出的命令，若未给出-n 参数，则默认每隔 2s 运行一次。双引号中列出的命令可以包含多个，各命令之间使用“;”分隔。按 Ctrl+C 组合键退出 watch 命令。

watch 命令的执行结果如下：

```
Every 1.0s: kubectl get pods; kubectl top pods     master01: Tue Apr 20 07:23:54 2021

NAME            READY  STATUS             RESTARTS     AGE
memory-demo1    1/1        Running            0            48m
memory-demo2    0/1        CrashLoopBackOff   4            2m35s
NAME            CPU(cores) MEMORY(bytes)
memory-demo1    69m        151Mi
memory-demo2    0m         0Mi
```

足够长的时间之后，watch 命令的执行结果如下。可以观察到 RESTARTS 列的值不断增加，代表重启次数的增加，这是因为在 Pod 的配置文件中，限制了内存资源最高上限为 200MB，而在命令行中启动时指定了分配 250MB 的内存。超出限制，容器启动失败，但是默认的重启策略为 Always，所以再次启动，再次失败，不断循环。

```
Every 1.0s: kubectl get pods; kubectl top pods     master01: Tue Apr 20 07:27:56 2021

NAME            READY  STATUS          RESTARTS     AGE
memory-demo1    1/1        Running     0            52m
memory-demo2    0/1        OOMKilled   6            6m36s
NAME            CPU(cores) MEMORY(bytes)
memory-demo1    72m        29Mi
memory-demo2    0m         0Mi
```

⑥ 清除 Pod，恢复工作目录：

```
root@master01:~/workloads-pods# kubectl delete pod --all
pod "memory-demo1" deleted
pod "memory-demo2" deleted
root@master01:~/workloads-pods# kubectl get pods
No resources found in default namespace.
root@master01:~/workloads-pods# cd
root@master01:~/#
```

可以使用--all 参数，删除指定命名空间下的所有 Pod。

【可压缩资源的请求与限制-示例】：可压缩资源的请求与限制。

① 在主节点 master01 上的 workloads-pods 文件夹内创建 cpu-demo.yaml 文件，内容如下：

```
apiVersion: v1
kind: Pod
metadata:
  name: cpu-demo
spec:
  containers:
  - name: cpu-demo-ctr
    image: vish/stress
    resources:
      limits:
        cpu: "1"
      requests:
```

```
        cpu: "0.5"
    args:
    - -cpus
    - "2"
```

文件中的请求为 0.5 CPU，限制为 1 CPU。参数 args 中 cpus 直接占用了 2 CPU，超过限制！

② 使用 kubectl create -f cpu-demo.yaml 命令创建 cpu-demo：

```
root@master01:~/workloads-pods# kubectl create -f cpu-demo.yaml
pod/cpu-demo created
```

③ 使用 watch -n1 "kubectl get pods; kubectl top pods"命令观察输出内容变动：

```
root@master01:~/workloads-pods# watch -n1 "kubectl get pods; kubectl top pods"
```

输出内容如下：

```
Every 1.0s: kubectl get pods; kubectl top pods    master01: Tue Apr 20 08:06:09 2021

NAME        READY       STATUS        RESTARTS    AGE
cpu-demo    1/1         Running       0           3m15s
NAME        CPU(cores)  MEMORY(bytes)
cpu-demo    805m        1Mi
```

cpu-demo 处于 Running 状态，RESTARTS 列的值为 0，未重启。同时，CPU 回降（压缩）至 805m，符合可压缩资源的上限要求即 1 CPU。

④ 清除 Pod，恢复工作目录：

```
root@master01:~/workloads-pods# kubectl delete pod --all
pod "cpu-demo" deleted
root@master01:~/workloads-pods# kubectl get pods
No resources found in default namespace.
root@master01:~/workloads-pods# cd
root@master01:~/#
```

任务 4.4　容器的登录

任务说明

Pod 用于对容器进行封装，同样引入了容器登录方法，以便用户进入容器中进行调试或配置。

知识引入：容器登录的基本命令

类似使用 docker exec 命令可以登录容器一样，Kubernetes 也提供了登录容器的命令 kubectl exec，用于登录 Pod 中的容器。kubectl exec 命令的格式：

```
kubectl exec (POD | TYPE/NAME) [-c CONTAINER] [flags] -- COMMAND [args...]
```

其中，[-c CONTAINER]为选项，常用的有以下几个。

① -c, --container=""：容器名。如果未指定，则使用 Pod 中的一个容器。

② -p, --pod=""：Pod 名。

③ -i, --stdin[=false]：将控制台输入发送到容器。

④ -t, --tty[=false]：将标准输入控制台作为容器的控制台输入。

任务实现

【容器的登录-示例】：登录 Pod 中的默认容器及指定容器。

① 在主节点 master01 上的 workloads-pods 文件夹内创建 container-demo.yaml 文件，内容如下：

```
apiVersion: v1
kind: Pod
metadata:
  name: container-demo
spec:
  [ct()]containers:
  - name: c-nginx
    image: nginx
    imagePullPolicy: IfNotPresent
  - name: c-tomcat
    image: tomcat
    imagePullPolicy: IfNotPresent
```

container-demo.yaml 配置文件内设有两个容器 c-nginx 与 c-tomcat。

② 创建对应的 Pod：

```
root@master01:~/workloads-pods# kubectl create -f container-demo.yaml
pod/container-demo created
root@master01:~/workloads-pods# kubectl get pods
NAME             READY    STATUS   RESTARTS     AGE
container-demo   2/2      Running  0            106s
```

③ 登录 Pod 中，随后退出：

```
root@master01:~/workloads-pods# kubectl exec container-demo -it -- bash
Defaulting container name to c-nginx.
Use 'kubectl describe pod/container-demo -n default' to see all of the containers in
this pod.
root@container-demo:/# exit
exit
```

- 注意 kubectl exec container-demo -it -- bash 命令中的 COMMAND（此处为 bash）之前要有一个空格；
- container-demo 中含有两个容器 c-nginx 与 c-tomcat，在本次登录过程中未给出具体的容器名，仅使用 Pod 名 container-demo，因此登录默认的第一个容器 c-nginx 中。若需要指定登录到具体的容器中，可以增加参数-c。登录之后，可以观察到在容器内部命令提示符发生变化，变为了 root@container-demo（Pod 名）。

④ 使用 kubectl exec 命令，增加参数-c 以登录 c-tomcat 容器：

```
root@master01:~/workloads-pods# kubectl exec container-demo -c c-tomcat -it -- bash
root@container-demo:/usr/local/tomcat# exit
exit
```

登录之后，提示符依然为 root@container-demo（Pod 名），但是其当前目录已经切为部署 tomcat 的目录/usr/local/tomcat。

⑤ 清除 Pod，恢复工作目录：

```
root@master01:~/workloads-pods# kubectl delete -f container-demo.yaml
pod "container-demo" deleted
root@master01:~/workloads-pods# kubectl get pods
No resources found in default namespace.
root@master01:~/workloads-pods# cd
root@master01:~#
```

任务 4.5　kubectl apply、kubectl edit 与 kubectl patch 命令的使用

任务说明

在日常运维过程中出于稳定性和可用性考虑，更多的情况下会使用 kubectl apply 命令而不是 kubectl create 命令。针对处于运行状态的 Pod，需要通过相关 kubectl 命令进行一定程度上的资源配置修改，以满足实际情况下的资源需求。本任务的具体要求如下。

- 掌握使用 kubectl apply 命令创建资源的方式。
- 掌握使用 kubectl edit 命令修改资源配置的方式。
- 掌握使用 kubectl patch 命令更新资源配置的方式。

知识引入：资源应用及配置修改

kubectl apply 命令的作用是通过配置文件（例如 YAML 文件）或标准输入将配置信息应用于一个资源。该资源必须被指定。若该资源不存在，则进行创建；若资源已存在，则尝试更新。

kubectl edit 命令的作用是通过默认编辑器 vim 编辑资源。该命令可以编辑所有通过命令行工具获取的 API 资源。kubectl edit 命令的格式：

```
kubectl edit (RESOURCE/NAME | -f FILENAME)
```

kubectl patch 命令的作用是使用合并补丁（例如 JSON 补丁）更新某资源的对应字段（field）。kubectl patch 命令的格式：

```
kubectl patch (-f FILENAME | TYPE NAME) [-p PATCH|--patch-file FILE]
```

任务实现

【kubectl apply-示例】：kubectl apply 命令的示例。

① 在主节点 master01 上的 workloads-pods 文件夹内创建 apply-demo.yaml 文件，内容如下：

```
apiVersion: v1
kind: Pod
metadata:
  name: apply-demo
  labels:
    app: nginx
spec:
  containers:
  - name: c-nginx
    image: nginx
    imagePullPolicy: IfNotPresent
```

在配置文件中的 metadata 部分，增加了 labels 字段，内容为 app: nginx。

② 创建 apply-demo Pod，并进行标签查看：

```
root@master01:~/workloads-pods# kubectl create -f apply-demo.yaml
pod/apply-demo created
root@master01:~/workloads-pods# kubectl get pods --show-labels
NAME         READY    STATUS       RESTARTS    AGE     LABELS
apply-demo   1/1      Running      0           10s     app=nginx
```

apply-demo Pod 的标签现为 app=nginx。

③ 修改 apply-demo.yaml 文件，将 app: nginx 修改为 app: nginx01。修改后，内容如下：

```
apiVersion: v1
kind: Pod
metadata:
  name: apply-demo
  labels:
    [ct(]app: nginx01
spec:
  containers:
  - name: c-nginx
    image: nginx
    imagePullPolicy: IfNotPresent
```

④ 使用 kubectl apply 命令应用该配置文件：

```
root@master01:~/workloads-pods# kubectl create -f apply-demo.yaml
Error from server (AlreadyExists): error when creating "apply-demo.yaml": pods
"apply-demo" already exists
root@master01:~/workloads-pods# kubectl apply -f apply-demo.yaml
Warning: resource pods/apply-demo is missing the kubectl.kubernetes.io/last-applied-
configuration annotation which is required by kubectl apply. kubectl apply should
only be used on resources created declaratively by either kubectl create --save-
config or kubectl apply. The missing annotation will be patched automatically.
pod/apply-demo configured
root@master01:~/workloads-pods# kubectl get pods --show-labels
NAME         READY    STATUS    RESTARTS     AGE      LABELS
apply-demo   1/1      Running   0            12m      app=nginx01
```

首先使用 kubectl create -f apply-demo.yaml 命令尝试创建已经存在的 apply-demo Pod，但是系统提示错误，因为对应的资源（apply-demo Pod）已经存在。针对已经存在的资源，仅修改配置的情况，可以通过 kubectl apply 命令实现。使用 kubectl apply 命令应用配置之后，标签变更为 app=nginx01。

⑤ 删除 apply-demo Pod，然后在没有 apply-demo Pod 的情况下，再次应用配置文件 apply-demo.yaml，则 apply-demo Pod 被创建：

```
root@master01:~/workloads-pods# kubectl delete -f apply-demo.yaml
pod "apply-demo" deleted
root@master01:~/workloads-pods# kubectl get pods
No resources found in default namespace.
root@master01:~/workloads-pods# kubectl apply -f apply-demo.yaml
pod/apply-demo created
```

```
root@master01:~/workloads-pods# kubectl get pods
NAME          READY    STATUS        RESTARTS     AGE
apply-demo    1/1      Running       0            6s
```

若对应的资源不存在，则 kubectl apply 命令反馈的结果便不再是 pod/apply-demo configured（配置生效），而是 pod/apply-demo1 created（已创建）。

【kubectl edit-示例】：kubectl edit 命令的示例。

① 使用 kube edit 命令编辑 apply-demo Pod 的标签，将 app=nginx01 修改为 app=nginx02：

```
root@master01:~/workloads-pods# kubectl get pods
NAME              READY    STATUS        RESTARTS     AGE
apply-demo        1/1      Running       1            21h
root@master01:~/workloads-pods# kubectl edit pod apply-demo
pod/apply-demo edited
```

在资源编辑环境中，可以查看注释部分 metadata.annotations 字段的内容：

```
metadata:
  annotations:
    cni.projectcalico.org/podIP: 172.18.30.83/32
    cni.projectcalico.org/podIPs: 172.18.30.83/32
    kubectl.kubernetes.io/last-applied-configuration: |
      {"apiVersion...,"labels":{"app":"nginx01"},...
```

说明之前使用 kubectl apply 命令时更新的标签（"app":"nginx01"）已经被记录到了注释 kubectl.kubernetes.io/last-applied-configuration 当中（“联动”更新）。在资源编辑环境中修改标签 metadata.labels 字段的内容如下：

```
  labels:
    app: nginx02
```

如同在 vim 编辑器中一样，执行“:wq”保存并退出。

② 查看修改后的标签情况：

```
root@master01:~/workloads-pods# kubectl get pods --show-labels
NAME          READY    STATUS        RESTARTS     AGE       LABELS
apply-demo    1/1      Running       1            21h       app=nginx02
```

apply-demo 的标签已更新。但是再次使用 kubectl edit pod apply-demo 命令编辑 apply-demo Pod，查看其注释部分 metadata.annotations 字段的内容时，并没有如同之前使用 kubectl apply 命令一样，随着应用配置而发生“联动”更新，而仅仅是更新了标签部分，对于注释部分并不“联动”更新。而这是 kubectl edit 命令与 kubectl apply 命令的不同之处，kubectl apply 命令可以“联动”更新。

【kubectl patch-示例】：kubectl patch 命令的示例。

① 可以使用 kubectl patch -h 命令查看帮助信息，示例如下：

```
root@master01:~/workloads-pods# kubectl patch -h
Update field(s) of a resource using strategic merge patch, a JSON merge patch, or a
JSON patch.

 JSON and YAML formats are accepted.

Examples:
```

```
  # Partially update a node using a strategic merge patch. Specify the patch as JSON.
  kubectl patch node k8s-node-1 -p '{"spec":{"unschedulable":true}}'

  # Partially update a node using a strategic merge patch. Specify the patch as YAML.
  kubectl patch node k8s-node-1 -p $'spec:\n unschedulable: true'

  # Partially update a node identified by the type and name specified in
  # "node.json" using strategic merge patch.
  kubectl patch -f node.json -p '{"spec":{"unschedulable":true}}'

  # Update a container's image; spec.containers[*].name is required because it's a
merge key.
  kubectl patch pod valid-pod -p \
    '{"spec":{"containers":[{"name":"kubernetes-serve-hostname","image":"new
image"}]}}'

  # Update a container's image using a json patch with positional arrays.
  kubectl patch pod valid-pod --type='json' \
    -p='[{"op": "replace", "path": "/spec/containers/0/image", "value":"new image"}]'
```

② 在使用 kubectl patch 命令之前，可以先将待修改的 Pod 以 JSON 格式输出，方便编写后续命令行的内容：

```
root@master01:~/workloads-pods# kubectl get pod apply-demo -o json
{
    "apiVersion": "v1",
    "kind": "Pod",
    "metadata": {
        "annotations": {
            "cni.projectcalico.org/podIP": "172.18.30.83/32",
            "cni.projectcalico.org/podIPs": "172.18.30.83/32",
            "kubectl.kubernetes.io/last-applied-configuration":
"{\"apiVersion\":\"v1\",\"kind\":\"Pod\",\"metadata\":{\"annotations\":{},\"labels\"
:{\"app\":\"nginx01\"},\"name\":\"apply-
demo\",\"namespace\":\"default\"},\"spec\":{\"containers\":[{\"image\":\"nginx\",\"i
magePullPolicy\":\"IfNotPresent\",\"name\":\"c-nginx\"}]}}\n"
        },
        "creationTimestamp": "2021-04-21T07:58:33Z",
        "labels": {
            "app": "nginx02"
        },
...
}
```

若要修改其中的"app": "nginx02"部分，将标签值修改为 nginx03，根据 JSON 结构，该命令应为：

```
kubectl patch pod apply-demo -p '{"metadata": {"labels": {"app": "nginx03"}}}'
```

其中 metadata、labels、app 均为 JSON 格式中的各层级。

③ 使用 kubectl patch pod apply-demo -p '{"metadata": {"labels": {"app": "nginx03"}}}'命令，修改标签值为 nginx03：

```
root@master01:~/workloads-pods# kubectl patch pod apply-demo \
> -p '{"metadata": {"labels": {"app": "nginx03"}}}'
pod/apply-demo patched
root@master01:~/workloads-pods# kubectl get pods --show-labels
NAME         READY   STATUS    RESTARTS   AGE   LABELS
apply-demo   1/1     Running   0          46m   app=nginx03
```

apply-demo 的标签值已经被修改为 nginx03。但是，kubectl apply 命令与 kubectl edit 命令一样，不会“联动”修改注释。

④ 清除 Pod，恢复工作目录：

```
root@master01:~/workloads-pods# kubectl delete pod apply-demo
pod "apply-demo" deleted
root@master01:~/workloads-pods# kubectl get pods
No resources found in default namespace.
root@master01:~/workloads-pods# cd
root@master01:~#
```

任务 4.6 Init 容器的创建与观察

任务说明

在部署项目的过程中，可能存在一些仅在部署过程中用到的工具或程序，而这些工具或程序必须要先于应用程序启动，为解决此问题，Kubernetes 中引入了 Init 容器（Init Container）。

知识引入：Init 容器基本概念

Init 容器是一种特殊容器，其在 Pod 内的应用容器启动之前运行。Init 容器可以包括一些应用镜像中不存在的实用工具和安装脚本。

每个 Pod 中可以包含多个容器，应用运行在这些容器里面，同时 Pod 也可以有一个或多个先于应用容器启动的 Init 容器。Init 容器与普通容器的区别。

① 每个 Init 容器总是运行到运行完成。

② 每个 Init 容器都必须在下一个 Init 容器启动之前成功完成运行。

如果 Pod 的 Init 容器运行失败，kubelet 会不断地重启该 Init 容器直到该容器运行成功为止；然而，如果 Pod 对应的 restartPolicy 的值为"Never"，Kubernetes 将不会重新启动 Pod。

因为 Init 容器具有与应用容器分离的单独镜像，其启动相关代码具有如下优势。

① Init 容器可以包含一些安装过程中应用容器中不存在的实用工具或个性化代码。例如，没有必要仅为了在安装过程中使用类似 sed、awk、python 或 dig 这样的工具而基于某个镜像来生成一个新的镜像。

② Init 容器可以安全地运行上述工具，避免其他工具导致应用镜像的安全性降低。

③ 应用镜像的创建者和部署者可以各自独立工作，而没有必要联合构建一个单独的应用镜像。

④ Init 容器能以不同于 Pod 内应用容器的文件系统视图运行。因此，Init 容器可以访问应用容器不能访问的 Secret（Secret 主要用于保存敏感信息，其概念与使用将在后续部分讲解）的权限。

⑤ 由于 Init 容器必须在应用容器启动之前运行完成，因此 Init 容器提供了一种机制来阻塞或延迟应用容器的启动，直到满足了一组先决条件。一旦满足先决条件，Pod 内所有的应用容器会并行启动。

任务实现

【Init 容器-示例】：含有 Init 容器的 Pod 的创建与运行过程观察。

① 在主节点 master01 上的 workloads-pods 文件夹内创建 init-demo.yaml 文件，内容如下：

```
apiVersion: v1
kind: Pod
metadata:
  name: pod-init-ctr-demo
  labels:
    app: myapp
spec:
  containers:
  - name: myapp-ctr
    image: [ct(]busybox:1.28
    command: ['sh', '-c', 'echo The app-myapp-ctr is running! && sleep 3600']
  initContainers:
  - name: init01
    image: busybox:1.28
    command: ['sh', '-c', 'echo The app-init01 is running! && sleep 20']
  - name: init02
    image: busybox:1.28
    command: ['sh', '-c', 'echo The app-init02 is running! && sleep 20']
```

- busybox 镜像将若干常见的 UNIX 工具集成到一起，为替代常见 GNU 文件工具提供了一种选择。
- 在配置文件中，存在两个 Init 容器，一个是 init01，一个是 init02。启动过程为先运行 init01，待 init01 运行结束之后，运行 init02，然后待 init02 运行结束之后，再运行 containers 中的 myapp-ctr。

② 使用 kubectl apply 命令应用配置，创建并运行相应的资源：

```
root@master01:~/workloads-pods# kubectl apply -f init-demo.yaml
pod/pod-init-ctr-demo created
root@master01:~/workloads-pods# kubectl get pods
NAME                READY   STATUS      RESTARTS    AGE
pod-init-ctr-demo   0/1     Init:0/2    0           8s
root@master01:~/workloads-pods# kubectl logs pod-init-ctr-demo init01; kubectl logs
pod-init-ctr-demo init02; kubectl logs pod-init-ctr-demo
The app-init01 is running!
Error from server (BadRequest): container "init02" in pod "pod-init-ctr-demo" is
```

```
waiting to start: PodInitializing
Error from server (BadRequest): container "myapp-ctr" in pod "pod-init-ctr-demo" is waiting to start: PodInitializing
root@master01:~/workloads-pods# kubectl get pods
NAME                 READY    STATUS       RESTARTS     AGE
pod-init-ctr-demo    0/1      Init:1/2     0            25s
root@master01:~/workloads-pods# kubectl logs pod-init-ctr-demo init01; kubectl logs pod-init-ctr-demo init02; kubectl logs pod-init-ctr-demo
The app-init01 is running!
The app-init02 is running!
Error from server (BadRequest): container "myapp-ctr" in pod "pod-init-ctr-demo" is waiting to start: PodInitializing
root@master01:~/workloads-pods# kubectl get pods -o wide
NAME                 READY    STATUS   RESTARTS     AGE      IP             NODE
pod-init-ctr-demo    1/1      Running  0            7m23s    172.18.30.79 worker02
root@master01:~/workloads-pods# kubectl logs pod-init-ctr-demo init01; kubectl logs pod-init-ctr-demo init02; kubectl logs pod-init-ctr-demo
The app-init01 is running!
The app-init02 is running!
The app-myapp-ctr is running!
```

上面的输出信息中，略去部分列内容。pod-init-ctr-demo Pod 的状态经历了由 Init:0/2 到 Running 的转变，该 Pod 运行于工作节点 worker02 之上。在 pod-init-ctr-demo Pod 的状态转变过程中，不断执行 kubectl logs pod-init-ctr-demo init01; kubectl logs pod-init-ctr-demo init02; kubectl logs pod-init-ctr-demo 命令（其含有 3 条子命令，分别查看 Pod 内的 3 个容器 init01、init02 和 myapp-ctr 的输出日志）。由于每个 Init 容器都必须在下一个 Init 容器启动之前成功完成运行，因此，可以看到 Pod 状态转变过程中日志也是逐渐输出的。

③ 在工作节点 worker02 之上，使用 Docker 相关的命令查看涉及的 Init 容器及应用容器：

```
root@worker02:~# docker ps -a | grep init
d768838f60ad ... Up 9 minutes ...                k8s_myapp-ctr_pod-init-ctr-demo_defau...
056825e9bb2c ... Exited (0) 9 minutes ago ...  k8s_init02_pod-init-ctr-demo_defau...
0f711e1b69c3 ... Exited (0) 9 minutes ago ...  k8s_init01_pod-init-ctr-demo_defau...
54f1d3519da4 ... Up 9 minutes ...                k8s_POD_pod-init-ctr-demo_defau...
```

上面的输出信息中，略去部分列内容。含有 myapp、init01、init02 字符串的容器名在实际运行的节点之上由 Kubernetes 自动在前面附加上了 k8s_，并将 YAML 配置文件中的容器名与 Pod 名使用下划线拼接起来，共同构成了实际运行容器名的一部分字符串。此外，还有一个特殊的容器，名字中含有 POD 字符串，并且 command 部分为/pause，该容器为 Pause 容器（伴随容器）。每启动一个 Pod，同时也会启动一个 Pause 容器，Pause 容器伴随着 Pod 的启动而启动，伴随着 Pod 的删除而删除，其作用为实现 Pod 内的容器共享网络空间。

④ 清除 Pod，恢复工作目录：

```
root@master01:~/workloads-pods# kubectl delete pod --all
pod "pod-init-ctr-demo" deleted
root@master01:~/workloads-pods# kubectl get pods
```

```
No resources found in default namespace.
root@master01:~/workloads-pods# cd
root@master01:~#
```

任务 4.7 静态 Pod 管理

任务说明

Kubernetes 中部分核心组件需要以守护进程的形式运行于系统中，同时某些场景中用户也需要应用程序常驻系统后台，随系统启动而启动，基于此类情况在 Kubernetes 中引入静态 Pod（Static Pod）。本任务的具体要求如下。

- 掌握静态 Pod 的创建与删除。
- 熟悉静态 Pod 配置文件默认存储路径的修改。

知识引入：静态 Pod 基本概念

静态 Pod 由特定节点上的 kubelet 守护进程直接管理，而不需要 API Server 进行管理。kubelet 监视每个静态 Pod（如果它崩溃，则重新启动它），静态 Pod 总是被绑定到特定节点上的一个 kubelet。

kubelet 守护进程会自动尝试在 Kubernetes API Server 上为每个静态 Pod 创建一个镜像 Pod（可以理解为 Linux 系统中的软链接）。这意味着运行在节点上的静态 Pod 在 API Server 上是可见的，但不能从那里进行控制。使用 kubeadm 部署 Kubernetes 集群的静态 Pod，其配置文件存储路径默认为/etc/kubernetes/manifests。kubelet 守护进程会定期扫描这个文件夹下的 YAML/JSON 文件来创建/删除静态 Pod。修改静态 Pod 配置文件默认存在路径的方式如下。

① 修改/var/lib/kubelet/config.yaml 文件，更改其中的 staticPodPath: /etc/kubernetes/manifests 行，将/etc/kubernetes/manifests 修改为所设置的存储路径即可。

② 修改/etc/systemd/system/kubelet.service.d/10-kubeadm.conf，在 KUBELET_CONFIG_ARGS 后添加参数：--pod-manifest-path=<绝对路径>。注意修改之后，需要使用 systemctl daemon-reload; systemctl restart kubectl 命令重启 Docker。

任务实现

【静态 Pod-示例】：在工作节点 worker02 上创建静态 Pod，在主节点 master01 上查看静态 Pod 及 Pod 的命名规则。

① 在工作节点 worker02 的/etc/kubernetes/manifests 目录（若不存在则创建）下创建 static-pod-demo.yaml 文件，内容如下：

```
apiVersion: v1
kind: Pod
metadata:
  name: static-web
spec:
  containers:
    - name: web
      image: nginx
      ports:
```

```
    - name: web
      containerPort: 80
      protocol: TCP
```

该配置文件与此前所使用的 Pod 配置文件基本一致。在工作节点 worker02 上创建好 static-pod-demo.yaml 文件之后，可以使用 ls 命令查看文件是否存在：

```
root@worker02:~# ls /etc/kubernetes/manifests/
static-pod-demo.yaml
```

在主节点 master01 上无须进行任何创建操作，即可直接查看 Pod 的扩展信息：

```
root@master01:~# kubectl get pods -o wide
NAME                  READY   STATUS    RESTARTS   AGE     IP             NODE
static-web-worker02   1/1     Running   0          3m55s   172.18.30.85   worker02
root@master01:~# kubectl exec static-web-worker02 -it -- bash
root@static-web-worker02:/# exit
exit
```

上面的输出信息中，略去部分列内容。

- 可以观察到工作节点 worker02 上存在一个名为 static-web-worker02 的 Pod。只要将该 Pod 所对应的 YAML 或 JSON 配置文件放到节点的特定目录之下，则该节点上的 kubelet 守护进程将直接使用该配置文件创建相应的 Pod，并可以在主节点 master01 上查看相应的 Pod 状态，甚至可以通过 kubectl exec 命令进行登录与访问。
- 在主节点 master01 上观察到的静态 Pod 名是在该 Pod 对应的配置文件中的 Pod 名基础之上附加了“-<节点名>”构成的。

② 删除静态 Pod 也相对简单，仅需要在之前部署的节点的特定目录中删除静态 Pod 相应的 YAML 或 JSON 文件，则相应的 Pod 便自动删除了。在工作节点 worker02 上将之前创建的 static-pod-demo.yaml 文件删除：

```
root@worker02:~# rm /etc/kubernetes/manifests/static-pod-demo.yaml
root@worker02:~# ls /etc/kubernetes/manifests/
root@worker02:~#
```

在主节点 master01 上直接查看 Pod 的简略信息：

```
root@master01:~# kubectl get pods
No resources found in default namespace.
```

③ 在主节点 master01 上查看集群核心组件状态：

```
root@master01:~# kubectl -n kube-system get pods
NAME                                       READY   STATUS    RESTARTS   AGE
calico-kube-controllers-69496d8b75-vmblf   1/1     Running   14         5d4h
calico-node-bf2wv                          1/1     Running   14         5d4h
calico-node-hrv8q                          1/1     Running   13         5d1h
calico-node-zm5kh                          1/1     Running   12         5d3h
coredns-7f89b7bc75-2pszh                   1/1     Running   14         5d23h
coredns-7f89b7bc75-qq6tk                   1/1     Running   14         5d23h
etcd-master01                              1/1     Running   17         5d23h
kube-apiserver-master01                    1/1     Running   19         5d23h
kube-controller-manager-master01           1/1     Running   17         5d23h
```

```
kube-proxy-4jc7n                  1/1    Running    12    5d3h
kube-proxy-lpb6p                  1/1    Running    13    5d1h
kube-proxy-wm2dj                  1/1    Running    17    5d23h
kube-scheduler-master01           1/1    Running    17    5d23h
metrics-server-5c997c66fc-4s5zn   1/1    Running    5     2d16h
```

其中 etcd-master01、kube-apiserver-master01、kube-controller-manager-master01 和 kube-scheduler-master01 这 4 个集群核心组件均以“-master01”结尾，因此可以判断它们均为静态 Pod 类型。查看主节点 master01 的/etc/kubernetes/manifests 目录：

```
root@master01:~# ls /etc/kubernetes/manifests/
etcd.yaml  kube-apiserver.yaml  kube-controller-manager.yaml  kube-scheduler.yaml
```

该目录下保存了 4 个核心组件的 YAML 配置文件，即当主节点 master01 的 kubelet 守护进程启动之后，kubelet 守护进程就将/etc/kubernetes/manifests 目录下的 YAML 配置文件以静态 Pod 形式运行起来。

知识小结

本项目重点讲解了 Pod 的概念与作用，Pod 内部的资源共享，Pod 的创建、查看与删除，Pod 的镜像拉取策略与重启策略，Pod 的资源请求与限制，容器的登录，kubectl apply、kubectl edit 与 kubectl patch 命令的使用，Init 容器，静态 Pod。

习题

一、选择题

1. Kubernetes 中创建与部署的最小单元是以下哪项？（　　）

A. 容器　　B. Pod　　C. 控制器　　D. 服务

2. 多个容器是否可以放到同一个 Pod 中的重要的判定标准为，这些容器之间的关系是以下哪项？（　　）

A. 彼此关联　　B. 彼此独立

C. 生命周期是否一致　　D. 共享网络

3. Pod 中的所有容器都已成功终止运行，并且不会再重启，此时 Pod 的阶段状态取值以下哪项？（　　）

A. Pending　　B. Running

C. Succeeded　　D. Failed

4. Pod 已经被绑定到了某个节点，Pod 中所有的容器都已被创建。至少有一个容器仍在运行，或者正处于启动或重启状态，此时 Pod 的阶段状态取值以下哪项？（　　）

A. Pending　　B. Running

C. Succeeded　　D. Failed

5. Pod 已被 Kubernetes 系统接受，但有一个或者多个容器尚未创建或未运行。此阶段包括等待 Pod 被调度的时间和通过网络下载镜像的时间，此时 Pod 的阶段状态取值以下哪项？（　　）

A. Pending　　B. Running

C. Succeeded　　D. Failed

二、判断题

1. Pod 是 Kubernetes 中可以创建和部署的最小也是最简的单元，在指副本数量时，常说系统中现存几个 Pod。（　　）

2. 多个容器是否可以放到同一个 Pod 中的重要的判定标准为，这些容器的生命周期是否一致。（　　）

3. Pod 的创建命令：kubectl run --image=<imageName> <podName>。（　　）

4. 查看 defaults 命名空间中的 Pod 的命令：kubectl get pods。（　　）

5. Pod 内含有一个或多个容器。类似使用 docker exec 命令可以登录容器一样，Kubernetes 也提供了登录容器的命令 kubectl exec，用于登录 Pod 中的容器。（　　）

项目5 工作负载之控制器管理

学习目标

知识目标

- 掌握控制器相关基础知识。
- 掌握 ReplicaSet 控制器的管理。
- 掌握 Deployment 控制器的创建与扩缩容。
- 掌握 Deployment 控制器的更新与状态管理。
- 掌握 DaemonSet 控制器的管理。
- 掌握 StatefulSet 控制器的管理。
- 掌握 Job 控制器与 CronJob 控制器的管理。

能力目标

- 能根据应用场景正确使用和管理控制器 ReplicaSet。
- 能根据应用场景正确使用和管理控制器 Deployment。
- 能根据应用场景正确使用和管理控制器 DaemonSet。
- 能根据应用场景正确使用和管理控制器 StatefulSet。
- 能根据应用场景正确使用和管理 Job 控制器与 CronJob 控制器。

素质目标

- 具备持续学习和自主探究的能力，能够不断学习和掌握 Kubernetes 的最新技术。
- 具备分析问题和解决问题的能力，能够独立解决使用控制器过程中遇到的问题。
- 具备规范意识和安全意识，能够按照最佳实践进行控制器的配置与管理。

项目描述

在机器人技术和自动化领域，控制回路（Control Loop）是一类非终止回路，用于调节系统状态。例如房间里的温度自动调节器，通过对温度设备的开关控制，温度自动调节器让其当前状态接近期望状态。在 Kubernetes 中，控制器通过监控集群的公共状态，并致力于将当前状态转变为期望的状态。

实际 Kubernetes 运维中，往往不会直接创建一个个的 Pod，甚至单实例的 Pod，因为 Pod 被设计成相对临时性的、用后即抛的一次性实体。所以往往通过控制器来创建和管理多个 Pod，实现副本 Pod 的上线和管理，并在 Pod 失效时提供自愈能力。本项目将介绍 ReplicaSet、Deployment、DaemonSet、StatefulSet、Job 与 CronJob 这 6 种常用控制器。

任务 5.1　ReplicaSet 控制器管理

任务说明

为维持应用程序稳定运行，或为负载均衡提供多个服务后端，往往需要在后端运行多个功能相同的 Pod 并维持副本数量固定，因此 Kubernetes 中提供 ReplicaSet 控制器完成以上功能。本任务的具体要求如下。

- 掌握 ReplicaSet 控制器的创建、查看与删除。
- 掌握 ReplicaSet 控制器的动态扩缩容。

知识引入：ReplicaSet 控制器基本概念

ReplicaSet 控制器的目标是在任何指定时刻，其均可维护一组处于运行状态的 Pod，以使这些 Pod 的副本数达到预期。因此，它通常用来保证指定数量的、完全相同的 Pod 的可用性。ReplicaSet 控制器通过选择器和标签确定 Pod 的数量。ReplicaSet 控制器的 YAML 文件里的 replicas 字段，是指 ReplicaSet 控制器应该维护的 Pod 副本数量。当 ReplicSet 控制器需要创建新的 Pod 副本时会使用 YAML 文件里的 Pod 模板，即 template 字段。

任务实现

【ReplicaSet 控制器-示例】：ReplicaSet 控制器的创建、观察、动态缩容及删除。

① 在主节点 master01 上创建 controllers 文件夹，在其中创建 replicaset-demo.yaml 文件，内容如下：

```
apiVersion: apps/v1
kind: ReplicaSet
metadata:
  name: rs-nginx
spec:
  # Pod 副本数量
  replicas: 3
  # 通过 selector，以及 Pod 的 labels，确定 Pod 的副本数量是否符合预期
  selector:
    matchLabels:
      app: nginx-pod
  # 创建 Pod 时使用的模板
  template:
    metadata:
```

```
    # Pod 的标签
    labels:
      app: nginx-pod
  spec:
    containers:
    - name: nginx-containers
      image: nginx
```

- 以“#”开头的行表示当前行为注释行，以方便日后维护。通常，注释行用于注明下面代码的功能或意图。
- selector 的 matchLabels 要与 template 的 labels 相匹配。ReplicaSet 控制器通过 Pod 的 labels 是否与 matchLabels 匹配，来判断当前 Pod 是否为其维护的一组 Pod，而不是靠该 Pod 内容器的镜像是否一致来判断。

② 使用 kubectl apply 命令启动 ReplicaSet 控制器 rs-nginx：

```
root@master01:~/controllers# ls
replicaset-demo.yaml
root@master01:~/controllers# kubectl apply -f replicaset-demo.yaml
replicaset.apps/rs-nginx created
root@master01:~/controllers# kubectl get replicasets.apps
NAME          DESIRED       CURRENT       READY     AGE
rs-nginx      3             3             3         5m15s
```

使用 replicaset-demo.yaml 配置文件创建 rs-nginx 之后，可以如同查看 Pod 简略信息一样，使用 kubectl get replicasets.apps 命令查看当前命名空间（此处为 default 命名空间）下的 ReplicaSet 控制器。DESIRED 列表示所期望的副本数，CURRENT 列表示当前副本数，而 READY 列表示就绪（Running）副本数。

③ 使用 kubectl get pods 命令，查看 ReplicaSet 控制器所维护的 Pod 副本状态：

```
root@master01:~/controllers# kubectl get pods -o wide
NAME              READY     STATUS    RESTARTS AGE  IP              NODE        ...
rs-nginx-h7grz    1/1       Running   0        42s  172.18.5.1      worker01    ...
rs-nginx-ngbs7    1/1       Running   0        42s  172.18.30.88    worker02    ...
rs-nginx-nt7xz    1/1       Running   0        42s  172.18.30.87    worker02    ...
root@master01:~/controllers# kubectl get pods --show-labels
NAME              READY     STATUS    RESTARTS AGE       LABELS
rs-nginx-h7grz    1/1       Running   0        10m       app=nginx-pod
rs-nginx-ngbs7    1/1       Running   0        10m       app=nginx-pod
rs-nginx-nt7xz    1/1       Running   0        10m       app=nginx-pod
```

- ReplicaSet 控制器所启动的 Pod 的名字均为 rs-nginx-<随机字符串>（<replicasetName>-<随机字符串>的形式）。在集群中仅有两个工作节点的情况下，3 个 Pod 中有两个 Pod（rs-nginx-ngbs7 与 rs-nginx-nt7xz）运行于同一个工作节点 worker02 之上。
- ReplicaSet 控制器所控制的 Pod 副本，均含有 YAML 配置文件中 matchLabels 所要求的标签及对应的值，此处为 app=nginx-pod。

④ 使用 kubectl run 命令创建一个含有相同标签（app=nginx-pod）的 Pod：

```
root@master01:~/controllers# kubectl run --image=tomcat rs-tomcat --labels app=nginx-pod
pod/rs-tomcat created
```

```
root@master01:~/controllers# kubectl get pods --show-labels
NAME              READY   STATUS        RESTARTS   AGE     LABELS
rs-nginx-h7grz    1/1     Running       0          38m     app=nginx-pod
rs-nginx-ngbs7    1/1     Running       0          38m     app=nginx-pod
rs-nginx-nt7xz    1/1     Running       0          38m     app=nginx-pod
rs-tomcat         0/1     Terminating   0          9s      app=nginx-pod
root@master01:~/controllers# kubectl get pods --show-labels
NAME              READY   STATUS        RESTARTS   AGE     LABELS
rs-nginx-h7grz    1/1     Running       0          38m     app=nginx-pod
rs-nginx-ngbs7    1/1     Running       0          38m     app=nginx-pod
rs-nginx-nt7xz    1/1     Running       0          38m     app=nginx-pod
```

在之前的 replicaset-demo.yaml 文件中，明确声明申请标签为 app=nginx-pod 的 Pod 副本数为 3。通过命令行手动再次创建了一个标签为 app=nginx-pod 的 Pod，Pod 名为 rs-tomcat，其内部容器镜像与其他 Pod 的完全不同，为 tomcat。由于选择器通过 Pod 标签来判断当前 Pod 的副本数，因此选择器视当前副本数为 4。当副本数超过预设目标时，ReplicaSet 控制器会将生命周期最小的（此处为 AGE 列的值 9s）Pod rs-tomcat 的运行终止掉，以保证 Pod 的副本数与申请的一致。

⑤ 使用 kubectl delete 命令删除其中一个 Pod 副本：

```
root@master01:~/controllers# kubectl delete pod rs-nginx-h7grz
pod "rs-nginx-h7grz" deleted
root@master01:~/controllers# kubectl get pods --show-labels
NAME              READY   STATUS        RESTARTS   AGE     LABELS
rs-nginx-ngbs7    1/1     Running       0          49m     app=nginx-pod
rs-nginx-nt7xz    1/1     Running       0          49m     app=nginx-pod
rs-nginx-sngkv    1/1     Running       0          21s     app=nginx-pod
```

通过 kubectl delete 命令手动删除 rs-nginx-h7grz。ReplicaSet 控制器会自动创建新的 Pod rs-nginx-sngkv，以保证 Pod 的副本数与申请的一致。

⑥ 可使用 kubectl scale replicaset --replicas=<number> <replicaSetName>命令进行扩缩容：

```
root@master01:~/controllers# kubectl scale replicaset --replicas=2 rs-nginx
replicaset.apps/rs-nginx scaled
root@master01:~/controllers# kubectl get pods --show-labels
NAME              READY   STATUS        RESTARTS   AGE     LABELS
rs-nginx-ngbs7    1/1     Running       0          56m     app=nginx-pod
rs-nginx-nt7xz    1/1     Running       0          56m     app=nginx-pod
root@master01:~/controllers# kubectl get replicasets.apps
NAME       DESIRED   CURRENT   READY   AGE
rs-nginx   2         2         2       57m
```

使用 kubectl scale 命令将 ReplicaSet 控制器的副本数减少为 2。除了直接使用 kubectl scale 命令直接进行扩缩容之外，还可修改 replicaset-demo.yaml 配置文件的 replicas: 3 中的数值，然后通过 kubectl apply -f 命令来应用该配置文件，使得配置生效。

⑦ 删除 ReplicaSet 控制器，除了可以使用 kubectl delete replicasets.app <replicaSetName> 命令或 kubectl delete -f <replicaSetFileName>命令之外，还可以先进行缩容，将 ReplicaSet 控制器的副本数减少为 0，使用 kubectl scale replicaset --replicas=0 <replicaSetName>命

令。该方式严格意义上讲，并未完全删除 ReplicaSet 控制器。删除 rs-nginx：

```
root@master01:~/controllers# kubectl scale replicaset --replicas=0 rs-nginx
replicaset.apps/rs-nginx scaled
root@master01:~/controllers# kubectl get pods
No resources found in default namespace.
root@master01:~/controllers# kubectl get replicasets.apps
NAME        DESIRED      CURRENT      READY    AGE
rs-nginx    0            0            0        60m
root@master01:~/controllers# kubectl delete replicasets.apps rs-nginx
replicaset.apps "rs-nginx" deleted
root@master01:~/controllers# kubectl get pods
No resources found in default namespace.
root@master01:~/controllers# cd
root@master01:~#
```

在将副本数减少为 0 之后，集群中依然存在着 rs-nignx 控制器，只是其 DESIRED、CURRENT、READY 列的值均为 0。最后删除 ReplicaSet 控制器并恢复工作目录为主目录。需要强调的是，因为各 Pod 是由控制器进行副本数控制的，直接通过 kubectl delete pod 命令进行 Pod 删除是无法达到清除 Pod 的目的的，因为控制器发现 Pod 副本数低于申请值时，将会重新创建新 Pod。所以，涉及控制器的 Pod，均需要通过删除控制器来达到清除 Pod 的目的，不可直接删除 Pod，因为没有效果。

任务 5.2　Deployment 控制器的创建与副本管理

任务说明

虽然 ReplicaSet 控制器可以独立使用，但一般建议使用 Deployment 控制器来自动管理 ReplicaSet 控制器，这样就无须担心跟其他机制的不兼容问题（比如，ReplicaSet 控制器不支持 rolling-update，但 Deployment 控制器支持）。本任务的具体要求如下。

- 掌握 Deployment 控制器的创建。
- 掌握 Deployment 控制器的副本管理。

知识引入：Deployment 控制器基本概念

Deployment 控制器通过管理 ReplicaSet 控制器来实现更多的功能，正因如此，勿绕过 Deployment 控制器去管理 Deployment 控制器所拥有的 ReplicaSet 控制器。在给出 Deployment 控制器中的目标状态（例如目标 Pod 数及对应的版本）之后，Deployment 控制器将以受控速率更改实际状态，使其变为期望状态。以下是 Deployment 控制器的典型应用场景。

① 创建 Deployment 控制器以将 ReplicaSet 控制器上线。ReplicaSet 控制器在后台创建 Pod。检查 ReplicaSet 控制器的上线状态，查看其是否成功。

② 通过更新 Deployment 控制器的 PodTemplateSpec，声明 Pod 的新状态。新的 ReplicaSet 控制器会被创建，Deployment 控制器以受控速率将 Pod 从旧 ReplicaSet 控制器迁移到新 ReplicaSet 控制器。每个新的 ReplicaSet 控制器都会更新 Deployment 控制器的修订版本。

③ 如果 Deployment 控制器的当前状态不稳定，则回滚到较早的 Deployment 控制器版本。每次回滚都会更新 Deployment 控制器的修订版本。

④ 扩大 Deployment 控制器规模以承担更多负载。

⑤ 暂停 Deployment 控制器的上线以应用对 PodTemplateSpec 所做的多项修改，然后恢复其执行以启动新的上线版本。

⑥ 使用 Deployment 控制器状态来判定上线过程是否出现停滞。

⑦ 清理较旧的不再需要的 ReplicaSet 控制器。

任务实现

【Deployment 控制器创建-示例】：创建 Deployment 控制器，观察 Pod，以及相应的标签。

① 在主节点 master01 上的 controllers 文件夹内创建 deployment-demo1.yaml 文件，内容如下：

```
apiVersion: apps/v1
kind: Deployment
metadata:
  name: deployment-nginx
  labels:
    app: nginx
spec:
  replicas: 3
  selector:
    matchLabels:
      app: nginx
  template:
    metadata:
      labels:
        app: nginx
    spec:
      containers:
      - name: nginx
        image: nginx:1.14.2
        ports:
        - containerPort: 80
```

该配置文件的内容与之前 ReplicaSet 控制器的基本一致，仅其中的 kind 字段由 ReplicaSet 控制器修改为 Deployment 控制器。同时，指定 image 镜像版本号为 1.14.2，以便后续示例中进行版本升级演示。

② 使用 kubectl apply -f 命令启动 deployment-nginx：

```
root@master01:~/controllers# ls
deployment-demo1.yaml  replicaset-demo.yaml
root@master01:~/controllers# kubectl apply -f deployment-demo1.yaml
deployment.apps/deployment-nginx created
root@master01:~/controllers# kubectl get deployments.app
NAME             READY    UP-TO-DATE   AVAILABLE        AGE
deployment-nginx 3/3      3            3                76s
root@master01:~/controllers# kubectl get replicasets.apps
NAME                           DESIRED  CURRENT  READY    AGE
```

```
deployment-nginx-66b6c48dd5    3         3         3        90s
root@master01:~/controllers# kubectl get pods --show-labels
NAME                                STATUS    LABELS
deployment-nginx-66b6c48dd5-hckgn  Running   app=nginx,pod-template-hash=66b6c48dd5
deployment-nginx-66b6c48dd5-j8hrp  Running   app=nginx,pod-template-hash=66b6c48dd5
deployment-nginx-66b6c48dd5-jtwgm  Running   app=nginx,pod-template-hash=66b6c48dd5
```

上面的输出信息中，略去部分列内容。

● 在创建了名为 deployment-nginx 的控制器之后，通过 kubectl get replicasets.apps 命令，可观察到同时创建了一个名为 deployment-nginx-<随机数字>的 ReplicaSet 控制器（任何两个资源的名称不可重复，因此采用了这种<deploymentName>-<随机数字>的形式创建相应的 ReplicaSet 控制器，其中的随机字符串是使用 pod-template-hash 作为种子随机生成的，pod-template-hash 将随后介绍）。而相应的 Pod，与之前 ReplicaSet 控制器一样，采用了<replicaSetName>-<随机字符串>的形式命名。因此，Deployment 控制器通过 ReplicaSet 控制器实现了更多的功能。

● 使用 kubectl get pods --show-labels 命令查看各 Pod 的标签，可观察到除了 YAML 文件中给出的标签 app=nginx 之外，还存在另一个标签 pod-template-hash，而该标签值即当时由 Deployment 控制器生成 ReplicaSet 控制器时给出的命名附加随机字符串。

③ 手动创建 dp-nginx Pod，并为其先后附加两个标签：app=nginx 和 pod-template-hash=66b6c48dd5：

```
root@master01:~/controllers# kubectl run --image=nginx dp-nginx --labels app=nginx
pod/dp-nginx created
root@master01:~/controllers# kubectl get pods --show-labels
NAME                                 LABELS
deployment-nginx-66b6c48dd5-hckgn    app=nginx,pod-template-hash=66b6c48dd5
deployment-nginx-66b6c48dd5-j8hrp    app=nginx,pod-template-hash=66b6c48dd5
deployment-nginx-66b6c48dd5-jtwgm    app=nginx,pod-template-hash=66b6c48dd5
dp-nginx                             app=nginx
root@master01:~/controllers# kubectl label pod dp-nginx pod-template-hash=66b6c48dd5
pod/dp-nginx labeled
root@master01:~/controllers# kubectl get pods --show-labels
NAME                                 LABELS
deployment-nginx-66b6c48dd5-hckgn    app=nginx,pod-template-hash=66b6c48dd5
deployment-nginx-66b6c48dd5-j8hrp    app=nginx,pod-template-hash=66b6c48dd5
deployment-nginx-66b6c48dd5-jtwgm    app=nginx,pod-template-hash=66b6c48dd5
```

上面的输出信息中，略去部分列内容。

● 当创建 dp-nginx Pod 时，赋予其标签 app=nginx，Deployment 控制器并未如同 ReplicaSet 控制器一样，根据 YAML 文件中的选择器进行匹配，控制副本数量，而是依然保持新创建的 dp-nginx 运行。

● 当赋予 dp-nginx Pod 第二个标签 pod-template-hash=66b6c48dd5 时，可观察到 Deployment 控制器直接将 AGE 列（被略去了）值最小的 dp-nginx Pod 回收，以保证其副本数为申请的预期值 3。可见，Deployment 控制器在 ReplicaSet 控制器基础之上，增加了一个 pod-template-hash 标签，以控制副本数量。

如同 ReplicaSet 控制器一样，Deployment 控制器也可进行扩缩容。

【Deployment 控制器缩容-示例】：对 Deployment 控制器进行缩容。

可使用 kubectl scale deployment --replicas=<Number> <deploymentName>命令进行缩容：

```
root@master01:~/controllers# kubectl scale deployment --replicas=1 deployment-nginx
deployment.apps/deployment-nginx scaled
root@master01:~/controllers# kubectl get pods --show-labels
NAME                               STATUS        LABELS
deployment-nginx-66b6c48dd5-hckgn  Terminating   app=nginx,pod-template-hash=66b6c48dd5
deployment-nginx-66b6c48dd5-j8hrp  Terminating   app=nginx,pod-template-hash=66b6c48dd5
deployment-nginx-66b6c48dd5-jtwgm  Running       app=nginx,pod-template-hash=66b6c48dd5
root@master01:~/controllers# kubectl get pods --show-labels
NAME                               STATUS        LABELS
deployment-nginx-66b6c48dd5-jtwgm  Running       app=nginx,pod-template-
hash=66b6c48dd5
```

上面的输出信息中，略去部分列内容。命令行方式的副本控制器扩缩容，均使用 kubectl scale 命令，然后给出扩缩容的类型，比如 deployment 或 replicaset 等，再给出--replica=<no>参数，指定具体的调整后的副本数量，最后给出目标的控制器名称。

任务 5.3　Deployment 控制器的更新与回滚

任务说明

在实际运维过程中，Pod 资源配置需要根据需求进行修改，甚至可能反复修改再恢复多次。为此，Deployment 控制器中允许通过配置文件和命令进行副本资源更新与回滚。本任务的具体要求如下。

- 掌握 Deployment 控制器的更新管理。
- 掌握 Deployment 控制器的回滚管理。
- 掌握 Deployment 控制器的版本信息查看。

知识引入：更新与回滚的基本命令

Deployment 控制器的更新是指 Deployment 控制器的 Pod 模板（即.spec.template）发生改变时，例如模板的标签或容器镜像被更新，才会触发 Deployment 控制器上线（Rollout 变更记录）。可使用 kubectl rollout history 命令查看上线内容（更新历史记录）；使用 kubectl rollout history deployment <deploymentName> --revision=<revisionNo>命令查看版本详情。

在实际运维过程中，可能会遇到更新 Deployment 控制器之后发现上层应用出现 bug 等问题，需要回滚到之后的版本，则可以使用 kubectl rollout undo deployment <deploymentName>--to-revision=<revisionNo>命令。

任务实现

【Deployment 控制器更新-示例】：更新 Deployment 控制器，并查看 Rollout 的历史记录。

① 之前，在主节点 master01 上的 controllers 文件夹内创建了 deployment-demo1.yaml 文件，其中指定了镜像为 nginx:1.14.2。现在希望将之前创建的 deployment-nginx 的模板镜像从 nginx:1.14.2 更新为 1.16.1。创建 deployment-demo2.yaml 文件，内容如下：

```
apiVersion: apps/v1
```

```
kind: Deployment
metadata:
  name: deployment-nginx
  labels:
    app: nginx
spec:
  replicas: 3
  selector:
    matchLabels:
      app: nginx
  template:
    metadata:
      labels:
        app: nginx
    spec:
      containers:
      - name: nginx
        image: nginx:1.16.1
        ports:
        - containerPort: 80
```

该文件内容与 deployment-demo1.yaml 的完全一致，仅将 nginx 的版本更新为 1.16.1。

② 使用 kubectl apply -f 命令进行镜像版本更新：

```
root@master01:~/controllers# ls
deployment-demo1.yaml  deployment-demo2.yaml  replicaset-demo.yaml
root@master01:~/controllers# kubectl apply -f deployment-demo2.yaml
deployment.apps/deployment-nginx configured
root@master01:~/controllers# kubectl get pods
NAME                               READY   STATUS             RESTARTS   AGE
deployment-nginx-559d658b74-p2dp6  0/1     ContainerCreating  0          6s
deployment-nginx-66b6c48dd5-225vw  1/1     Running            0          6s
deployment-nginx-66b6c48dd5-5xq2t  1/1     Running            0          6s
deployment-nginx-66b6c48dd5-jtwgm  1/1     Running            1          3h18m
root@master01:~/controllers# kubectl get pods
NAME                               READY   STATUS             RESTARTS   AGE
deployment-nginx-559d658b74-8cqmf  1/1     Running            0          10s
deployment-nginx-559d658b74-p2dp6  1/1     Running            0          44s
deployment-nginx-559d658b74-w79qh  1/1     Running            0          7s
deployment-nginx-66b6c48dd5-225vw  0/1     Terminating        0          44s
root@master01:~/controllers# kubectl get pods
NAME                               READY   STATUS             RESTARTS   AGE
deployment-nginx-559d658b74-8cqmf  1/1     Running            0          17s
deployment-nginx-559d658b74-p2dp6  1/1     Running            0          51s
deployment-nginx-559d658b74-w79qh  1/1     Running            0          14s
root@master01:~/controllers# kubectl get replicasets.apps
NAME                          DESIRED  CURRENT  READY   AGE
```

```
deployment-nginx-559d658b74    3        3        3        11m
deployment-nginx-66b6c48dd5    0        0        0        3h30m
```

- 观察输出结果，通过 deployment-nginx 在更新过程中先是创建 3 个新版（nginx:1.16.1）的 Pod，然后把旧版的 Pod 删除掉，从而达到更新的目的。
- 更新过后，查看 ReplicaSet 控制器，列出了两个版本，一个是之前的旧版本 deployment-nginx-66b6c48dd5（对应 nginx:1.14.2 版本），另一个是新版本 deployment-nginx-559d658b74（对应 nginx:1.16.1 版本），而对应的 DESIRED、CURRENT、READY 和 AGE 列均反映出 Deployment 控制器更新后的状态。

③ 除了使用 YAML 配置文件通过 kubectl apply -f 命令进行 Deployment 控制器的更新之外，还可以使用 kubectl set image deployment <deploymentName> <containerName>=<imageName:tag>--record 命令进行更新：

```
root@master01:~/controllers# kubectl set image deployment deployment-nginx \
> nginx=nginx:1.7.6 --record
deployment.apps/deployment-nginx image updated
root@master01:~/controllers# kubectl get replicasets.apps
NAME                           DESIRED  CURRENT  READY    AGE
deployment-nginx-559d658b74    3        3        3        21m
deployment-nginx-5f489dbb5     1        1        0        9s
deployment-nginx-66b6c48dd5    0        0        0        3h39m
root@master01:~/controllers# kubectl get deployments.apps deployment-nginx -o yaml
apiVersion: apps/v1
kind: Deployment
metadata:
  annotations:
    deployment.kubernetes.io/revision: "3"
    kubectl.kubernetes.io/last-applied-configuration: |
      {"apiVersion":"apps/v1",... {"image":"nginx:1.16.1",...
    kubernetes.io/change-cause:  kubectl  set  image  deployment  deployment-nginx
nginx=nginx:1.7.6
      --record=true
  creationTimestamp: "2021-04-24T08:24:02Z"
  generation: 4
```

- Deployment 控制器更新命令的参数 nginx=nginx:1.7.6：前面的 nginx 为具体的容器（一个 Pod 中可以包含多个容器，在此处指定所升级的容器名称），而后面的 nginx:1.7.6 则为更新后的镜像及版本。可以通过 kubectl describe deployments.apps nginx-deployment 命令查看相应的容器名称。
- Deployment 控制器更新命令中的参数--record：用于把当前命令记录到资源的 annotations 中的 kubernetes.io/change-cause 字段。不仅更新 image 的命令可以被记录，其他的命令也一样可以通过--record 参数做记录。
- 更新之后，立即使用 kubectl get replicasets 命令查看 Deployment 控制器底层 ReplicaSet 控制器的简略信息。当前共有 3 个 ReplicaSet 控制器，分别对应初始创建时的 nginx:1.14.2、第一次更新的 nginx:1.16.1，以及本次的 nginx:1.7.6。其中 AGE 列值最小（9s）的 deployment-nginx-5f489dbb5 即最后更新的 nginx:1.7.6，其处于创建新 Pod 的阶

段，此时 nginx:1.16.1 版本（对应 AGE 列值为 21m）的 ReplicaSet 控制器依然有 3 个处于 READY 状态的 Pod 副本，再次验证了 Deployment 控制器的更新过程。

- 使用 kubectl get deployments.apps deployment-nginx -o yaml 命令查看 deployment-nginx 的 YAML 格式输出，可观察到位于 annotations 部分的 deployment.kubernetes.io/revision: "3"描述，其表示当前处于第 3 次修订（版本 3）。而在 kubectl.kubernetes.io/last-applied-configuration 部分给出最后一次使用 YAML 配置文件时指定的镜像版本 nginx:1.16.1（第二次使用 YAML 配置文件时指定的 nginx 版本）。最后，kubernetes.io/change-cause 字段，给出了最后一次使用带参数--record 的命令行记录。
- 除了使用命令行更新镜像版本之外，还可以使用 kubectl edit 命令直接修改容器的镜像版本信息，本书中不赘述。

④ 可使用 kubectl rollout history 命令查看上线内容（更新历史记录）：

```
root@master01:~/controllers# kubectl rollout history deployment deployment-nginx
deployment.apps/deployment-nginx
REVISION     CHANGE-CAUSE
1            <none>
2            <none>
3            kubectl  set  image  deployment  deployment-nginx  nginx=nginx:1.7.6  --
record=true
```

可观察到目前 deployment-nginx 一共有 3 次更新（3 个版本，即 1.14.2、1.16.1，以及最后使用命令行更新的 1.7.6）。但只有 1.7.6 版本对应的命令使用了--record 参数，因此这个历史记录是从 annotations 中解析出来的。

⑤ 可使用 kubectl rollout history deployment <deploymentName> --revision=<revisionNo>命令查看版本详情：

```
root@master01:~/controllers# kubectl rollout history deployment deployment-nginx --
revision=1
deployment.apps/deployment-nginx with revision #1
Pod Template:
  Labels:       app=nginx
        pod-template-hash=66b6c48dd5
  Containers:
   nginx:
    Image:      nginx:1.14.2
    Port:       80/TCP
    Host Port:  0/TCP
    Environment:        <none>
    Mounts:     <none>
  Volumes:      <none>
```

【Deployment 控制器回滚-示例】：回滚之前部署的 Deployment 控制器 deployment-nginx 到 nginx:1.14.2 版本，并查看 Deployment 控制器底层的 ReplicaSet 控制器简略信息及 deployment-nginx 历史版本记录。

① 将 deployment-nginx 的版本回滚至与 nginx:1.14.2 相对应的版本 1：

```
root@master01:~/controllers# kubectl get pods
```

```
NAME                              READY   STATUS    RESTARTS   AGE
deployment-nginx-5f489dbb5-4t9ss  1/1     Running   1          13h
deployment-nginx-5f489dbb5-jft7f  1/1     Running   1          13h
deployment-nginx-5f489dbb5-rfmqm  1/1     Running   1          13h
root@master01:~/controllers# kubectl rollout undo deployment deployment-nginx --to-revision=1
deployment.apps/deployment-nginx rolled back
root@master01:~/controllers# kubectl get pods
NAME                               READY   STATUS             RESTARTS   AGE
deployment-nginx-5f489dbb5-4t9ss   1/1     Terminating        1          13h
deployment-nginx-5f489dbb5-jft7f   1/1     Running            1          13h
deployment-nginx-5f489dbb5-rfmqm   1/1     Running            1          13h
deployment-nginx-66b6c48dd5-g7bwr  1/1     Running            0          4s
deployment-nginx-66b6c48dd5-v5blr  0/1     ContainerCreating  0          2s
root@master01:~/controllers# kubectl get pods
NAME                               READY   STATUS    RESTARTS   AGE
deployment-nginx-66b6c48dd5-frgdf  1/1     Running   0          29s
deployment-nginx-66b6c48dd5-g7bwr  1/1     Running   0          33s
deployment-nginx-66b6c48dd5-v5blr  1/1     Running   0          31s
```

每个版本的 Pod 名称中，与 ReplicaSet 控制器相应的随机字符串是不同的。

② 通过 kubectl get replicasets.apps 命令可以发现，每进行版本变更，就存在着一个与之相对应的 ReplicaSet 控制器：

```
root@master01:~/controllers# kubectl get replicasets.apps
NAME                         DESIRED   CURRENT   READY   AGE
deployment-nginx-559d658b74  0         0         0       13h
deployment-nginx-5f489dbb5   0         0         0       13h
deployment-nginx-66b6c48dd5  3         3         3       17h
```

每一次更新或回滚，Deployment 控制器更改对应的 ReplicaSet 控制器的副本数。因此，不用手动管理 ReplicaSet 控制器，其是由 Deployment 控制器自动管理的。

③ 查看 Deployment 控制器的变更历史记录：

```
root@master01:~/controllers# kubectl rollout history deployment deployment-nginx
deployment.apps/deployment-nginx
REVISION    CHANGE-CAUSE
2           <none>
3           kubectl set image deployment deployment-nginx nginx=nginx:1.7.6 --record=true
4           <none>
```

REVISION 列的值发生变化了，其只记录最新的版本变更信息，因为之前的版本 1 与目前的版本 4 是一样的（回滚），所以只记录了最后的版本 4，不再保留版本 1 的记录。

任务 5.4　Deployment 控制器的暂停与恢复

任务说明

在 Deployment 控制器更新过程中，可能需要暂停来进行相关状态、日志等信息的查看以便进一步排错等。本任务的具体要求如下：

- 掌握 Deployment 控制器更新暂停管理；
- 掌握 Deployment 控制器更新恢复管理。

知识引入：暂停与恢复的基本命令

Deployment 控制器可进行更新过程中的暂停与恢复，需要强调的是，更新副本数不属于 Deployment 控制器更新，暂停与恢复对此类操作不生效。Deployment 控制器的暂停与恢复基本命令如下。

① 暂停：kubectl rollout pause deployment <deploymentName>。

② 恢复：kubectl rollout resume deployment <deploymentName>。

任务实现

【Deployment 控制器暂停与恢复-示例】：将 deployment-nginx 中的 nginx 版本更新为 1.14.1，在更新过程中进行 Deployment 控制器的暂停，观察 Pod 的副本，最后进行 Deployment 控制器恢复，继续 Deployment 控制器的更新直至结束。

① 将之前 deployment-nginx 控制器中的 nginx 版本变更为 1.14.1，发起更新 2s 之后立即暂停：

```
root@master01:~/controllers# kubectl set image deployment deployment-nginx \
> nginx=nginx:1.14.1 --record ; \
> sleep 2 ; \
> kubectl rollout pause deployment deployment-nginx
deployment.apps/deployment-nginx image updated
deployment.apps/deployment-nginx paused
root@master01:~/controllers# kubectl get pods
NAME                               READY   STATUS              RESTARTS   AGE
deployment-nginx-5b9cf4fbdd-f5pjl  0/1     ContainerCreating   0          11s
deployment-nginx-66b6c48dd5-frgdf  1/1     Running             0          54m
deployment-nginx-66b6c48dd5-g7bwr  1/1     Running             0          54m
deployment-nginx-66b6c48dd5-v5blr  1/1     Running             0          54m
root@master01:~/controllers# kubectl get pods
NAME                               READY   STATUS              RESTARTS   AGE
deployment-nginx-5b9cf4fbdd-f5pjl  1/1     Running             0          19m
deployment-nginx-66b6c48dd5-frgdf  1/1     Running             0          73m
deployment-nginx-66b6c48dd5-g7bwr  1/1     Running             0          73m
deployment-nginx-66b6c48dd5-v5blr  1/1     Running             0          73m
```

- kubectl set image deployment deployment-nginx nginx=nginx:1.14.1 --record 命令：进行 deployment-nginx 的更新，指定 nginx:1.14.1，并上线记录。
- sleep 2 命令：表示当前控制台不立即执行其后续命令，而是等待 2s 之后再执行，在等待 2s 的时间之内，Deployment 控制器进行了 nginx 版本变更，仅创建了一个 Pod（deployment-nginx-5b9cf4fbdd-f5pjl，对应 nginx:1.14.1 版本）。
- kubectl rollout pause deployment deployment-nginx 命令：对 deployment-nginx 控制器进行暂停。这里需要强调的是，其仅对控制器 deployment-nginx 控制器的控制行为进行暂停，控制器内部的容器并不会被暂停。
- kubectl get pods 命令：查看 Pod 简略信息，申请副本数为 3，但是由于更新过程中出现了暂停要求，而更新的过程是先创建新版 Pod，再终止旧版 Pod，因此暂停时（更新命令执行 2s 之后），新版 Pod 只启动了一个，而旧版均运行。因此，最后共有 4 个 Pod 处于运行状态，一个新版、3 个旧版。

② 查看 ReplicaSet 控制器与 Deployment 控制器：

```
root@master01:~/controllers# kubectl get replicasets.apps
NAME                          DESIRED   CURRENT   READY     AGE
deployment-nginx-559d658b74   0         0         0         14h
deployment-nginx-5b9cf4fbdd   1         1         1         20m
deployment-nginx-5f489dbb5    0         0         0         14h
deployment-nginx-66b6c48dd5   3         3         3         18h
root@master01:~/controllers# kubectl get deployments.apps
NAME               READY   UP-TO-DATE   AVAILABLE    AGE
deployment-nginx   4/3     1            4            18h
```

新版所对应的底层 ReplicaSet 控制器（deployment-nginx-5b9cf4fbdd）已经成功运行起一个副本；而 deployment-nginx Deployment 控制器的 READY 列值为 4/3，申请的是 3 个，就绪的为 4 个 Pod 副本。

③ 停止暂停，恢复版本变更：

```
root@master01:~/controllers# kubectl rollout resume deployment deployment-nginx
deployment.apps/deployment-nginx resumed
root@master01:~/controllers# kubectl get pods
NAME                               READY   STATUS             RESTARTS AGE
deployment-nginx-5b9cf4fbdd-8dqlf  1/1     Running            0        5s
deployment-nginx-5b9cf4fbdd-f5pjl  1/1     Running            0        104m
deployment-nginx-5b9cf4fbdd-zlvvj  0/1     ContainerCreating  0        0s
deployment-nginx-66b6c48dd5-g7bwr  1/1     Running            0        159m
deployment-nginx-66b6c48dd5-v5blr  1/1     Terminating        0        159m
root@master01:~/controllers# kubectl get pods
NAME                               READY   STATUS             RESTARTS     AGE
deployment-nginx-5b9cf4fbdd-8dqlf  1/1     Running            0            31s
deployment-nginx-5b9cf4fbdd-f5pjl  1/1     Running            0            105m
deployment-nginx-5b9cf4fbdd-zlvvj  0/1     ContainerCreating  0            26s
deployment-nginx-66b6c48dd5-g7bwr  1/1     Running            0            159m
root@master01:~/controllers# kubectl get pods
NAME                               READY   STATUS        RESTARTS     AGE
deployment-nginx-5b9cf4fbdd-8dqlf  1/1     Running       0            50s
deployment-nginx-5b9cf4fbdd-f5pjl  1/1     Running       0            105m
deployment-nginx-5b9cf4fbdd-zlvvj  1/1     Running       0            45s
```

恢复版本变更之后，Deployment 控制器将继续创建新版 Pod，在变更过程中，始终保持 Running 状态的 Pod 副本数为 3。

④ 查看 Deployment 控制器及底层的 ReplicaSet 控制器：

```
root@master01:~/controllers# kubectl get replicasets.apps
NAME                          DESIRED  CURRENT  READY   AGE
deployment-nginx-559d658b74   0        0        0       16h
deployment-nginx-5b9cf4fbdd   3        3        3       111m
deployment-nginx-5f489dbb5    0        0        0       16h
deployment-nginx-66b6c48dd5   0        0        0       19h
```

```
root@master01:~/controllers# kubectl get deployments.apps
NAME               READY         UP-TO-DATE    AVAILABLE         AGE
deployment-nginx  3/3           3             3             19h
```

Deployment 控制器进入稳定状态，变更结束。

任务 5.5　Deployment 控制器的重新部署与更新状态查询

任务说明

Kubernetes 中的 Pod 通常应该处于“Running”状态，然而有时候需要将正在运行的 Pod 调度到其他的节点，或是基于其他特殊的原因将正常运行的 Pod 重启。为了不影响正常业务的进行，Kubernetes 提供重新部署与更新状态查询的功能。本任务的具体要求如下。

- 掌握 Deployment 控制器的重新部署。
- 掌握 Deployment 控制器的更新状态查询。

知识引入：重新部署与状态查询的基本命令

Deployment 控制器的重新部署是指将当前底层的 ReplicaSet 控制器删除，并重新创建新的 ReplicaSet 控制器，其命令为 kubectl rollout restart deployment <deploymentName>。

可通过 kubectl rollout status deployment <deploymentName>命令查看 Deployment 控制器的更新状态。

任务实现

【Deployment 控制器重新部署-示例】：对 deployment-nginx 进行重新部署。

① 使用 kubectl rollout restart deployment <deploymentName>命令对 deployment-nginx 进行重新部署：

```
root@master01:~/controllers# kubectl get pods
NAME                               READY     STATUS    RESTARTS     AGE
deployment-nginx-5b9cf4fbdd-8dqlf  1/1       Running   0            47m
deployment-nginx-5b9cf4fbdd-f5pjl  1/1       Running   0            152m
deployment-nginx-5b9cf4fbdd-zlvvj  1/1       Running   0            47m
root@master01:~/controllers# kubectl rollout restart deployment deployment-nginx
deployment.apps/deployment-nginx restarted
root@master01:~/controllers# kubectl get pods
NAME                               READY     STATUS             RESTARTS     AGE
deployment-nginx-547647fc95-68gjv  1/1       Running            0            4s
deployment-nginx-547647fc95-mpl94  0/1       ContainerCreating  0            2s
deployment-nginx-5b9cf4fbdd-8dqlf  1/1       Running            0            47m
deployment-nginx-5b9cf4fbdd-f5pjl  1/1       Running            0            152m
deployment-nginx-5b9cf4fbdd-zlvvj  1/1       Terminating        0            47m
root@master01:~/controllers# kubectl get pods
NAME                               READY     STATUS    RESTARTS     AGE
deployment-nginx-547647fc95-68gjv  1/1       Running   0            18s
deployment-nginx-547647fc95-mpl94  1/1       Running   0            16s
```

```
deployment-nginx-547647fc95-v4hg5  1/1      Running  0          13s
```

重新部署之后，Deployment 控制器会创建新 Pod 副本，删除旧 Pod 副本，但始终保持 Running 状态的 Pod 副本数为 3。通过 Pod 副本名中与 ReplicaSet 控制器相关的随机字符串可以发现，底层其实创建了新的 ReplicaSet 控制器。

② 可查看底层 ReplicaSet 控制器、Deployment 控制器，以及线上历史记录：

```
root@master01:~/controllers# kubectl get replicasets.apps
NAME                          DESIRED    CURRENT    READY    AGE
deployment-nginx-547647fc95   3          3          3        30s
deployment-nginx-559d658b74   0          0          0        17h
deployment-nginx-5b9cf4fbdd   0          0          0        153m
deployment-nginx-5f489dbb5    0          0          0        16h
deployment-nginx-66b6c48dd5   0          0          0        20h
root@master01:~/controllers# kubectl get deployments.apps
NAME                 READY    UP-TO-DATE  AVAILABLE     AGE
deployment-nginx              3/3         3             3          20h
root@master01:~/controllers# kubectl rollout history deployment deployment-nginx
deployment.apps/deployment-nginx
REVISION     CHANGE-CAUSE
2            <none>
3            kubectl set image deployment deployment-nginx nginx=nginx:1.7.6 --record=true
4            <none>
5            kubectl set image deployment deployment-nginx nginx=nginx:1.14.1 --record=true
6            kubectl set image deployment deployment-nginx nginx=nginx:1.14.1 --record=true
```

新创建的底层 ReplicaSet 控制器为 deployment-nginx-547647fc95，其 AGE 列值为 30s。通过上线历史记录，可以看到第 5 版、第 6 版记录相同，因为是重新部署的，所以它们含有相同的记录。

【Deployment 控制器更新状态-示例】：查看 deployment-nginx 的更新状态。

① 查看 deployment-nginx 的当前更新状态：

```
root@master01:~/controllers# kubectl rollout status deployment deployment-nginx
deployment "deployment-nginx" successfully rolled out
```

显示 deployment-nginx 控制器已经成功更新（rolled out）。

② 将 deployment-nginx 控制器的 nginx 版本更新为最新版 nginx:latest：

```
root@master01:~/controllers# kubectl set image deployment deployment-nginx nginx=nginx:
latest
deployment.apps/deployment-nginx image updated
root@master01:~/controllers# kubectl rollout status deployment deployment-nginx
Waiting for deployment "deployment-nginx" rollout to finish:
    2 out of 3 newreplicas have been updated...
Waiting for deployment "deployment-nginx" rollout to finish:
    2 out of 3 newreplicas have been updated...
Waiting for deployment "deployment-nginx" rollout to finish:
    1 oldreplicas are pending termination...
Waiting for deployment "deployment-nginx" rollout to finish:
```

```
    1 oldreplicas are pending termination...
deployment "deployment-nginx" successfully rolled out
root@master01:~/controllers# kubectl get deployments.apps
NAME                  READY   UP-TO-DATE   AVAILABLE        AGE
deployment-nginx      3/3     3            3            20h
```

在更新之后立即查看更新状态的命令执行结果，可以进一步了解到更新的过程。

③ 最后，删除 deployment-nginx，清理 Pod 副本、恢复工作路径：

```
root@master01:~/controllers# kubectl delete deployments.apps deployment-nginx
deployment.apps "deployment-nginx" deleted
root@master01:~/controllers# kubectl get replicasets.apps
No resources found in default namespace.
root@master01:~/controllers# kubectl get pods
No resources found in default namespace.
root@master01:~/controllers# cd
root@master01:~#
```

任务 5.6 DaemonSet 控制器管理

任务说明

Kubernetes 通过 DaemonSet 控制器提供守护进程功能，集群内部组件通过守护进程管理监控节点，同时也方便用户根据需求创建守护进程。本任务的具体要求如下。

- 掌握 DaemonSet 控制器的创建。
- 掌握 DaemonSet 控制器的配置变更。
- 掌握 DaemonSet 控制器的删除。

知识引入：DaemonSet 控制器基本概念

DaemonSet 控制器用于确保全部（或者某些）节点上均运行一个 Pod 副本。当有节点加入集群时，也会为它们新增一个 Pod 副本。当有节点从集群移除时，这些 Pod 也会被回收。删除 DaemonSet 控制器将会删除它创建的所有 Pod。DaemonSet 控制器典型的应用场景如下。

① 用于集群中各节点的日志收集，常用的日志收集器有 Fluentd、Logstash 等。

② 用于集群中各节点的系统监控，常见的系统监控器有 Prometheus Node Exporter、collectd、New Relic agent、Ganglia gmond 等。

③ 用于运行系统程序，比如 kube-proxy、glusterd、ceph 等需常驻后台的程序。

由于 DaemonSet 控制器保证在每个正常节点上都运行一个 Pod 副本，因此其副本数是与节点数量一致的。所以，与 ReplicaSet 控制器和 Deployment 控制器不同，DaemonSet 控制器无须指定副本数。使用 kubectl -n kube-system get pods -o wide 命令，查看集群核心组件部署情况：

```
root@master01:~# [ct(]kubectl -n kube-system get pods -o wide
NAME                                      READY   STATUS    RESTARTS AGE       NODE
calico-kube-controllers-69496d8b75-vmblf  1/1     Running   20    8d           master01
calico-node-bf2wv                         1/1     Running   20         8d      master01
calico-node-hrv8q                         1/1     Running   19         8d      worker02
```

```
calico-node-zm5kh                        1/1      Running  18      8d       worker01
coredns-7f89b7bc75-2pszh                 1/1      Running  20      9d       master01
coredns-7f89b7bc75-qq6tk                 1/1      Running  20      9d       master01
etcd-master01                            1/1      Running  23      9d       master01
kube-apiserver-master01                  1/1      Running  25      9d       master01
kube-controller-manager-master01         1/1      Running  24      9d       master01
kube-proxy-4jc7n                         1/1      Running  18      8d       worker01
kube-proxy-lpb6p                         1/1      Running  19      8d       worker02
kube-proxy-wm2dj                         1/1      Running  23      9d       master01
kube-scheduler-master01                  1/1      Running  24      9d       master01
metrics-server-5c997c66fc-4s5zn          1/1      Running  11      5d20h    worker01
```

上面的输出信息中，略去部分列内容。可观察到 calico-node 和 kube-proxy 均为 DaemonSet 控制器，其在示例的 3 个节点（master01、worker01 和 worker02）中均部署了一个 Pod 副本。当有节点加入集群中时，则自动创建相应的副本；而有节点从集群中删除时，则自动删除相应的副本。可以查看 kube-system 命名空间内的 DaemonSet 控制器列表信息：

```
root@master01:~# kubectl -n kube-system get daemonsets.apps
NAME          DESIRED  CURRENT  READY   NODE SELECTOR              AGE
calico-node   3        3        3       kubernetes.io/os=linux     8d
kube-proxy    3        3        3       kubernetes.io/os=linux     9d
```

上面的输出信息中，略去部分列内容。可观察到在 kube-system 命名空间内存在 calico-node 与 kube-proxy 两个 DaemonSet 控制器。

任务实现

【DaemonSet-示例】：创建 DaemonSet 控制器，并进行配置变更，最后进行删除。

① 在主节点 master01 上的 controllers 文件夹内创建 daemonset-demo1.yaml 文件，内容如下：

```
apiVersion: apps/v1
kind: DaemonSet
metadata:
  name: daemonset-nginx
spec:
  selector:
    matchLabels:
      app: nginx
  template:
    metadata:
      labels:
        app: nginx
    spec:
      containers:
      - name: nginx-containers
        image: nginx
```

相较 ReplicaSet 控制器和 Deployment 控制器的 YAML 配置文件，DaemonSe 控制器的配置文件中没有 replicas 字段，未指定副本数。

② 使用 kubectl apply -f 命令启动 DaemonSet 控制器：

```
root@master01:~/controllers# kubectl apply -f daemonset-demo1.yaml
daemonset.apps/daemonset-nginx created
root@master01:~/controllers# kubectl get pods -o wide
NAME                  READY   STATUS    RESTARTS    AGE  IP             NODE
daemonset-nginx-442wc 1/1     Running   0           26s  172.18.5.32    worker01
daemonset-nginx-c4vh7 1/1     Running   0           26s  172.18.30.108  worker02
root@master01:~/controllers# kubectl get nodes
NAME       STATUS   ROLES                  AGE   VERSION
master01   Ready    control-plane,master   9d    v1.20.4
worker01   Ready    worker                 8d    v1.20.4
worker02   Ready    worker                 8d    v1.20.4
```

当前集群中存在的两个工作节点（worker01 与 worker02）上均部署了一个 Pod 副本（daemonset-nginx-<随机字符串>）。但是当前集群中的主节点 master01 上并未部署相应的 Pod 副本。在 DaemonSet 控制器中，主节点 master01 默认是不参与任何调度的，但是类似于日志收集、节点健康状态监测等场景中，主节点 master01 也是需要被监测的，在这种场景下，也需要在主节点 master01 上部署相应的应用（副本），可以通过后续的“污点”（Taint）与“容忍度”（Toleration）来实现。

③ 使用 kubectl describe nodes <masterNode>命令查看主节点 master01 详情：

```
root@master01:~/controllers# kubectl describe nodes master01
Name:               master01
Roles:          control-plane,master
Labels:         beta.kubernetes.io/arch=amd64
...
                    node-role.kubernetes.io/control-plane=
                node-role.kubernetes.io/master=
Annotations:    kubeadm.alpha.kubernetes.io/cri-socket: /var/run/dockershim.sock
...
Taints:         node-role.kubernetes.io/master:NoSchedule
Unschedulable:  false
...
```

在主节点 master01 的详情中，含有 Taints 字段，内容为 node-role.kubernetes.io/master: NoSchedule。因此，主节点 master01 默认被标记为污点，不参与常规 Pod 的调度。若希望让应用也可以部署在被标记为污点的主节点 master01 之上，则需要对污点进行容忍。容忍的方式便是在 DaemonSet 控制器的配置文件 daemonset-demo1.yaml 文件中给出 tolerations 字段及相关内容。

④ 在主节点 master01 上的 controllers 文件夹内创建 daemonset-demo2.yaml 文件，内容如下：

```
apiVersion: apps/v1
kind: DaemonSet
metadata:
  name: daemonset-nginx
spec:
  selector:
```

```
    matchLabels:
      app: nginx
  template:
    metadata:
      labels:
        app: nginx
    spec:
      tolerations:
      - key: node-role.kubernetes.io/master
        effect: NoSchedule
      containers:
      - name: nginx-containers
        image: nginx
```

⑤ 使用 kubectl apply 命令更新配置。虽然使用了 daemonset-demo1.yaml 及 daemonset-demo2.yaml 两个配置文件，但是两个配置文件中均指定了相同的 DaemonSet 控制器，其名字均为 daemonset-nginx。因此，使用 kubectl apply 命令并不会创建新的 DaemonSet 控制器，而是进行更新：

```
root@master01:~/controllers# kubectl apply -f daemonset-demo2.yaml
daemonset.apps/daemonset-nginx configured
root@master01:~/controllers# kubectl get pods -o wide
NAME                  READY     STATUS            IP              NODE
daemonset-nginx-442wc 1/1       Terminating       172.18.5.35     worker01
daemonset-nginx-gkckb 1/1       Running           172.18.30.110       worker02
daemonset-nginx-mhhcg 1/1       ContainerCreating 172.18.241.70       master01
root@master01:~/controllers# kubectl get pods -o wide
NAME                  READY     STATUS    IP              NODE
daemonset-nginx-69nvf 1/1       Running   172.18.5.35     worker01
daemonset-nginx-gkckb 1/1       Running   172.18.30.110       worker02
daemonset-nginx-mhhcg 1/1       Running   172.18.241.70       master01
```

上面的输出信息中，略去部分列内容。

- 现在主节点 master01 上也运行了一个 daemonset-nginx 控制器的 Pod 副本。
- 更新过程与之前 ReplicaSet 控制器和 Deployment 控制器的不同。对于 Deployment 控制器，由于部署的是无状态应用，因此更新是先创建，再删除。而对于 DaemonSet 控制器，由于在每个节点（或部分节点）上仅部署一个应用副本，因此是先删除，再创建（避免同时存在两个应用副本）。
- 关于污点与容忍度的知识将在后续内容中再次展开讲解。

DaemonSet 控制器的更新、回滚、重新部署、更新状态查看等命令，与 Deployment 控制器相应命令的用法一致，在此不进行赘述。需要强调的是，目前仅 Deployment 控制器支持暂停与恢复，DaemonSet 控制器尚不支持暂停与恢复。

删除 DaemonSet 控制器，恢复工作路径：

```
root@master01:~/controllers# kubectl delete daemonsets.apps daemonset-nginx
daemonset.apps "daemonset-nginx" deleted
root@master01:~/controllers# kubectl get daemonsets.apps
No resources found in default namespace.
```

```
root@master01:~/controllers# kubectl get pods
No resources found in default namespace.
root@master01:~/controllers# cd
root@master01:~#
```

任务 5.7 StatefulSet 控制器管理

任务说明

Kubernetes 中的其他控制器随机产生 Pod 名称，当某个 Pod 发生故障需要删除并重新启动时，Pod 的名称会发生变化，对于有状态服务很有可能导致中断。因此，Kubernetes 中提供 StatefulSet 控制器，保证 Pod 重启前后名称不变。本任务的具体要求如下。

- 掌握 StatefulSet 控制器的创建。
- 掌握 StatefulSet 控制器的删除。

知识引入：StatefulSet 控制器基本概念

StatefulSet 控制器能够保证 Pod 的每个副本在整个生命周期中的名称不变，而其他控制器不提供这个功能。在其他控制器中，当某个 Pod 发生故障需要删除并重新启动时，Pod 的名称会发生变化。同时 StatefulSet 控制器会保证副本按照固定的顺序启动、更新或者删除。StatefulSet 控制器主要用于解决以下有状态服务的问题。

① 稳定的持久化存储，即重新调度 Pod 后还是能访问到相同的持久化数据，基于 PVC（持久化卷申领，将在后续内容中进行讲解）来实现。

② 稳定的网络标志，即重新调度 Pod 后其 PodName 和 HostName 不变，基于 Headless Service（即没有 Cluster IP 的 Service，将在后续内容中进行讲解）来实现。

③ 有序部署、有序扩展，即 Pod 是有顺序的，在部署或者扩展的时候要依据定义的顺序依次依序进行（即从 0 到 n−1，在下一个 Pod 运行之前所有之前的 Pod 必须都处于 Running 和 Ready 状态），基于 Init 容器来实现。

④ 有序收缩（即从 n−1 到 0）。

任务实现

【StatefulSet 控制器-示例】：创建 StatefulSet 控制器，观察其创建过程，最后进行删除。

① 在主节点 master01 上的 controllers 文件夹内创建 statefulset-demo.yaml 文件，内容如下：

```
apiVersion: apps/v1
kind: StatefulSet
metadata:
  name: statefulset-nginx
spec:
  selector:
    matchLabels:
      app: nginx
  [ct(]serviceName: "nginx-srv"
  replicas: 3
  template:
```

```
  metadata:
    labels:
      app: nginx
  spec:
    terminationGracePeriodSeconds: 10
    containers:
    - name: nginx
      image: nginx
```

相较 Deployment 控制器配置文件而言，StatefulSet 控制器配置文件中存在以下不同。

- 多出一个 serviceName 字段。StatefulSet 控制器通常结合 Headless Service 来使用，这种用法将在后续内容中进行讲解。
- 多出一个超止期 terminationGracePeriodSeconds 字段，此处为 10s。Kubernetes 可以出于各种原因终止 Pod 的运行，并确保应用程序"优雅"地处理这些终止的情况（等待一定的时间，以供应用程序处理日志、清理缓存等），这是创建稳定系统和提供出色用户体验的核心。Kubernetes 等待的指定时间称为优雅终止宽限期（也被称为超止期），即 terminationGracePeriodSeconds 字段，默认情况下，为 30s。

② 使用 kubectl apply -f 命令创建 StatefulSet 控制器：

```
root@master01:~/controllers# kubectl apply -f statefulset-demo.yaml
statefulset.apps/statefulset-nginx created
root@master01:~/controllers# kubectl get pods -o wide
NAME                READY   STATUS             RESTARTS AGE      IP              NODE
statefulset-nginx-0 0/1     ContainerCreating 0         16s      <none>          worker02
root@master01:~/controllers# kubectl get pods -o wide
NAME                READY   STATUS             RESTARTS AGE  IP              NODE
statefulset-nginx-0 1/1     Running            0         34s  172.18.30.111   worker02
statefulset-nginx-1 0/1     ContainerCreating 0         11s  <none>          worker02
root@master01:~/controllers# kubectl get pods -o wide
NAME                READY   STATUS             RESTARTS AGE  IP              NODE
statefulset-nginx-0 1/1     Running            0         45s  172.18.30.111   worker02
statefulset-nginx-1 1/1     Running            0         22s  172.18.30.112   worker02
statefulset-nginx-2 0/1     ContainerCreating 0         11s  <none>          worker01
```

上面的输出信息中，略去部分列内容。启动 StatefulSet 控制器之后，各 Pod 的名称形式为<statefulSetName>-<数字>，并且创建的顺序由 0 开始；同时，每一个 Pod 的创建和启动均是依次进行的，前一个 Pod 进入 Running 状态之前，不会创建后一个 Pod。

③ 日常维护当中，可能需要删除 StatefulSet 控制器。不推荐在有副本的情况下，直接删除 StatefulSet 控制器。因为 StatefulSet 控制器进行的是有序的扩容、有序的缩容。因此，建议先将其缩容为 0，然后删除 StatefulSet 控制器。删除 statefulset-nginx StatefulSet 控制器：

```
root@master01:~/controllers# kubectl scale statefulset --replicas=0 statefulset-nginx
statefulset.apps/statefulset-nginx scaled
root@master01:~/controllers# kubectl get pods
NAME                READY   STATUS       RESTARTS AGE
statefulset-nginx-0 1/1     Running      0        17m
statefulset-nginx-1 1/1     Terminating  0        16m
```

```
root@master01:~/controllers# kubectl get pods
NAME                  READY    STATUS        RESTARTS AGE
statefulset-nginx-0   0/1      Terminating   0        17m
root@master01:~/controllers# kubectl get pods
No resources found in default namespace.
root@master01:~/controllers# kubectl get statefulsets.apps
NAME                  READY        AGE
statefulset-nginx     0/0          17m
root@master01:~/controllers# kubectl delete statefulsets.apps statefulset-nginx
statefulset.apps "statefulset-nginx" deleted
```

根据 kubectl scale 命令的执行结果，可以观察到 statefulset-nginx 控制器是按 n−1 到 0 的次序进行 Pod 的终止、删除操作的。

StatefulSet 控制器的更新、回滚、重新部署、更新状态查看等命令，与 Deployment 控制器相应命令的用法一致，在此不进行赘述。需要强调的是，目前仅 Deployment 控制器支持暂停与恢复，StatefulSet 控制器尚不支持暂停与恢复。

恢复工作路径：

```
root@master01:~/controllers# cd
root@master01:~#
```

任务 5.8 Job 控制器管理

任务说明

前面任务介绍的控制器能够为应用程序提供持续服务，保持 Pod 一直处于“Running”状态。但是在某些情况下，需要运行一次性任务程序，运行完后需要删除并退出 Pod。基于这种情况，Kubernetes 中提供 Job 控制器。本任务的具体要求如下。

- 掌握 Job 控制器的创建。
- 掌握 Job 控制器中任务的管理。

知识引入：Job 控制器基本概念

Job 控制器用于运行结束就删除的应用。而其他控制器中的 Pod 通常是持续运行的。进一步讲，Job 控制器会创建一个或者多个 Pod，并将重复 Pod 的运行，直到指定数量的 Pod 被成功终止运行。随着 Pod 成功结束运行，Job 控制器跟踪记录成功完成运行的 Pod 的数量。当数量达到指定的成功数量阈值时，任务（即 Job 控制器）结束。删除 Job 控制器的操作会清除所创建的全部 Pod。

在一种简单的使用场景下，可创建一个 Job 控制器对象以便以一种可靠的方式运行某 Pod 直到完成。当第一个 Pod 失败或者被删除（比如因为节点硬件失效或者重启）时，Job 控制器对象会启动一个新的 Pod。也可以使用 Job 控制器以并行的方式运行多个 Pod。

任务实现

【Job 控制器-示例】：创建名为 pi 的 Job 控制器，计算 π 小数点后 2000 位，并将结果输出。完成此计算大约需要 10s。

① 在主节点 master01 上的 controllers 文件夹内创建 job-demo1.yaml 文件，内容如下：

```
apiVersion: batch/v1
```

```
kind: Job
metadata:
  name: pi
spec:
  template:
    spec:
      containers:
      - name: pi
        image: perl
        command: ["perl", "-Mbignum=bpi", "-wle", "print bpi(2000)"]
      [ct()]restartPolicy: Never
  backoffLimit: 4
```

- restartPolicy：重启策略，只有两种取值，即 Never 和 OnFailure，没有 Always。这里的重启策略针对的是 Pod，而不是 Job 控制器本身。
- backoffLimit：指 Job 控制器失败次数达到指定值时，Job 控制器终止运行。

② 使用 kubectl apply 命令创建该 Job 控制器：

```
root@master01:~/controllers# kubectl apply -f job-demo1.yaml
job.batch/pi created
root@master01:~/controllers# kubectl get pods -o wide
NAME       READY    STATUS            RESTARTS AGE      IP             NODE
pi-49pl6   0/1      ContainerCreating 0        7s       <none>         worker02
root@master01:~/controllers# kubectl get pods -o wide
NAME       READY    STATUS            RESTARTS AGE      IP             NODE
pi-49pl6   1/1      Running           0        2m30s    172.18.30.113  worker02
root@master01:~/controllers# kubectl get pods -o wide
NAME       READY    STATUS            RESTARTS AGE      IP             NODE
pi-49pl6   0/1      Completed         0        4m       172.18.30.113  worker02
```

上面的输出信息中，略去部分列内容。Job 控制器的最终状态为 Completed。

③ 可以使用 kubectl logs <podName>命令查看输出信息：

```
root@master01:~/controllers# kubectl logs pi-49pl6
3.14159265358979323846264338327950288419716939937510582097494459230781640628620899862803482534211706798214808651328230664709384460955058223172535940812848111745028410270193852110555964
...
869609563643719172874677646575739624138908658326459958133904780275901
```

④ 使用 kubectl get jobs.batch 命令查看集群中 Job 控制器的简略信息：

```
root@master01:~/controllers# kubectl get jobs.batch
NAME     COMPLETIONS   DURATION    AGE
pi       1/1           2m40s       8m35s
```

其中，COMPLETIONS 列表示 Job 控制器中 command（YAML 文件中的["perl", "-Mbignum= bpi", "-wle", "print bpi(2000)"]）的执行次数；DURATION 列表示 Job 控制器的执行时间（这里包含 perl 镜像的拉取时间）。

⑤ 使用 kubectl get jos.batch pi -o yaml 命令查看 pi Job 控制器的 YAML 格式输出：

```
root@master01:~/controllers# kubectl get jobs.batch pi -o yaml
apiVersion: batch/v1
```

```
kind: Job
metadata:
...
spec:
  backoffLimit: 4
  completions: 1
  parallelism: 1
  selector:
    matchLabels:
      controller-uid: 4e763334-4985-4b90-8634-d3845d4cc742
...
```

可观察到 completions 和 parallelism 两个字段。completions 与 kubectl get jobs.batch 命令的执行结果中 COMPLETIONS 的含义一致，表示配置文件中 command 的执行次数。而 parallelism 表示并行执行（分布在不同的 Pod 中）数。

⑥ 在主节点 master01 上的 controllers 文件夹内创建 job-demo2.yaml 文件，内容如下：

```
apiVersion: batch/v1
kind: Job
metadata:
  name: pi-parall
spec:
  template:
    spec:
      containers:
      - name: pi
        image: perl
        imagePullPolicy: IfNotPresent
        command: ["perl", "-Mbignum=bpi", "-wle", "print bpi(2000)"]
      restartPolicy: Never
  backoffLimit: 4
  completions: 10
  parallelism: 2
相较 job-demo1.yaml 文件，修改如下：
```

- name: pi-parall，表示将 Job 控制器的名称修改为 pi-parall。
- imagePullPolicy: IfNotPresent，因为在之前的 pi Job 控制器中已经拉取过 perl 镜像，所以为了缩短整个 Job 控制器的启动时间，此处将其修改为 IfNotPresent。
- completions:10，表示计算圆周率次数为 10 次。
- parallelism: 2，表示并行执行数为 2。

⑦ 使用 kubectl apply 命令创建 pi-parall Job 控制器：

```
root@master01:~/controllers# kubectl get pods
NAME                   READY        STATUS        RESTARTS      AGE
pi-49pl6               0/1          Completed     0             113m
root@master01:~/controllers# kubectl apply -f job-demo2.yaml
job.batch/pi-parall created
root@master01:~/controllers# kubectl get pods
```

```
NAME                READY     STATUS      RESTARTS    AGE
pi-49pl6            0/1       Completed   0           114m
pi-parall-cdwt4     1/1       Running     0           12s
pi-parall-n2tp9     1/1       Running     0           12s
root@master01:~/controllers# kubectl get pods
NAME                READY     STATUS      RESTARTS    AGE
pi-49pl6            0/1       Completed   0           114m
pi-parall-7xhdg     1/1       Running     0           8s
pi-parall-cdwt4     0/1       Completed   0           25s
pi-parall-mjf7f     1/1       Running     0           8s
pi-parall-n2tp9     0/1       Completed   0           25s
root@master01:~/controllers# kubectl get pods
NAME                READY     STATUS      RESTARTS    AGE
pi-49pl6            0/1       Completed   0           116m
pi-parall-7xhdg     0/1       Completed   0           2m20s
pi-parall-cdwt4     0/1       Completed   0           2m37s
pi-parall-hlx65     0/1       Completed   0           73s
pi-parall-m7f67     0/1       Completed   0           119s
pi-parall-mjf7f     0/1       Completed   0           2m20s
pi-parall-n2tp9     0/1       Completed   0           2m37s
pi-parall-n445x     0/1       Completed   0           98s
pi-parall-s666f     0/1       Completed   0           119s
pi-parall-sn8jp     0/1       Completed   0           98s
pi-parall-x8c7k     0/1       Completed   0           72s
root@master01:~/controllers# kubectl get jobs.batch
NAME         COMPLETIONS   DURATION    AGE
pi           1/1           2m40s       117m
pi-parall    10/10         110s        3m54s
```

由于设置了并行执行数为 2，因此在 pi-parall Job 控制器执行期间，每次均启动两个 Pod，并行执行作业。最后，通过 kubectl get jobs.batch 命令查看 Job 控制器简略信息，pi-parall 共执行了 110s。

⑧ 删除 Job 控制器，并恢复工作路径：

```
root@master01:~/controllers# kubectl delete jobs.batch pi
job.batch "pi" deleted
root@master01:~/controllers# kubectl delete jobs.batch pi-parall
job.batch "pi-parall" deleted
root@master01:~/controllers# kubectl get pods
No resources found in default namespace.
root@master01:~/controllers# cd
root@master01:~#
```

任务 5.9 CronJob 控制器管理

任务说明

使用 Job 控制器可以实现不需要持续服务的程序，在执行完成后自动删除并退出。但在某些场景下，还需要能够定时执行任务，需要用到 Kubernetes 中的 CronJob 控制器。本任务的具体要求如下。

- 掌握 CronJob 控制器的创建。
- 掌握 CronJob 控制器的删除。

知识引入：CronJob 控制器基本概念

类似于 Deployment 控制器与 ReplicaSet 控制器的关系，CronJob 控制器以 Job 控制器为基础，额外增加了时间调度功能，即在指定时间点只运行一次，周期性地在指定时间点运行。一个 CronJob 控制器对象类似于 Linux 的 crontab（cron table）文件中的一行。它根据指定的预期计划周期性地运行一个 Job 控制器，格式可以参考 crontab 命令的。典型的 CronJob 控制器用法如下。

① 在指定的时间点调度 Job 控制器运行。

② 创建周期性运行的 Job 控制器，例如定期进行数据库备份、设定某一时间点发送邮件。

任务实现

【CronJob 控制器-示例】：创建 CronJob 控制器，并进行相关的查看与删除。

① 在主节点 master01 上的 controllers 文件夹内创建 cronjob-demo.yaml 文件，内容如下：

```
apiVersion: batch/v1beta1
kind: CronJob
metadata:
  name: cronjob-demo
spec:
  schedule: "*/1 * * * *"
  jobTemplate:
    spec:
      template:
        spec:
          containers:
          - name: hello
            image: busybox
            imagePullPolicy: IfNotPresent
            args:
            - /bin/sh
            - -c
            - date; echo Hello from the Kubernetes cluster
          restartPolicy: OnFailure
```

- schedule 字段的含义同 Linux 的 crontab 命令中 crontab file 的含义一样，"*/1 * * * *"表示每一分钟执行 1 次，这里的“执行”1 次表示创建一个 Job 控制器，再由该 Job 控制器去创建 Pob。

【**常识与技巧**】：Linux 的 crontab file 中的时间格式如下：

```
*    *    *    *    *
-    -    -    -    -
```

```
|    |    |    |    |
|    |    |    |    +-----    星期中星期几 (0~6) (星期天为 0)
|    |    |    +----------    月份 (1~12)
|    |    +--------------    一个月中的第几天 (1~31)
|    +------------------    小时 (0~23)
+----------------------    分钟 (0~59)
```

因此，"*/1 * * * *"表示每一分钟执行 1 次。

- args 字段表示指定在 bash 内回显“Hello from the Kubernetes cluster”。

② 使用 kubectl apply 命令创建 CronJob 控制器：

```
root@master01:~/controllers# kubectl apply -f cronjob-demo.yaml
cronjob.batch/cronjob-demo created
root@master01:~/controllers# kubectl get cronjobs.batch
NAME          SCHEDULE     SUSPEND  ACTIVE   LAST SCHEDULE     AGE
cronjob-demo  */1 * * * *  False    0        <none>            9s
root@master01:~/controllers# kubectl get pods
NAME                            READY    STATUS       RESTARTS    AGE
cronjob-demo-1619414460-bxwfs   0/1      Completed    0           2m20s
cronjob-demo-1619414520-ztg8m   0/1      Completed    0           80s
cronjob-demo-1619414580-6x7z2   0/1      Completed    0           19s
root@master01:~/controllers# kubectl logs cronjob-demo-1619414580-6x7z2
Mon Apr 26 05:29:08 UTC 2021
Hello from the Kubernetes cluster
root@master01:~/controllers# kubectl get jobs.batch
NAME                       COMPLETIONS   DURATION    AGE
cronjob-demo-1619414460    1/1           5s          2m24s
cronjob-demo-1619414520    1/1           3s          84s
cronjob-demo-1619414580    1/1           1s          23s
root@master01:~/controllers# kubectl get cronjobs.batch
NAME          SCHEDULE      SUSPEND  ACTIVE   LAST SCHEDULE    AGE
cronjob-demo  */1 * * * *   False    0        17s              3m56s
```

在创建 CronJob 控制器之后立即查看集群中的 CronJob 控制器，因为之前设定的是每一分钟执行一次，因此刚创建 CronJob 控制器之后，可以看到 kubectl get cronjobs.batch 命令的执行结果中 LAST SCHEDULE 列的值为<none>。在每一分钟执行一次的过程中，观察集群的 Pod 简略信息及 Job 控制器简略信息，Job 控制器会定期被创建，其 AGE 列的值可以反映出间隔时间（大约为 60s）。同时，随着时间推移，可以看到集群中仅会保留最近 3 次的 Job 控制器及 Pod，以避免形成过多不用的 Job 控制器及 Pod。

③ 清除 CronJob 控制器，并恢复工作路径：

```
root@master01:~/controllers# kubectl delete cronjobs.batch cronjob-demo
cronjob.batch "cronjob-demo" deleted
root@master01:~/controllers# kubectl get jobs.batch
No resources found in default namespace.
root@master01:~/controllers# kubectl get pods
No resources found in default namespace.
root@master01:~/controllers# cd
root@master01:~#
```

在删除 cronjob-demo CronJob 控制器之后，其底层的 Job 控制器、Pod 也均会自动删除。

知识小结

本项目重点讲解了控制器的概念与作用，具体包含如下控制器：ReplicaSet 控制器、Deployment 控制器、DaemonSet 控制器、StatefulSet 控制器、Job 控制器、CronJob 控制器。

习题

选择题

1. Kubernetes 中适合用于管理集群上的无状态应用，并能够进行更新与扩缩容操作的控制器是以下哪个？（　　）

A. ReplicaSet　　B. Deployment　　C. StatefulSet　　D. DaemonSet

2. Kubernetes 用于保证有状态应用（Pod）的副本数，能够运行一个或者多个副本并以某种方式跟踪应用（Pod）状态的控制器是以下哪个？（　　）

A. ReplicaSet　　B. Deployment　　C. StatefulSet　　D. DaemonSet

3. Kubernetes 中在每个节点上都运行一个 Pod，当有节点加入集群时，会使用哪个控制器为该节点新增一个 Pod？（　　）

A. ReplicaSet　　B. Deployment　　C. StatefulSet　　D. DaemonSet

4. Kubernetes 中用于执行一次性任务的控制器是以下哪个？（　　）

A. Job　　B. CronJob　　C. StatefulSet　　D. DaemonSet

5. Kubernetes 中用于根据其时间规划反复执行任务的控制器是以下哪个？（　　）

A. Job　　B. CronJob　　C. StatefulSet　　D. DaemonSe

项目 6 服务管理与负载均衡实现

学习目标

知识目标

- 掌握服务的基本概念。
- 掌握服务类型与端口。
- 掌握 ClusterIP 类型服务管理。
- 掌握 NodePort 类型服务管理。
- 掌握 CoreDNS 服务发现。
- 掌握 ExternalName 类型服务。
- 掌握 Headless Service。
- 掌握 ExternalIP Port 使用。
- 掌握会话保持管理。

能力目标

- 能根据应用场景选择合适的服务类型与端口。
- 能根据应用场景正确使用和管理 ClusterIP 类型服务。
- 能根据应用场景正确使用和管理 NodePort 类型服务。
- 能根据应用场景正确使用和管理 CoreDNS 服务。
- 能根据应用场景正确使用和管理 ExternalName 类型服务。
- 能根据应用场景正确使用和管理 Headless Service。
- 能根据应用场景正确使用和管理 ExternalIP Port。

素质目标

- 具备持续学习和自主探究的能力，能够不断学习和掌握 Kubernetes 的最新技术。
- 具备分析问题和解决问题的能力，能够独立解决使用服务过程中遇到的问题。

- 具备规范意识和安全意识，能够按照最佳实践进行服务的配置与管理。

项目描述

使用控制器可以保证 Pod 副本数，对不同类型的应用（服务）进行发布。但控制器存在如下局限。

① 当存在多个副本时，缺少统一的应用入口，不方便进行流量的分发：

```
root@master01:~# kubectl create deployment --image=nginx nginx-test
deployment.apps/nginx-test created
root@master01:~# kubectl get pods -o wide
NAME                         READY   STATUS    RESTARTS AGE    IP            NODE
nginx-test-795d659f45-b5nf9 1/1     Running   0        2m8s   172.18.30.80 worker02
root@master01:~# kubectl scale deployment nginx-test --replicas=3
deployment.apps/nginx-test scaled
root@master01:~# kubectl get pods -o wide
NAME                         READY   STATUS    RESTARTS AGE    IP            NODE
nginx-test-795d659f45-b5nf9 1/1     Running   0        3m57s  172.18.30.80 worker02
nginx-test-795d659f45-nbsdx 1/1     Running   0        79s    172.18.30.81 worker02
nginx-test-795d659f45-nph7p 1/1     Running   0        79s    172.18.5.39  worker01
```

上面的输出信息中，略去部分列内容。首先创建了 nginx-test Deployment 控制器。nginx-test Deployment 控制器默认只有一个 Pod 副本。随后，将 nginx-test Deployment 控制器的副本数扩容为 3。可观察到每个 Pod 的名称均不相同，其 IP 地址也不同，没有统一的访问入口，无法进行流量的分发与负载均衡。

② 每次重新创建 Pod，新 Pod 的 IP 地址会发生变化：

```
root@master01:~# kubectl delete pods --all
pod "nginx-test-795d659f45-b5nf9" deleted
pod "nginx-test-795d659f45-nbsdx" deleted
pod "nginx-test-795d659f45-nph7p" deleted
root@master01:~# kubectl get pods -o wide
NAME                         READY   STATUS    RESTARTS AGE    IP            NODE
nginx-test-795d659f45-8nvrn 1/1     Running   0        2m26s  172.18.30.82 worker02
nginx-test-795d659f45-hqp84 1/1     Running   0        2m26s  172.18.5.41  worker01
nginx-test-795d659f45-r9z98 1/1     Running   0        2m26s  172.18.5.40  worker01
```

上面的输出信息中，略去部分列内容。删除所有 Pod 后，Deployment 控制器为了保证 Pod 副本数量为 3，会自动重新创建新的 Pod，但新 Pod 的 IP 地址与之前的完全不同。

归纳总结如下：Pod 是非永久性资源。如果使用 Deployment 控制器来运行应用程序，则它可以动态创建和销毁 Pod。每个 Pod 都有自己的 IP 地址，但是在 Deployment 控制器中，在同一时刻运行的 Pod 集合可能与稍后运行该应用程序的 Pod 集合不同。这导致了一个问题：如果一组 Pod（称为“后端”）为集群内的其他 Pod（称为“前端”）提供功能，那么前端如何找出并跟踪要连接的 IP 地址，以便前端可以使用提供工作负载的后端部分？

使用服务可以解决以上问题。服务为一组功能相同的 Pod 提供统一入口并为它们提供负载均衡和自动服务发现。服务所针对的一组 Pod，通常由选择器来确定，只要标签相同，则归属于同一组。简单来说，可以把服务理解为一个负载均衡器。

Kubernetes 集群中所发布的服务可以进一步被分为 4 种类型，分别为 ClusterIP、NodePort、LoadBalancer、ExternalName，对于服务存在着相应的 Port、Targetport、Nodeport 这 3 种端口。由于涉及外部云提供商，并且各云提供商存在着一定的差异，因此本书对类型为 LoadBalancer 的 Service 将不做进一步讲解。本项目将对 3 种类型的服务与 3 种端口进行管理与配置。

任务 6.1 ClusterIP 类型服务管理

任务说明

ClusterIP 类型服务通过集群的内部 IP 地址暴露服务，选择该服务时服务只能够在集群内部访问。这也是默认的 ServiceType，本任务的具体要求如下。

- 掌握 ClusterIP 类型服务的命令行方式管理。
- 掌握 ClusterIP 类型服务的配置文件方式管理。

知识引入：创建服务的基本命令

将已经存在的控制器作为服务的后端，为其提供统一的入口。可以使用命令行的方式创建服务，具体命令格式如下：

```
kubectl expose <controllerType> <controllerName> --type=<serviceType> --port=<servicePort>
--target-port=<serviceTargetPort> --name <serviceName>
```

- --type 参数：服务类型，可以为 ClusterIP、NodePort、LoadBalancer 或 ExternalName 之一。
- --port 参数：服务器内暴露的端口号。
- --target-port 参数：Pod 暴露的端口号。
- --name 参数：服务的名字。

除了可以使用命令行的方式创建服务，同其他资源一样，也可以使用 YAML 文件创建服务，具体见配置文件示例。

任务实现

【ClusterIP 类型服务命令行-示例】：使用命令行为已经存在的 nginx-test Deployment 控制器创建类型为 ClusterIP 的服务 clusterip-service1，并使用 curl 工具访问服务 clusterip-service1。最后观察 Pod 被删除、重建之后，访问 clusterip-service1 的不变性。

① 查看当前系统已经存在的 Deployment 控制器及相应的 Pod：

```
root@master01:~# kubectl get deployments.apps
NAME          READY   UP-TO-DATE   AVAILABLE        AGE
nginx-test    3/3     3            3                16h
root@master01:~# kubectl get pods
NAME                              READY    STATUS    RESTARTS      AGE
nginx-test-795d659f45-8nvrn       1/1      Running   1             16h
nginx-test-795d659f45-hqp84       1/1      Running   1             16h
nginx-test-795d659f45-r9z98       1/1      Running   1             16h
```

从上面的输出信息中，可看出集群中已部署了 nginx-test Deployment 控制器，含有 3 个 Pod 副本。

② 现使用命令行发布类型为 ClusterIP 的服务 clusterip-service1：

```
root@master01:~# kubectl expose deployment nginx-test \
> --type=ClusterIP --port=18080 --target-port=80 --name clusterip-service1
service/clusterip-service1 exposed
root@master01:~# kubectl get service
NAME                TYPE        CLUSTER-IP      EXTERNAL-IP   PORT(S)     AGE
clusterip-service1  ClusterIP   10.102.107.46   <none>        18080/TCP   11s
Kubernetes          ClusterIP   10.96.0.1       <none>        443/TCP     10d
root@master01:~# curl 10.102.107.46:18080
<!DOCTYPE html>
<html>
<head>
<title>Welcome to nginx!</title>
...
<p><em>Thank you for using nginx.</em></p>
</body>
</html>
```

发布服务 clusterip-service1 之后，其 Cluster IP 地址为 10.102.107.46，端口号为 18080。可以使用 curl 工具来验证服务可用性。

> **【常识与技巧】**：curl 是常用的命令行工具，用来请求 Web（万维网）服务器。它的名字的意思就是客户端（Client）的 URL 工具。

③ 删除 nginx-test 控制器下所有的 Pod 副本，Pod 会自动重新创建，继续访问服务 clusterip-service1：

```
root@master01:~# kubectl delete pod --all
pod "nginx-test-795d659f45-8nvrn" deleted
pod "nginx-test-795d659f45-hqp84" deleted
pod "nginx-test-795d659f45-r9z98" deleted
root@master01:~# curl 10.102.107.46:18080
<!DOCTYPE html>
<html>
<head>
<title>Welcome to nginx!</title>
...
<p><em>Thank you for using nginx.</em></p>
</body>
</html>
```

删除所有 Pod 副本之后，Pod 会自动重新创建，其 IP 地址与 Pod 名称均发生变化。但是对 clusterip-service1 的访问却没有受到任何影响，依然可以使用之前的 Cluster IP 地址，即 10.102.107.46 访问。

④ 清除 clusterip-service1 服务、nginx-test 控制器：

```
root@master01:~# kubectl delete service clusterip-service1
service "clusterip-service1" deleted
root@master01:~# kubectl delete deployments.apps nginx-test
deployment.apps "nginx-test" deleted
```

```
root@master01:~# kubectl get pods
No resources found in default namespace.
```

【ClusterIP 服务配置文件-示例】：使用 YAML 配置文件创建类型为 ClusterIP 的服务 clusterip-service2，并使用 curl 工具访问服务 clusterip-service2。

① 在主节点 master01 上创建 services 文件夹，然后在其中创建 clusterip-demo.yaml 文件，内容如下：

```
apiVersion: apps/v1
kind: Deployment
metadata:
  name: deployment-nginx
  labels:
    app: nginx
spec:
  replicas: 3
  selector:
    matchLabels:
      app: nginx
  template:
    metadata:
      labels:
        app: nginx
    spec:
      containers:
      - name: nginx
        image: nginx:1.16.1
        imagePullPolicy: IfNotPresent
        ports:
        - containerPort: 80
---
apiVersion: v1
kind: Service
metadata:
  name: clusterip-service2
spec:
  type: ClusterIP
  selector:
    app: nginx
  ports:
    - protocol: TCP
      port: 18080
      targetPort: 80
```

- 定义控制器 deployment-nginx：Pod 副本数为 3，镜像为 nginx，容器暴露端口为 80。
- 定义服务 clusterip-service2：port 为 18080，targetPort 与控制器 deployment-nginx

的 Pod 容器端口号一致，为 80。

- 服务所针对的一组 Pod，通常由选择器来确定，只要标签相同，则归属于同一组。服务 clusterip-service2 的选择器为 app: nginx，与 deployment-nginx 控制器的 Pod 的标签一致。

② 使用 kubectl apply 命令应用配置，创建对应的资源：

```
root@master01:~/services# ls
clusterip-demo.yaml
root@master01:~/services# kubectl apply -f clusterip-demo.yaml
deployment.apps/deployment-nginx created
service/clusterip-service2 created
root@master01:~/services# kubectl get pods -o wide
NAME                               READY    STATUS    RESTARTS IP            NODE
deployment-nginx-559d658b74-5nmhh  1/1      Running   0        172.18.30.89  worker02
deployment-nginx-559d658b74-nhvmt  1/1      Running   0        172.18.5.46   worker01
deployment-nginx-559d658b74-np9zl  1/1      Running   0        172.18.30.86  worker02
root@master01:~/services# kubectl get deployments.apps
NAME              READY    UP-TO-DATE    AVAILABLE        AGE
deployment-nginx  3/3      3             3            3m37s
root@master01:~/services# kubectl get service
NAME                 TYPE         CLUSTER-IP        EXTERNAL-IP  PORT(S)      AGE
clusterip-service2   ClusterIP    10.102.228.186    <none>       18080/TCP    3m41s
Kubernetes           ClusterIP    10.96.0.1         <none>       443/TCP      11d
```

创建 clusterip-service2 服务，其 Cluster IP 地址为 10.102.228.186，端口号为 18080。

③ 修改各 Pod 中 Nginx 的默认访问页面：

```
root@master01:~/services# kubectl exec -it deployment-nginx-559d658b74-5nmhh -- bash
root@deployment-nginx-559d658b74-5nmhh:/# echo pod01 > /usr/share/nginx/html/index.html
root@deployment-nginx-559d658b74-5nmhh:/# exit
exit
root@master01:~/services# kubectl exec -it deployment-nginx-559d658b74-nhvmt -- bash
root@deployment-nginx-559d658b74-nhvmt:/# echo pod02 > /usr/share/nginx/html/index.html
root@deployment-nginx-559d658b74-nhvmt:/# exit
exit
root@master01:~/services# kubectl exec -it deployment-nginx-559d658b74-np9zl -- bash
root@deployment-nginx-559d658b74-np9zl:/# echo pod03 > /usr/share/nginx/html/index.html
root@deployment-nginx-559d658b74-np9zl:/# exit
exit
```

分别将 3 个 Pod 副本的 Nginx 默认访问页面设置为 pod01、pod02 和 pod03，以方便区分当前访问的具体 Pod。

【常识与技巧】：Linux 中重定向符有“<”“<<”“>”“>>”。其中，“<”“<<”为输入重定向符，其作用如下。

① 命令 < 文件：将文件内容作为命令的标准输入。

② 命令 << 分界符：从标准输入中读入，直到遇到分界符停止。

> “>”“>>”为输出重定向符，其作用如下。
>
> ① 命令 > 文件：将标准输出写入文件中（清除文件中原有数据）。
>
> ② 命令 2 > 文件：将错误输出写入文件中（清除文件中原有数据）。
>
> ③ 命令 >> 文件：将标准输出追加到文件中（在文件中原有数据之后追加）。
>
> ④ 命令 2 > 文件：将错误输出追加到文件中（在文件中原有数据之后追加）。
>
> ⑤ 命令 >> 文件 2 > & 1 或 命令 & >> 文件：将标准输出或错误输出共同追加到文件中（在文件中原有数据之后追加）。
>
> 使用命令 echo pod01 > /user/share/nginx/html/index.html 可将内容“pod01”，作为内容写入/user/share/nginx/html/index.html 文件中。

④ 使用 curl 工具通过 Pod IP 访问，即可输出相应的自定义默认页面内容：

```
root@master01:~/services# curl 172.18.30.89
pod01
root@master01:~/services# curl 172.18.5.46
pod02
root@master01:~/services# curl 172.18.30.86
pod03
```

验证前一步骤修改默认页面成功。

⑤ 使用 curl 工具通过 Cluster IP 和端口号（10.102.228.186:18080）访问服务：

```
root@master01:~/services# curl 10.102.228.186:18080
pod03
root@master01:~/services# curl 10.102.228.186:18080
pod01
root@master01:~/services# curl 10.102.228.186:18080
pod01
root@master01:~/services# curl 10.102.228.186:18080
pod02
root@master01:~/services# curl 10.102.228.186:18080
```

只要执行足够多的 curl 请求命令，就可以观察到将会访问的每一个 Pod 中的自定义默认页面，这也进一步验证了作为各 Pod 副本统一入口的 ClusterIP 类型服务可以在各 Pod 之间均衡访问请求，即具有负载均衡功能。

任务 6.2　端点查看

任务说明

服务是后端 Pod 的统一访问入口，而并非所有 Pod 都能参与 Service 调度，只有端点（Endpoint）才是 Service 调度的对象。本任务的具体要求如下。

- 掌握端点的查询。
- 掌握端点与 Service、Pod 的关系。

知识引入：端点与 Service、Pod 的关系

Endpoint，是指可被访问的服务端点，即状态为 Running 的 Pod，它是 Service 访问的

落点。只有 Service 关联的 Pod 才可能成为 Endpoint。Endpoint、Service 和 Pod 的关系如图 6-1 所示。

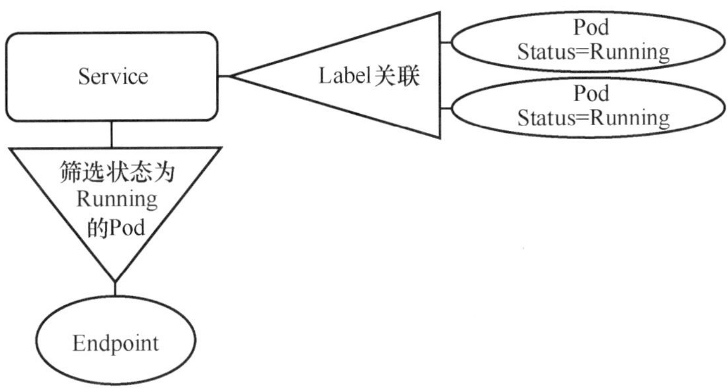

图 6-1 Endpoint、Service 与 Pod 的关系

任务实现

【Endpoint-示例】：观察 Endpoint 与 Service 的关系。

① 使用 kubectl get endpoints 命令查看端点信息：

```
root@master01:~/services# kubectl get endpoints
NAME                 ENDPOINTS                                          AGE
clusterip-service2   172.18.30.86:80,172.18.30.89:80,172.18.5.46:80     3d16h
kubernetes           192.168.53.100:6443                                14d
```

服务 clusterip-service2 的端点目前包含 3 个：172.18.30.86:80、172.18.30.89:80 和 172.18.5.46:80。构成形式为 IP:端口号（即套接字）列表。

② 查看各 Pod 的 IP 及标签：

```
root@master01:~/services# kubectl get pods -o wide
NAME                                READY   STATUS    IP             NODE
deployment-nginx-559d658b74-5nmhh   1/1     Running   172.18.30.89   worker02
deployment-nginx-559d658b74-nhvmt   1/1     Running   172.18.5.46    worker01
deployment-nginx-559d658b74-np9zl   1/1     Running   172.18.30.86   worker02
root@master01:~/services# kubectl get pods --show-labels
NAME                                STATUS    LABELS
deployment-nginx-559d658b74-5nmhh   Running   app=nginx,pod-template-hash=559d658b74
deployment-nginx-559d658b74-nhvmt   Running   app=nginx,pod-template-hash=559d658b74
deployment-nginx-559d658b74-np9zl   Running   app=nginx,pod-template-hash=559d658b74
```

在上面的输出信息中，略去部分列内容。在服务 clusterip-service2 的 YAML 配置文件中，selector 字段指定了 Pod 的标签为 app: nginx。因此，3 个处于 Running 状态，且标签含有 app=nginx 的 Pod 均可以接收访问 ClusterIP 服务的请求。

③ 创建新 Pod，将其标签设置为 app=nginx，与 deployment-nginx 中的 Pod 副本一致。镜像则使用 nginx:latest，与 deployment-nginx 中的 nginx:1.16.1 不一致。具体代码如下。

```
root@master01:~/services# kubectl run added-pod \
> --image=nginx:latest --port=80 --labels=app=nginx
```

```
pod/added-pod created
root@master01:~/services# kubectl get pods -o wide
NAME                                READY   STATUS    IP            NODE
added-pod                           1/1     Running   172.18.5.49   worker01
deployment-nginx-559d658b74-5nmhh   1/1     Running   172.18.30.89  worker02
deployment-nginx-559d658b74-nhvmt   1/1     Running   172.18.5.46   worker01
deployment-nginx-559d658b74-np9zl   1/1     Running   172.18.30.86  worker02
root@master01:~# kubectl get pods --show-labels
NAME                                STATUS    LABELS
added-pod                           Running   app=nginx
deployment-nginx-559d658b74-5nmhh   Running   app=nginx,pod-template-hash=559d658b74
deployment-nginx-559d658b74-nhvmt   Running   app=nginx,pod-template-hash=559d658b74
deployment-nginx-559d658b74-np9zl   Running   app=nginx,pod-template-hash=559d658b74
```

上面的输出信息中，略去部分列内容。

④ 修改新增的 Pod added-pod 中 Nginx 的默认访问页面：

```
root@master01:~/services# kubectl exec -it added-pod -- bash
root@added-pod:/# echo added-pod > /usr/share/nginx/html/index.html
root@added-pod:/# exit
```

已设置默认访问页面内容为“added-pod”。

⑤ 再次使用 curl 工具通过 Cluster IP 和端口号（10.102.228.186:18080）访问服务：

```
root@master01:~/services# curl 10.102.228.186:18080
added-pod
root@master01:~/services# curl 10.102.228.186:18080
added-pod
root@master01:~/services# curl 10.102.228.186:18080
pod02
root@master01:~/services# curl 10.102.228.186:18080
pod03
root@master01:~/services# curl 10.102.228.186:18080
added-pod
root@master01:~/services# curl 10.102.228.186:18080
pod02
root@master01:~/services# curl 10.102.228.186:18080
pod01
```

同样，新增的 Pod added-pod 已经参与服务访问请求的响应中。只要访问次数足够多，可以访问所有的 Pod，可见服务 clusterip-service2 已经具备了负载均衡的作用。

⑥ 使用 kubectl describe endpoints 命令查看 Endpoint：

```
root@master01:~/services# kubectl describe endpoints clusterip-service2
Name:         clusterip-service2
Namespace:    default
Labels:       <none>
Annotations:  endpoints.kubernetes.io/last-change-trigger-time: 2021-05-01T00:02:49Z
Subsets:
  Addresses:          172.18.30.86,172.18.30.89,172.18.5.46,172.18.5.49
```

```
  NotReadyAddresses:  <none>
  Ports:
    Name     Port     Protocol
    ----     ----     --------
    <unset>  80       TCP

Events:       <none>
```

可以观察到 added-pod 的 IP 地址 172.18.5.49 已经被添加到 Endpoint 中了。Service 并不是根据底层控制器来确定负载转发的，而是根据 Pod 的标签。因此，如果运行中的 Pod 的标签与 Service 中的选择器相匹配，则 Service 会把对应的 Pod 的 IP 地址及对应的端口号（即套接字），加入 Endpoint 中去。每个 Service 的 Endpoint 都是自动创建的。

任务 6.3　虚 IP 地址与 Service 代理模式的查看及运用

任务说明

Service 默认有自己的 IP 地址和端口，称为 clusterIP（不是服务类型 ClusterIP，而是指集群内部供应用访问的 IP 地址）和 Port，内部可以直接通过该 clusterIP+Port 访问应用。本任务的具体要求如下。

- 掌握虚 IP 地址的概念。
- 掌握 Service 的 3 种代理模式。

知识引入：虚 IP 地址与 3 种代理模式

clusterIP 是一个虚 IP 地址，因此并不能通过 ping 命令访问。

```
root@master01:~/services# kubectl get services
NAME                  TYPE        CLUSTER-IP       EXTERNAL-IP   PORT(S)      AGE
clusterip-service2    ClusterIP   10.102.228.186   <none>        18080/TCP    4d2h
Kubernetes            ClusterIP   10.96.0.1        <none>        443/TCP      15d
root@master01:~/services# ping 10.102.228.186
PING 10.102.228.186 (10.102.228.186) 56(84) bytes of data.
^C
--- 10.102.228.186 ping statistics ---
24 packets transmitted, 0 received, 100% packet loss, time 23542ms
```

执行 ping 10.102.228.186 命令，并不能 ping 通目标。按 Ctrl+C 组合键结束 ping 命令，本命令累计共发出 24 个包，100%丢失。无法通过 ping 命令访问 clusterIP，是因为其底层转发是通过节点上的 kube-proxy 调用 iptables 来生成对应转发规则的。

查看主节点 master01 的 iptables：

```
root@master01:~/services# iptables -t nat -L | grep 80
MARK     anywhere     MARK or 0x8000
DNAT     anywhere     /* default/clusterip-service2 */ tcp to:172.18.5.46:80
DNAT     anywhere     /* default/clusterip-service2 */ tcp to:172.18.5.49:80
DNAT     anywhere     /* default/clusterip-service2 */ tcp to:172.18.30.86:80
DNAT     anywhere     /* default/clusterip-service2 */ tcp to:172.18.30.89:80
```

```
KUBE-SVC-TGCA263SUOQ6PGFY 10.102.228.186    /* default/clusterip-service2 cluster IP
*/ tcp dpt:18080
```

上面的输出信息中，略去部分内容。在主节点 master01 上可以观察到 clusterip-service2 服务后端的 4 个 Pod（包含一个新增加的 Pod、3 个 Deployment 控制器的 Pod 副本）由 kube-proxy 根据 Endpoint 将相应的规则写入主节点 master01 的 iptables 中。切换到工作节点 worker02 上查看 iptables：

```
root@worker02:~# iptables -t nat -L | grep 80
MARK     anywhere     MARK or 0x8000
DNAT     anywhere     /* default/clusterip-service2 */ tcp to:172.18.5.46:80
DNAT     anywhere     /* default/clusterip-service2 */ tcp to:172.18.5.49:80
DNAT     anywhere     /* default/clusterip-service2 */ tcp to:172.18.30.86:80
DNAT     anywhere     /* default/clusterip-service2 */ tcp to:172.18.30.89:80
KUBE-SVC-TGCA263SUOQ6PGFY 10.102.228.186    /* default/clusterip-service2 cluster IP
*/ tcp dpt:18080
```

上面的输出信息中，略去部分内容。同主节点 master01 一样，工作节点 worker01 上也由 kube-proxy 将相应的规则写入 iptables 之中。

kube-proxy 所支持的 Service 后台转发规则共有 3 种模式（代理模式）：userspace 代理模式、iptables 代理模式和 IPVS 代理模式。

① userspace 代理模式：这种模式下，kube-proxy 会监视 Kubernetes 控制平面对 Service 对象和 Endpoint 对象的添加和移除操作。对每个 Service，它会在本地节点上打开一个端口（随机选择）。任何连接到“代理端口”的请求，都会被代理到 Service 的某个后端 Pod（Endpoint 中的各套接字）中，如图 6-2 所示。由于 kube-proxy 本身为组件，性能不高，对于集群节点数量较多时，kube-proxy 将出现性能瓶颈，因此性能较差。

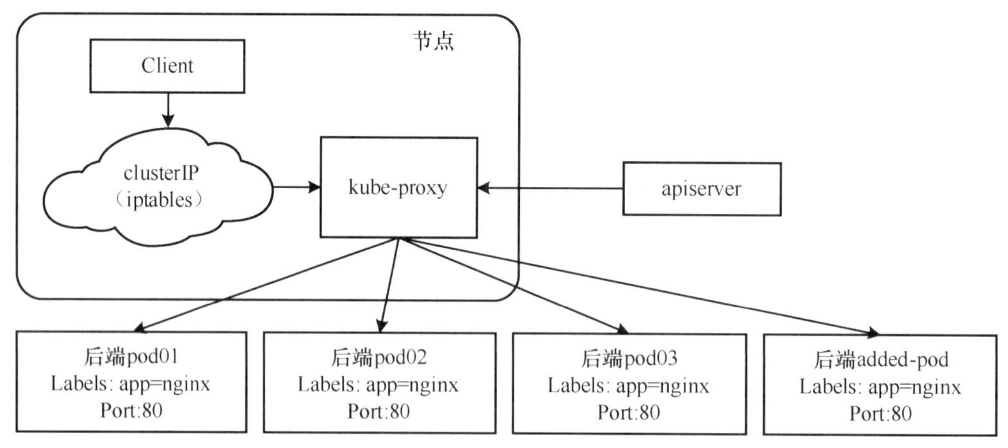

图 6-2 kube-proxy userspace 代理模式

② iptables 代理模式：该模式下 kube-proxy 会监视 Kubernetes 主节点对 Service 对象和 Endpoint 对象的添加和移除。对每个 Service，它会配置 iptables 规则，从而捕获到达该 Service 的 clusterIP 和端口的请求，进而将请求重定向到 Service 的一组后端中的某个 Pod 上面，如图 6-3 所示。对于每个 Endpoint 对象，它也会配置 iptables 规则，这个规则会选择一个后端组合。

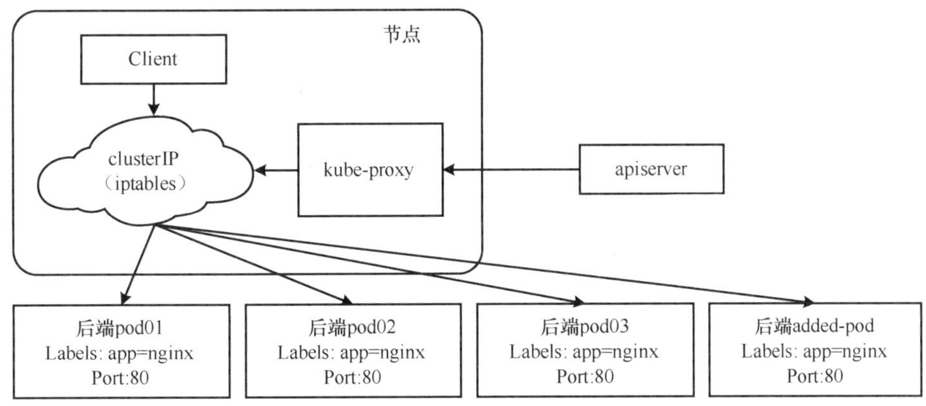

图 6-3　kube-proxy iptables 代理模式

- 默认的策略为 kube-proxy 在 iptables 模式下随机选择一个后端。
- 使用 iptables 处理流量具有较低的系统开销，因为流量由 Linux netfilter 处理，而无须在用户空间和内核空间之间切换，这种方法也更可靠。
- 如果 kube-proxy 在 iptables 模式下运行，并且所选的后端第一个 Pod 没有响应，则连接失败。这与 userspace 代理模式不同：在这种情况下，kube-proxy 将检测到与第一个 Pod 的连接已失败，并会自动使用其他后端 Pod 重试。
- 可以使用 Pod 就绪探测器验证后端 Pod 可以正常工作，以便 iptables 模式下的 kube-proxy 仅看到测试正常的后端。这样做意味着可避免将流量通过 kube-proxy 发送到已知已失败的 Pod。
- iptables 模式为默认的代理模式。虽然比 userspace 代理模式性能好，但要求集群规模不能很大，如果超过 10000 台，系统性能会急速下降。

③ IPVS 代理模式：该模式下 kube-proxy 监视 Kubernetes 服务和端点，调用 netlink 接口相应地创建 IPVS 规则，并定期将 IPVS 规则与 Kubernetes 服务和端点同步，如图 6-4 所示。该控制循环可确保 IPVS 状态与所需状态匹配。访问服务时，IPVS 将流量定向到后端 Pod 之一。

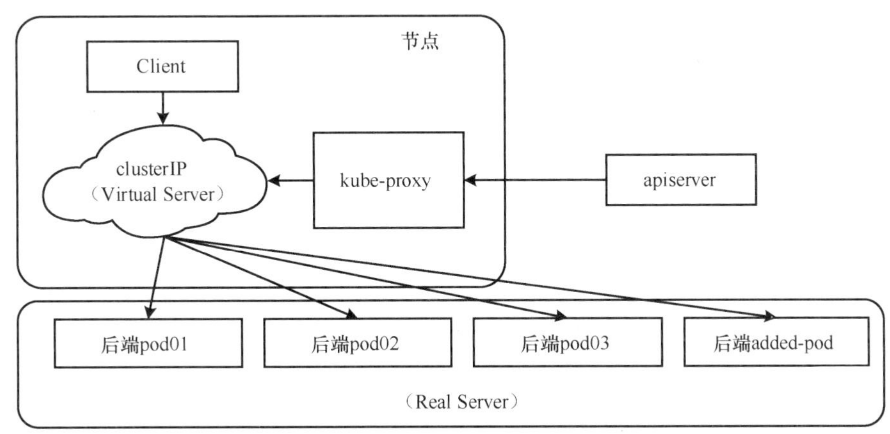

图 6-4　kube-proxy IPVS 代理模式

- IPVS 代理模式基于类似 iptables 代理模式的 netfilter 挂钩函数，但是使用哈希表作为基础数据结构（iptables 则是线性的，是由若干个规则构成的表，需要逐一比对查询，性能随着 iptables 规则的增加而下降。而 IPVS 采用哈希表，性能不会随着规则的增加而下降），并且在内核空间中工作。这意味着，与 iptables 代理模式下的 kube-proxy 相比，IPVS 代理模式下的 kube-proxy 重定向通信的延迟时间更短，并且在同步代理规则时具有更好的性能。与其他代理模式相比，IPVS 代理模式支持更高的网络流量吞吐量。

在这些代理模式（包括 userspace、iptables 和 IPVS）中，绑定到服务 IP 的流量会在客户端不了解 Kubernetes 或服务或 Pod 的任何信息的情况下，将 Port 代理到适当的后端。如果要确保每次都将来自特定客户端的连接传递到同一 Pod（会话保持），则可以通过将 YAML 配置文件中的 service.spec.sessionAffinity 字段设置为"ClientIP"（默认值是"None"）来使基于客户端的 IP 地址选择会话关联。还可以通过适当设置 YAML 配置文件的 service.spec.sessionAffinityConfig.clientIP.timeoutSeconds 字段来设置最长会话停留时间（默认值为 10800s，即 3h）。

创建 Service 时，指定 selector 字段。Service 会自动创建 Endpoint，而 Endpoint 会将 Pod 的标签与 selector 相匹配，且将处于 READY（Running）状态的 Pod 的 IP 地址+端口号加入其中。默认分配 clusterIP，若不希望 Service 分配 clusterIP，则可以指定 clusterIP 字段值为 none。

任务实现

【虚 IP 地址查看-示例】：可通过 kubectl get service clusterip-service2 -o yaml 命令查看虚 IP：

```
root@master01:~/services# kubectl get service clusterip-service2 -o yaml
apiVersion: v1
kind: Service
metadata:
  annotations:
    kubectl.kubernetes.io/last-applied-configuration: |

{"apiVersion":"v1","kind":"Service","metadata":{"annotations":{},"name":"clusterip-service2","namespace":"default"},"spec":{"ports":[{"port":18080,"protocol":"TCP","targetPort":80}],"selector":{"app":"nginx"},"type":"ClusterIP"}}
...
  name: clusterip-service2
  namespace: default
  resourceVersion: "349927"
  uid: bf370d53-54d9-4a04-a648-e0bb91987be0
spec:
  clusterIP: 10.102.228.186
  clusterIPs:
  - 10.102.228.186
  ports:
  - port: 18080
    protocol: TCP
    targetPort: 80
  selector:
    app: nginx
```

```
  sessionAffinity: None
  type: ClusterIP
status:
  loadBalancer: {}
```

仅当创建 Service，同时指定了 selector 与 clusterIP（或自动分配）时，kube-proxy 才会把规则写入各节点的 iptables。

清除类型为 ClusterIP 的 clusterip-service2 服务及相关 Pod，并恢复工作路径：

```
root@master01:~/services# kubectl delete -f clusterip-demo.yaml
deployment.apps "deployment-nginx" deleted
service "clusterip-service2" deleted
root@master01:~/services# kubectl get pods
NAME         READY    STATUS    RESTARTS     AGE
added-pod        1/1      Running  2             12h
root@master01:~/services# kubectl delete pod added-pod
pod "added-pod" deleted
root@master01:~/services# kubectl get pods
No resources found in default namespace.
root@master01:~/services# cd
root@master01:~#
```

任务 6.4 NodePort 类型服务管理

任务说明

使用 ClusterIP 类型服务能够在集群内部访问服务，但很多场景中需要从集群的外部访问服务，这就需要用到 NodePort 类型服务。本任务的具体要求如下。

- 掌握 NodePort 类型服务的创建。
- 掌握 NodePort 类型服务的管理。

知识引入：NodePort 类型服务的基本概念

NodePort 类型服务通过每个节点上的 IP 地址和静态端口（NodePort）暴露服务。NodePort 类型服务会路由到自动创建的 ClusterIP 服务。通过请求<节点 IP>:<节点端口>，可以从集群的外部访问 NodePort 类型服务。

NodePort 类型服务的 Service 从指定的配置范围（默认范围：30000～32767）内，随机分配端口给每个节点。每个节点将从该端口（每个节点上的同一端口）代理到 Service。该端口将通过 Service 的 nodePort 字段被指定。使用命令行创建 NodePort 类型的 Service 可执行：kubectl expose deployment <deploymentName> --type=NodePort --target-port=<targetPort> --port=<port>命令，本书不赘述。

任务实现

【NodePort-示例】：创建 NodePort 类型服务 nodeport-service，观察并分别通过 clusterIP 类型服务及 NodePort 类型服务访问后端服务。

① 在主节点 master01 上的 services 文件夹内，创建 nodeport-demo.yaml 文件，内容

如下：

```
apiVersion: apps/v1
kind: Deployment
metadata:
  name: deployment-nginx
  labels:
    app: nginx
spec:
  replicas: 3
  selector:
    matchLabels:
      app: nginx
  template:
    metadata:
      labels:
        app: nginx
    spec:
      containers:
      - name: nginx
        image: nginx:1.16.1
        imagePullPolicy: IfNotPresent
        ports:
        - containerPort: 80
---
apiVersion: v1
kind: Service
metadata:
  name: nodeport-service
spec:
  type: NodePort
  selector:
    app: nginx
  ports:
    - protocol: TCP
      port: 18080
      targetPort: 80
```

相较之前的 clusterip-demo.yaml 配置文件，此处仅将服务名修改为 nodeport-service，以及 spec.type 修改为 NodePort，其他保持不变。

② 使用 kubectl apply 命令应用配置，创建 NodePort 类型服务 nodeport-service：

```
root@master01:~/services# ls
clusterip-demo.yaml  nodeport-demo.yaml
root@master01:~/services# kubectl apply -f nodeport-demo.yaml
deployment.apps/deployment-nginx created
service/nodeport-service created
```

```
root@master01:~/services# kubectl get service
NAME               TYPE        CLUSTER-IP      EXTERNAL-IP  PORT(S)           AGE
Kubernetes         ClusterIP   10.96.0.1       <none>       443/TCP           17d
nodeport-service NodePort      10.107.47.229   <none>       18080:30317/TCP   16s
```

nodeport-service 的类型为 NodePort，同时分配了 clusterIP，且 PORT(s)部分除了 nodeport-demo.yaml 文件中指定的 18080 之外，还有一个随机分配的 30317。如果不希望有随机分配节点的 port，则可在 nodeport-demo.yaml 文件中增加 spec.ports.nodeport 字段，指定具体的端口号为 31234，具体的 ports 部分如下：

```
 ports:
   - protocol: TCP
     port: 18080
     targetPort: 80
     nodePort: 31234
```

使用 kubectl apply 命令更新配置：

```
root@master01:~/services# kubectl apply -f nodeport-demo.yaml
deployment.apps/deployment-nginx unchanged
service/nodeport-service configured
root@master01:~/services# kubectl get service
NAME               TYPE        CLUSTER-IP      EXTERNAL-IP  PORT(S)           AGE
Kubernetes         ClusterIP   10.96.0.1       <none>       443/TCP           17d
nodeport-service NodePort      10.107.47.229   <none>       18080:31234/TCP   11m
```

虽然可在配置文件中指定 nodePort，但不推荐。建议使用随机分配方式。

③ 修改各 Pod 副本中 Nginx 的默认访问页面：

```
root@master01:~/services# kubectl get pods -o wide
NAME                                 READY STATUS   RESTARTS AGE  IP            NODE
deployment-nginx-559d658b74-7plqv    1/1   Running 0         20m  172.18.30.94  worker02
deployment-nginx-559d658b74-bclzs    1/1   Running 0         20m  172.18.5.58   worker01
deployment-nginx-559d658b74-cf8z8    1/1   Running 0         20m  172.18.30.95  worker02
root@master01:~/services# kubectl exec -it deployment-nginx-559d658b74-7plqv -- bash
root@deployment-nginx-559d658b74-7plqv:/# echo pod01 > /usr/share/nginx/html/index.html
root@deployment-nginx-559d658b74-7plqv:/# exit
exit
root@master01:~/services# kubectl exec -it deployment-nginx-559d658b74-bclzs -- bash
root@deployment-nginx-559d658b74-bclzs:/# echo pod02 > /usr/share/nginx/html/index.html
root@deployment-nginx-559d658b74-bclzs:/# exit
exit
root@master01:~/services# kubectl exec -it deployment-nginx-559d658b74-cf8z8 -- bash
root@deployment-nginx-559d658b74-cf8z8:/# echo pod03 > /usr/share/nginx/html/index.html
root@deployment-nginx-559d658b74-cf8z8:/# exit
exit
```

上面的输出信息中，略去部分列内容。修改 3 个 Pod 副本的 Nginx 默认访问页面分别为 pod01、pod02 和 pod03。其中工作节点 worker02 上运行了两个 Pod 副本。

④ 在集群内部，通过 clusterIP 类型服务访问 nodeport-service 服务：

```
root@master01:~/services# curl 10.107.47.229:18080
pod03
root@master01:~/services# curl 10.107.47.229:18080
pod03
root@master01:~/services# curl 10.107.47.229:18080
pod02
root@master01:~/services# curl 10.107.47.229:18080
pod03
root@master01:~/services# curl 10.107.47.229:18080
pod01
```

⑤ 在集群外部，可通过节点 IP 地址或节点域名访问 nodeport-service 服务：

```
root@master01:~/services# kubectl get nodes -o wide
NAME     STATUS   ROLES                INTERNAL-IP
master01 Ready    control-plane,master 192.168.53.100
worker01 Ready    worker               192.168.53.101
worker02 Ready    worker               192.168.53.102
root@master01:~/services# curl 192.168.53.100:31234
pod03
root@master01:~/services# curl 192.168.53.101:31234
pod02
root@master01:~/services# curl 192.168.53.102:31234
pod02
root@master01:~/services# curl master01:31234
pod01
root@master01:~/services# curl worker01:31234
pod02
root@master01:~/services# curl worker02:31234
pod02
```

不论节点上是否运行了 Pod 副本，甚至包括主节点 master01 在内，均可以通过节点 IP 地址或节点域名访问 nodeport-service 服务，只要访问次数足够多，就可以访问所有的 Pod 副本。

⑥ 在工作节点 worker02 上查看 31234 端口的监听情况：

```
root@worker02:~# apt-get install -y net-tools
Reading package lists... Done
Building dependency tree
Reading state information... Done
The following NEW packages will be installed:
  net-tools
...
root@worker02:~# netstat -atnlup | grep 31234
tcp        0      0 0.0.0.0:31234           0.0.0.0:*               LISTEN      2187/kube-
proxy
```

先在工作节点 worker02 上使用 apt-get install -y 命令安装查看端口所需的工具 net-tools，再使用 netstat -atnlup 命令抓取（grep）31234 端口的程序监听信息。可以观察到 kube-proxy 程序监听了 31234 端口。

【常识与技巧】：Linux 中的 netstat 命令用于显示网络状态信息，具体语法为 netstat [-acCeFghilMnNoprstuvVwx] [-A<网络类型>] [--ip]，其参数说明如下。

- -a 或--all：显示所有连线中的套接字。
- -A<网络类型>或--<网络类型>：列出该网络类型连线中的相关地址。
- -c 或--continuous：持续列出网络状态。
- -C 或--cache：显示路由器配置的快取信息。
- -e 或--extend：显示网络的其他相关信息。
- -F 或--fib：显示路由缓存。
- -g 或--groups：显示多重广播功能群组组员名单。
- -h 或--help：在线帮助。
- -i 或--interfaces：显示网络界面信息表单。
- -l 或--listening：显示监控中服务器的套接字。
- -M 或--masquerade：显示伪装的网络连线。
- -n 或--numeric：直接使用 IP 地址，而不通过域名服务器。
- -N 或--netlink 或--symbolic：显示网络硬件外围设备的符号连接名称。
- -o 或--timers：显示计时器。
- -p 或--programs：显示正在使用套接字的程序识别码和程序名称。
- -r 或--route：显示路由表。
- -s 或--statistics：显示网络工作信息统计表。
- -t 或--tcp：显示传输控制协议（Transmission Control Protocol，TCP）的连线状况。
- -u 或--udp：显示用户数据报协议（User Datagram Protocol，UDP）的连线状况。
- -v 或--verbose：显示命令执行过程。
- -V 或--version：显示版本信息。
- -w 或--raw：显示 Raw 传输协议的连线状况。
- -x 或--unix：此参数的效果和指定"-A unix"参数相同。
- --ip 或--inet：此参数的效果和指定"-A inet"参数相同。

⑦ 清除 nodeport-service 服务，并恢复工作目录：

```
root@master01:~/services# kubectl delete -f nodeport-demo.yaml
deployment.apps "deployment-nginx" deleted
service "nodeport-service" deleted
root@master01:~/services# kubectl get pods
No resources found in default namespace.
root@master01:~/services# cd
root@master01:~#
```

任务 6.5 ExternalIP 创建

任务说明

NodePort 类型的服务在每一个节点上开启监听端口，以供外部访问，这不仅造成运维方面的困难，也给安全带来隐患。因此，在一些场景中仅需要在部分节点上开启监听端口即可满足需求。此时，可以使用 ExternalIP（externalIPs 字段），指定若干开启监听端口的节点。本任务的具体要求如下。

- 掌握 ExternalIP 的配置。
- 掌握 ExternalIP 访问服务的方式。

知识引入：ExternalIP 基本概念

通过外部 IP 地址（作为目的 IP 地址）进入集群，进入 Service 的端口上的流量，将会被路由到 Service 的 Endpoint 上。ExternalIP 不会被 Kubernetes 管理，它属于集群管理员的职责范畴。根据 Service 的规定，ExternalIP 可以同任意的 ServiceType 一起被指定。

任务实现

【ExternalIP-示例】：创建 ClusterIP 类型服务 clusterip-service3，同时指定外部 IP 地址，并观察如何通过 clusterIP 和 ExternalIP 访问服务。

① 在主节点 master01 上的 services 文件夹内，创建 externalip-demo.yaml 文件，内容如下：

```
apiVersion: apps/v1
kind: Deployment
metadata:
  name: deployment-nginx
  labels:
    app: nginx
spec:
  replicas: 3
  selector:
    matchLabels:
      app: nginx
  template:
    metadata:
      labels:
        app: nginx
    spec:
      containers:
      - name: nginx
        image: nginx:1.16.1
        imagePullPolicy: IfNotPresent
        ports:
        - containerPort: 80
---
apiVersion: v1
kind: Service
metadata:
  name: clusterip-service3
spec:
  type: ClusterIP
  selector:
    app: nginx
```

```
ports:
  - protocol: TCP
    port: 18080
    targetPort: 80
externalIPs:
  # master01 的 IP
  - 192.168.53.100
  # worker01 的 IP
  - 192.168.53.101
```

相较 clusterip-demo.yaml 配置文件，基本一致，仅将服务名修改为 clusterip-service3，同时增加了 externalIPs 字段，指定了主节点 master01 与工作节点 worker01 的 IP 地址作为外部 IP 地址。

② 使用 kubectl apply 命令应用 externalip-demo.yaml 配置文件，修改各 Pod 副本中 Nginx 的默认访问页面：

```
root@master01:~/services# ls
clusterip-demo.yaml  externalip-demo.yaml  nodeport-demo.yaml
root@master01:~/services# kubectl apply -f externalip-demo.yaml
deployment.apps/deployment-nginx created
service/clusterip-service3 created
root@master01:~/services# kubectl get pods -o wide
NAME                               READY STATUS  RESTARTS AGE IP           NODE
deployment-nginx-559d658b74-fc848  1/1   Running 0        41s 172.18.30.98 worker02
deployment-nginx-559d658b74-gpkng  1/1   Running 0        41s 172.18.30.97 worker02
deployment-nginx-559d658b74-sjmzz  1/1   Running 0        41s 172.18.5.61  worker01
root@master01:~/services# kubectl exec -it deployment-nginx-559d658b74-fc848 -- bash
root@deployment-nginx-559d658b74-fc848:/# echo pod01 > /usr/share/nginx/html/index.html
root@deployment-nginx-559d658b74-fc848:/# exit
exit
root@master01:~/services# kubectl exec -it deployment-nginx-559d658b74-gpkng -- bash
root@deployment-nginx-559d658b74-gpkng:/# echo pod02 > /usr/share/nginx/html/index.html
root@deployment-nginx-559d658b74-gpkng:/# exit
exit
root@master01:~/services# kubectl exec -it deployment-nginx-559d658b74-sjmzz -- bash
root@deployment-nginx-559d658b74-sjmzz:/# echo pod03 > /usr/share/nginx/html/index.html
root@deployment-nginx-559d658b74-sjmzz:/# exit
exit
```

③ 使用 curl 工具验证仅在 externalip-demo.yaml 配置文件中给出的外部 IP 地址能够提供服务：

```
root@master01:~/services# kubectl get services
NAME               TYPE       CLUSTER-IP    EXTERNAL-IP                    PORT(S)
clusterip-service3 ClusterIP  10.96.132.120 192.168.53.100,192.168.53.101 18080/TCP
Kubernetes         ClusterIP  10.96.0.1     <none>                         443/TCP
root@master01:~/services# curl 10.96.132.120:18080
pod01
root@master01:~/services# curl 10.96.132.120:18080
```

```
pod03
root@master01:~/services# curl 192.168.53.100:18080
pod03
root@master01:~/services# curl 192.168.53.101:18080
pod02
root@master01:~/services# curl 192.168.53.102:18080
curl: (7) Failed to connect to 192.168.53.102 port 18080: Connection refused
root@master01:~/services# curl master01:18080
pod02
root@master01:~/services# curl worker01:18080
pod03
root@master01:~/services# curl worker02:18080
curl: (7) Failed to connect to worker02 port 18080: Connection refused
```

因为在 externalip-demo.yaml 配置文件中给出了 type: ClusterIP，指定服务类型为 ClusterIP，故依然可使用 curl 工具访问 clusterIP:端口号（10.96.132.120:18080）。此外，还可访问 ExternalIP:端口。由于 192.168.53.102（工作节点 worker02 的 IP 地址）未在 externalIPs 字段中列出，所以无法使用 curl 工具访问（给出访问失败信息）。

④ 使用 netstat 命令在 3 个节点上查看 18080 端口的信息。主节点 master01 上的情况如下：

```
root@master01:~/services# apt-get install -y net-tools
Reading package lists... Done
Building dependency tree
Reading state information... Done
The following NEW packages will be installed:
  net-tools
...
root@master01:~/services# netstat -antlup | grep 18080
tcp        0      0 192.168.53.100:18080     0.0.0.0:*            LISTEN      4018/kube-
proxy
```

工作节点 worker01 上的情况如下：

```
root@worker01:~# apt-get -y install net-tools
Reading package lists... Done
Building dependency tree
Reading state information... Done
The following NEW packages will be installed:
  net-tools
...
root@worker01:~# netstat -antlup | grep 18080
tcp        0      0 192.168.53.101:18080     0.0.0.0:*            LISTEN      2486/kube-
proxy
```

工作节点 worker02 上的情况如下：

```
root@worker02:~# netstat -antlup | grep 18080
root@worker02:~#
```

在主节点 master01 与工作节点 worker01 上均可以查看到 kube-proxy 在监听自身的 18080 端口，但是由于工作节点 worker02 所对应的 IP 地址未被配置在 externalIPs 字段中，所以工作节点 worker02 上的 kube-proxy 并未将该规则写入 iptables 中。

⑤ 清除 clusterip-service3 服务，并恢复工作目录：

```
root@master01:~/services# kubectl delete -f externalip-demo.yaml
deployment.apps "deployment-nginx" deleted
service "clusterip-service3" deleted
root@master01:~/services# kubectl get pods
No resources found in default namespace.
root@master01:~/services# cd
root@master01:~#
```

任务 6.6　CoreDNS 服务发现

任务说明

在 Kubernetes 集群内部访问服务可以使用 Service Name 作为服务的访问入口，所以需要一个 Kubernetes 集群范围的 DNS 服务，实现从 Service Name 到 clusterIP 的解析，这就是 Kubernetes 基于 DNS 的服务发现功能。

知识引入：CoreDNS 基本概念

Kubernetes 支持集群的 DNS 服务器（例如 CoreDNS），监视 Kubernetes API 中新创建的 Service，并为每个 Service 创建一组 DNS 记录。如果在整个群集中都启用了 DNS，则所有 Pod 都应该能够通过其 DNS 名称自动解析服务。

CoreDNS 创建了 kube-dns 服务，再由 kube-dns 服务在每个 Pod 中注入解析服务器地址（/etc/resolv.conf 文件中的 nameserver 字段），从而实现在 Kubernetes 集群内的域名解析功能。只有创建了 Service，相应的 DNS 记录才会被定向到 kube-dns 中。也就是说 Pod 的名字是不能被解析的。

DNS 策略共有以下 4 种。

① Default：使用宿主机的 DNS（可通过在宿主机中执行 cat /etc/resolv.conf 命令查看）。

② ClusterFirst：默认值。优先使用 CoreDNS，任何与配置的集群域后缀名不匹配的 DNS 查询（例如 kubernetes.org.cn）都将被转发到节点宿主机上继承的 DNS 服务器。

③ ClusterFirstWithHostNet：若 Pod 使用主机网络（hostNetwork: true），则使用此策略。主机网络是指当前 Pod 所使用的网络与宿主机所在的网络是同一个网络，如果当前 Pod 提供的 80 端口对外提供服务，则访问主机的 80 端口即可访问 Pod 提供的服务，不用再创建单独对外暴露的端口。

④ None：它允许 Pod 忽略 Kubernetes 环境中的 DNS 设置，以 Pod 的 spec 中 dnsConfig 字段的配置为准（手动指定 DNS）。

需要强调的是以下两点。

① Default 不是默认的 DNS 策略。如果 dnsPolicy 未明确指定，则默认使用 ClusterFirst。

② 同一个命名空间中可以直接通过 Service Name 访问应用。跨命名空间访问则需要采用<Service Name>.<命名空间>的形式指定 Service Name。

任务实现

【CoreDNS 服务发现-示例】：Kubernetes 默认安装了 CoreDNS 组件：

```
root@master01:~/services# kubectl -n kube-system get pods
NAME                                       READY   STATUS    RESTARTS   AGE
calico-kube-controllers-69496d8b75-vmblf   1/1     Running   31         17d
calico-node-bf2wv                          1/1     Running   31         17d
calico-node-hrv8q                          1/1     Running   30         17d
calico-node-zm5kh                          1/1     Running   29         17d
coredns-7f89b7bc75-2pszh                   1/1     Running   31         18d
coredns-7f89b7bc75-qq6tk                   1/1     Running   31         18d
etcd-master01                              1/1     Running   34         18d
kube-apiserver-master01                    1/1     Running   41         18d
kube-controller-manager-master01           1/1     Running   38         18d
kube-proxy-4jc7n                           1/1     Running   29         17d
kube-proxy-lpb6p                           1/1     Running   30         17d
kube-proxy-wm2dj                           1/1     Running   34         18d
kube-scheduler-master01                    1/1     Running   37         18d
metrics-server-5c997c66fc-4s5zn            1/1     Running   24         14d
```

在网络组件（calico）运行成功之后，CoreDNS 会运行起来。CoreDNS 是以 Deployment 控制器类型的服务部署的：

```
root@master01:~/services# kubectl -n kube-system get deployments.apps
NAME                      READY   UP-TO-DATE   AVAILABLE   AGE
calico-kube-controllers   1/1     1            1           17d
coredns                   2/2     2            2           18d
metrics-server            1/1     1            1           14d
root@master01:~/services# kubectl -n kube-system get service
NAME             TYPE        CLUSTER-IP      EXTERNAL-IP PORT(S)                  AGE
kube-dns         ClusterIP   10.96.0.10      <none>      53/UDP,53/TCP,9153/TCP 18d
metrics-server   ClusterIP   10.97.196.131 <none>        443/TCP                  14d
```

部署 CoreDNS 组件之后有一个统一的入口——kube-dns 服务。在集群内部，可通过 clusterIP（10.96.0.10）找到 DNS 服务器。因此，所创建的所有应用，均会在对应的 Pod 内指定 DNS 服务器的 IP 地址为 clusterIP（10.96.0.10）：

```
root@master01:~/services# kubectl run coredns-pod --image=nginx
pod/coredns-pod created
root@master01:~/services# kubectl get pods
NAME          READY   STATUS    RESTARTS AGE
coredns-pod   1/1     Running   0        43s
...
root@master01:~/services# kubectl exec -it coredns-pod -- bash
root@coredns-pod:/# cat /etc/resolv.conf
nameserver 10.96.0.10
search default.svc.cluster.local svc.cluster.local cluster.local
options ndots:5
root@coredns-pod:/# exit
exit
```

【常识与技巧】：Linux 系统中/etc/hosts 文件和/etc/resolv.conf 文件的作用均是根据域名快速找到对应的 IP 地址，这是 DNS 的基本功能。

- /etc/hosts 文件的作用相当于 DNS，提供 IP 地址到 hostname 的映射。
- /etc/resolv.conf 文件的作用是配置 DNS，它包含主机的域名搜索顺序和 DNS 服务器的 IP 地址，用于设置 DNS 服务器的 IP 地址及 DNS 域名。计算机使用配置好的 DNS 服务器将域名解析为对应的 IP 地址。

查看 clusterip-service3 服务底层的 Deployment 控制器的 YAML 格式输出：

```
root@master01:~/services# kubectl get service
NAME              TYPE        CLUSTER-IP       EXTERNAL-IP                      PORT(S)
clusterip-service3   ClusterIP     10.107.162.228    192.168.53.100,192.168.53.101
   18080/TCP
Kubernetes        ClusterIP    10.96.0.1      <none>                           443/TCP
root@master01:~/services# kubectl get deployments.apps deployment-nginx -o yaml
apiVersion: apps/v1
kind: Deployment
metadata:
  annotations:
    deployment.kubernetes.io/revision: "1"
...
  name: deployment-nginx
  namespace: default
  resourceVersion: "444865"
  uid: 4c2a3981-52aa-457e-9e92-032c4915dae2
...
      dnsPolicy: ClusterFirst
      restartPolicy: Always
      schedulerName: default-scheduler
...
```

可观察到 dnsPolicy（DNS 策略）为 ClusterFirst。

busybox:1.28 镜像在运维应用过程中是较为稳定的镜像，该镜像集成了若干常用网络工具，例如 ping、nslookup 等。使用 kubectl run 命令创建 busybox-pod Pod，并解析指定域名：

```
root@master01:~/services#  kubectl  run  busybox-pod  --image=busybox:1.28  --command
sleep 360000
pod/busybox-pod created
root@master01:~/services# kubectl get pods
NAME                                 READY     STATUS    RESTARTS      AGE
busybox-pod                          1/1       Running   0             7s
coredns-pod                          1/1       Running   0             59m
...
root@master01:~/services# kubectl exec -it busybox-pod -- nslookup www.baidu.com
Server:    10.96.0.10
Address 1: 10.96.0.10 kube-dns.kube-system.svc.cluster.local
```

```
Name:      www.baidu.com
Address 1: 36.152.44.95
Address 2: 36.152.44.96
```

当 busybox-pod 解析不到域名 www.baidu.com 时，其可由宿主机的 DNS 解析。

> 【常识与技巧】：nslookup 工具用于查询 DNS 的记录，查询域名解析是否正常，在网络发生故障时用来诊断网络问题。

清除 clusterip-service3 服务和 coredns-pod Pod，并恢复工作目录：

```
root@master01:~/services# kubectl delete -f externalip-demo.yaml
deployment.apps "deployment-nginx" deleted
service "clusterip-service3" deleted
root@master01:~/services# kubectl delete pod coredns-pod
pod "coredns-pod" deleted
root@master01:~/services# kubectl get pods
NAME          READY    STATUS     RESTARTS    AGE
busybox-pod   1/1      Running    0           12m
root@master01:~/services# cd
root@master01:~#
```

保留 busybox-pod，后续内容将还会使用该 Pod。

任务 6.7 ExternalName 类型服务的创建

任务说明

使用 ExternalName 类型服务可以避免应用的重构。例如，在项目初期，通过域名使用了部署在阿里云的数据库，前期就可以使用 ExternalName 将阿里云的数据库以服务的形式部署在集群中（仍将数据写入阿里云的数据库，但是应用内部将不再使用阿里云域名，而是使用 ExternalName 服务的形式）。随着项目的推进，需要将外部的数据库本地化部署，此时，应用内部无须修改代码、重构，直接将 ExternalName 服务替换为实际的服务即可。本任务的具体要求如下。

- 掌握 ExternalName 类型服务的创建。
- 掌握 ExternalName 类型服务的管理。

知识引入：ExternalName 类型服务的基本概念

ExternalName 类型服务依赖于 DNS，用于将集群外部的服务通过域名的方式映射到 Kubernetes 集群内部，然后通过 Service Name 进行访问。

任务实现

【ExternalName-示例】：创建类型为 ExternalName 的 external-service 服务，将 www.baidu.com 域名映射到集群内部，然后通过 externalname-service 进行访问。

① 在主节点 master01 上的 services 文件夹内，创建 externalname-demo.yaml 文件，内容如下：

```
apiVersion: v1
```

```
kind: Service
metadata:
  name: externalname-service
spec:
  type: ExternalName
  externalName: www.baidu.com
```

② 使用 kubectl apply 命令应用该配置，并使用 busybox-pod 中的 nslookup 工具进行域名解析：

```
root@master01:~/services# kubectl get service
NAME                  TYPE         CLUSTER-IP   EXTERNAL-IP  PORT(S)  AGE
kubernetes            ClusterIP    10.96.0.1    <none>       443/TCP  18d
root@master01:~/services# kubectl exec -it busybox-pod -- nslookup www.baidu.com
Server:    10.96.0.10
Address 1: 10.96.0.10 kube-dns.kube-system.svc.cluster.local

Name:      www.baidu.com
Address 1: 36.152.44.95
Address 2: 36.152.44.96
root@master01:~/services# ls
clusterip-demo.yaml  externalip-demo.yaml  externalname-demo.yaml  nodeport-demo.yaml
root@master01:~/services# kubectl apply -f externalname-demo.yaml
service/externalname-service created
root@master01:~/services# kubectl get service
NAME                  TYPE         CLUSTER-IP   EXTERNAL-IP  PORT(S)  AGE
externalname-service  ExternalName <none>           www.baidu.com    <none>   9s
Kubernetes            ClusterIP    10.96.0.1        <none>           443/TCP  18d
root@master01:~/services# kubectl exec -it busybox-pod -- nslookup externalname-
service
Server:    10.96.0.10
Address 1: 10.96.0.10 kube-dns.kube-system.svc.cluster.local

Name:      externalname-service
Address 1: 36.152.44.96
Address 2: 36.152.44.95
```

通过对比使用 kubectl apply -f externalname-demo.yaml 命令前后 nslookup 工具对域名解析的输出，观察可发现通过 nslookup 解析 www.baidu.com 与解析 externalname-service 的输出内容是一样的。

③ 清除 externalname-service 服务，恢复工作目录：

```
root@master01:~/services# kubectl delete -f externalname-demo.yaml
service "externalname-service" deleted
root@master01:~/services# kubectl get pods
NAME         READY    STATUS    RESTARTS    AGE
busybox-pod  1/1      Running   0           54m
root@master01:~/services# cd
root@master01:~#
```

任务 6.8　Headless Service 创建

任务说明

某些场景中，不需要服务的负载均衡功能以及单独的 Service IP，而仅仅通过 Service Name 进行服务访问。本任务的具体要求如下。

- 掌握 Headless Service 的创建。
- 掌握 Headless Service 的管理。

知识引入：Headless Service 基本概念

在创建 Service 时，设置 clusterIP: None 的 Service 为“无头服务”，即 Headless Service。仅当创建 Service，且同时指定了选择器与 clusterIP（或自动分配）时，kube-proxy 才会把相应规则写入各节点的 iptables。如果 clusterIP: None 不分配 IP 地址，则意味着 kube-proxy 将不会向各节点的 iptables 写入规则。此时，流量的转发将不依赖于 iptables 规则，而是依赖于 DNS。

任务实现

【Headless Service-示例】：创建名为 headless-service 的无头服务和名为 head-service 的非无头服务，使用 nslookup 工具进行域名解析并观察输出。

① 在主节点 master01 上的 services 文件夹内，创建 headless-demo.yaml 文件，内容如下：

```
apiVersion: v1
kind: Service
metadata:
  name: headless-service
spec:
  ports:
  - port: 80
    name: web
  clusterIP: None
  selector:
    app: nginx
---
apiVersion: apps/v1
kind: StatefulSet
metadata:
  name: web
spec:
  selector:
    matchLabels:
      app: nginx
  serviceName: "headless-service" # 与 Service 的 name 保持一致
  replicas: 3
  template:
```

```
  metadata:
    labels:
      app: nginx
  spec:
    terminationGracePeriodSeconds: 10
    containers:
    - name: nginx
      image: nginx
```

② 使用 kubectl apply 命令应用该配置：

```
root@master01:~/services# kubectl apply -f headless-demo.yaml
service/headless-service created
statefulset.apps/web created
root@master01:~/services# kubectl get service
NAME             TYPE        CLUSTER-IP   EXTERNAL-IP  PORT(S)   AGE
headless-service ClusterIP   None         <none>       80/TCP    9s
Kubernetes       ClusterIP   10.96.0.1    <none>       443/TCP   18d
```

对于所创建的 headless-service 无头服务，其 CLUSTER-IP 列的值为 None。

③ 为了参照对比，通过命令行创建一个 Deployment 控制器 head-dp，并在该控制器基础之上创建 head-service 服务：

```
root@master01:~/services# kubectl create deployment --image=nginx head-dp
deployment.apps/head-dp created
root@master01:~/services# kubectl expose deployment head-dp --port=80 --name=head-
service
service/head-service exposed
root@master01:~/services# kubectl get service
NAME             TYPE        CLUSTER-IP     EXTERNAL-IP  PORT(S)   AGE
head-service     ClusterIP   10.103.52.10   <none>       80/TCP    7s
headless-service ClusterIP   None           <none>       80/TCP    4m41s
kubernetes       ClusterIP   10.96.0.1      <none>       443/TCP   18d
```

④ 使用 busybox 的 nslookup 工具进行域名解析：

```
root@master01:~/services# kubectl get pods -o wide
NAME                     READY   STATUS    RESTARTS AGE     IP              NODE
busybox-pod              1/1     Running   0        105m    172.18.5.1      worker01
head-dp-6f9d7b8b67-w4tcx 1/1     Running   0        3m27s   172.18.30.104   worker02
web-0                    1/1     Running   0        12m     172.18.30.103   worker02
web-1                    1/1     Running   0        12m     172.18.30.106   worker02
web-2                    1/1     Running   0        11m     172.18.30.105   worker02
root@master01:~/services# kubectl exec -it busybox-pod -- nslookup headless-service
Server:    10.96.0.10
Address 1: 10.96.0.10 kube-dns.kube-system.svc.cluster.local

Name:      headless-service
Address 1: 172.18.30.106 web-1.headless-service.default.svc.cluster.local
Address 2: 172.18.30.103 web-0.headless-service.default.svc.cluster.local
Address 3: 172.18.30.105 web-2.headless-service.default.svc.cluster.local
```

```
root@master01:~/services# kubectl exec -it busybox-pod -- nslookup head-service
Server:    10.96.0.10
Address 1: 10.96.0.10 kube-dns.kube-system.svc.cluster.local

Name:      head-service
Address 1: 10.103.52.10 head-service.default.svc.cluster.local
```

- 对于 headless-service 服务，由于其为无头服务（CLUSTER-IP 列的值为 None，控制器为 StatefulSet），因此，在解析域名时，会把所有含 headless-serivce 的 Pod 的 IP 地址列出来；而 head-service 服务是手动创建的 Service，默认为 ClusterIP 服务，因此，解析域名时，仅给出 clusterIP。
- 对于有状态的服务，例如示例中的 headless-service，如果客户端通过 iptables 规则来进行处理，无法保证前后会话发生在同一个 Pod 上，而在客户端上通过 DNS，可以使得会话保持在同一个 Pod 上发生。而对于无状态的 head-service 则仅解析出 clusterIP 即可，因为无状态，并不要求前后会话发生在同一个 Pod 上。

⑤ 清除 headless-service 与 head-service 服务，恢复工作目录：

```
root@master01:~/services# kubectl delete -f headless-demo.yaml
service "headless-service" deleted
statefulset.apps "web" deleted
root@master01:~/services# kubectl delete service head-service
service "head-service" deleted
root@master01:~/services# kubectl delete deployments.apps head-dp
deployment.apps "head-dp" deleted
root@master01:~/services# kubectl get pods
NAME         READY    STATUS    RESTARTS AGE
busybox-pod  1/1      Running   0        114m
root@master01:~/services# cd
root@master01:~#
```

任务 6.9　ExternalIP Port 运用

任务说明

在项目创建初期没有域名的情况下，为使项目能够访问外部服务，需创建 ExternalIP Port。本任务的具体要求如下。

掌握 ExternalIP Por 的应用。

知识引入：ExternalIP Port 基本概念

ExternalIP Port（外部 IP 端口）用于实现 Kubernetes 集群中的应用可以通过 Service 访问集群外部的 IP:Port 服务。类型为 ExternalName 的服务将集群外部的服务通过域名的方式映射到 Kubernetes 集群内部。而在一些场景或项目初期，有些服务是没有域名的，而仅能通过 IP:Port 的形式对其进行访问。ExternalIP Port 就是针对这一场景而设计的。

任务实现

【ExternalIP Port-示例】：创建名为 external-ip-port 的 ClusterIP 类型的服务，将外部 IP

地址 192.168.1.1、端口号 3306 映射到集群内部，并使用 curl 工具解析外部 IP 地址所对应的集群内的 external-ip-port 服务。

① 在主节点 master01 上的 services 文件夹内，创建 externalipport-demo1.yaml 文件，内容如下：

```
apiVersion: v1
kind: Service
metadata:
  name: external-ip-port
spec:
  clusterIP: None
  type: ClusterIP
  ports:
    - port: 3306
      targetPort: 3306
```

该 YAML 文件显示创建了 external-ip-port 服务，但是既没有 clusterIP（clusterIP: None，无头服务），也没有 selector 字段。没有选择器，因此不会自动创建 Endpoint。

② 使用 kubectl apply 命令应用前述配置文件：

```
root@master01:~/services# ls
clusterip-demo.yaml   externalipport-demo1.yaml headless-demo.yaml
externalip-demo.yaml  externalname-demo.yaml        nodeport-demo.yaml
root@master01:~/services# kubectl apply -f externalipport-demo1.yaml
service/external-ip-port created
root@master01:~/services# kubectl get service
NAME             TYPE        CLUSTER-IP   EXTERNAL-IP  PORT(S)     AGE
external-ip-port ClusterIP   None         <none>       3306/TCP    7s
kubernetes       ClusterIP   10.96.0.1    <none>       443/TCP     18d
root@master01:~/services# kubectl get endpoints
NAME         ENDPOINTS                AGE
kubernetes   192.168.53.100:6443      18d
```

由于 externalipport-demo1.yaml 文件中没有 selector 字段，所以未自动创建 Endpoint。可以手动创建 Endpoint，只要创建的 Endpoint 的名字与 Service 的名字一致，即认为该 Endpoint 归属于该 Service。

③ 在主节点 master01 上的 services 文件夹内，创建 externalipport-demo2.yaml 文件，内容如下：

```
apiVersion: v1
kind: Endpoints
metadata:
  name: external-ip-port
subsets:
- addresses:
  # 外部服务（未提供域名的应用）的 IP 地址
  # 这里假定为 192.168.1.1、MySQL 服务的 3306 端口
  - ip: 192.168.1.1
  ports:
```

```
  - port: 3306
    protocol: TCP
```

该 YAML 文件显示创建了名为 external-ip-port 的 Endpoint，其名称与 external-ip-port 服务的名称一致。因此，该 Endpoint 归属于 external-ip-port 服务。

④ 使用 kubectl apply 命令应用 externalipport-demo2.yaml 配置文件，并创建 Endpoint：

```
root@master01:~/services# ls
clusterip-demo.yaml   externalipport-demo1.yaml   externalname-demo.yaml    nodeport-demo.yaml
externalip-demo.yaml  externalipport-demo2.yaml  headless-demo.yaml
root@master01:~/services# kubectl apply -f externalipport-demo2.yaml
endpoints/external-ip-port created
root@master01:~/services# kubectl get endpoints
NAME             ENDPOINTS            AGE
external-ip-port 192.168.1.1:3306     7s
kubernetes       192.168.53.100:6443  18d
```

⑤ 使用 curl 工具解析 external-ip-port 服务：

```
root@master01:~/services# kubectl get service
NAME             TYPE         CLUSTER-IP   EXTERNAL-IP  PORT(S)      AGE
external-ip-port ClusterIP        None          <none>          3306/TCP
    13m
kubernetes           ClusterIP    10.96.0.1     <none>          443/TCP
    18d
root@master01:~/services# kubectl exec -it busybox-pod -- nslookup external-ip-port
Server:    10.96.0.10
Address 1: 10.96.0.10 kube-dns.kube-system.svc.cluster.local

Name:      external-ip-port
Address 1: 192.168.1.1 192-168-1-1.external-ip-port.default.svc.cluster.local
```

可看出 external-ip-port 服务被解析到了假定的外部服务 IP 地址。这样就可以将外部服务的 IP:端口与集群中的应用解耦了。

任务 6.10 会话保持

任务说明

服务可以实现负载均衡功能，但对于有状态服务，频繁切换后端 Pod 会影响服务持续性，为此引入会话保持机制。

知识引入：会话保持基本概念

通过会话保持，可以将上下文消息始终发给特定的 Pod，不会在会话过程中发生 Pod 的切换。在 Service 的代理模式下如果要确保每次都将来自特定客户端的连接传递到同一个 Pod，则可以通过修改 Service 的 spec.sessionAffinity 字段，将其设置为 ClientIP（默认值是 None），实现基于客户端的 IP 地址选择会话关联。还可以通过适当设置 spec.sessionAffinityConfig.clientIP.timeoutSeconds 字段来设置最长会话停留时间（默认值为 10800s，即 3h）。

任务实现

【会话保持-示例】：将 external-ip-port 服务的 sessionAffinity 的值由 None 修改为 ClientIP，并观察修改后配置的自动更新。

① 使用 kubectl edit 命令编辑 external-ip-port 服务，将 sessionAffinity 的值由 None 修改为 ClientIP：

```
root@master01:~/services# kubectl edit service external-ip-port
service/external-ip-port edited
```

修改内容如下：

```
apiVersion: v1
kind: Service
metadata:
  annotations:
...
spec:
  clusterIP: None
  clusterIPs:
  - None
  ports:
  - port: 3306
    protocol: TCP
    targetPort: 3306
  sessionAffinity: ClientIP
  type: ClusterIP
status:
  loadBalancer: {}
```

保存并退出（执行:wq 命令）。

② 再次使用 kubectl edit 命令编辑 external-ip-port 服务，观察配置的自动更新：

```
root@master01:~/services# kubectl edit service external-ip-port
Edit cancelled, no changes made.
```

自动更新的内容如下：

```
apiVersion: v1
kind: Service
metadata:
  annotations:
...
spec:
  clusterIP: None
  clusterIPs:
  - None
  ports:
  - port: 3306
    protocol: TCP
    targetPort: 3306
  sessionAffinity: ClientIP
```

```
  sessionAffinityConfig:
    clientIP:
      timeoutSeconds: 10800
  type: ClusterIP
status:
  loadBalancer: {}
```

配置已自动更新，增加了最长会话停留时间为 10800s（3h）。退出（执行:q!命令）。

③ 清除与 external-ip-port 相对应的 Endpoint 与服务，并恢复工作路径：

```
root@master01:~/services# kubectl delete service external-ip-port
service "external-ip-port" deleted
root@master01:~/services# kubectl get endpoints
NAME         ENDPOINTS             AGE
Kubernetes   192.168.53.100:6443   18d
root@master01:~/services# cd
root@master01:~#
```

由于 external-ip-port Endpoint 的名称与 external-ip-port 服务的一致，因此，前者归属于后者。现在手动删除 external-ip-port 服务时，将自动删除其 Endpoint。

知识小结

本项目重点讲解了服务的概念、服务类型与端口、ClusterIP 类型服务、NodePort 类型服务、CoreDNS 服务发现与 ExternalName 类型服务、Headless Service、会话保持。

习题

实验题

假设已经创建了两台虚拟机，并将其组建成了一个 Kubernetes 集群，已安装好 nginx-ingress-controller，其中主节点 master01 的主机名为 master01，计算节点主机名为 node01。在集群中，已经创建了两个 Deployment 控制器，ingress-dep01 和 ingress-dep02，并已将其中 Pod 的 Nginx 默认首页内容修改为 dep01 和 dep02，如下所示。请完成如下要求：

```
root@master01:~# kubectl create deployment --image=nginx ingress-dep01
deployment.apps/ingress-dep01 created
root@master01:~# kubectl create deployment --image=nginx ingress-dep02
deployment.apps/ingress-dep02 created
root@master01:~# kubectl get pods
NAME                            READY    STATUS    RESTARTS AGE
ingress-dep01-5d8577db4d-s89cs 1/1      Running   0        4m51s
ingress-dep02-7f78669b7f-jtv25 1/1      Running   0        4m42s
...
root@master01:~# kubectl exec -it ingress-dep01-5d8577db4d-s89cs -- bash
root@ingress-dep01-5d8577db4d-s89cs:/# echo dep01 > /usr/share/nginx/html/index.html
root@ingress-dep01-5d8577db4d-s89cs:/# exit
exit
root@master01:~# kubectl exec -it ingress-dep02-7f78669b7f-jtv25 -- bash
root@ingress-dep02-7f78669b7f-jtv25:/# echo dep02 > /usr/share/nginx/html/index.html
```

```
rootgingress-depe2-7f78669b7f-jtv25:/# exit
exit
```

（1）基于 Deployment 控制器 ingress-dep01 和 ingress-dep02，创建以下两个 Service，即 ingress-srv01 和 ingress-srv02：

```
root@master01:~# kubectl get deployments.apps
MAME              READY    UP-TO-DATE    AVAILABLE         AGE
ingress-dep01         1/1      1             1             21m
ingress-dep02         1/1      1             1             21m
root@master01:~#  kubectl  expose  deployment  ingress-dep01  --port=18080  --target-
port=80 --name=ingress-srv01
service/ingress-srv01 exposed
root@master01:~# kubectl  expose  deployment  ingress-dep02  --port=80  --name=ingress-
srv02
service/ingress-srv02 exposed
root@master01:~# kubectl get services
MAME              TYPE          CLUSTER-IP         EXTERNAL-IP  PORT(S)      AGE
external.ip-port  ClusterIP     None               <none>       3306/TCP     20h
ingress-srv01     ClusterIP     10.102.165.231     <none>       18080/TCP    42s
ingress-srv02     ClusterIP     10.100.18.34       <none>       80/TCP       6s
kubernetes        ClusterIP     10.96.0.1          <none>       443/TCP      17d
root@master01:~# curl 10.102.165.231:18080
dep01
root@master01:~# curl 10.100.18.34:80
dep02
```

（2）要求将 ingress-srv01 作为 srv01.ingress.ccit.cn 的后台服务，将 ingress-srv02 作为 srv02.ingress.ccit.cn 的后台服务。

（3）使用 curl srv01.ingress.ccit.cn 与 curl srv02.ingress.ccit.cn 命令，验证所创建的 Ingress。

项目 7　Pod 的生命周期管理

学习目标

知识目标

- 掌握 Pod 生命周期的概念。
- 掌握容器状态的概念。
- 掌握容器状态探测方法。

能力目标

- 能准确描述 Pod 生命周期的概念。
- 能通过探针探测容器状态。

素质目标

- 具备持续学习和自主探究的能力，能够不断学习和掌握 Kubernetes 的最新技术。
- 具备分析问题和解决问题的能力，能够独立解决 Pod 整个生命周期中可能出现的常见问题。
- 具备规范意识和安全意识，能够按照最佳实践进行 Pod 生命周期的管理。

项目描述

本项目通过任务，演示了以探针进行容器状态检查的方式，通过 ExecAction 容器处理程序可以对容器进行存活态探测；对于 Web 等以 HTTP 对外提供服务的容器而言，可以使用 HTTPGetAction 容器处理程序对容器进行存活态探测；对于采用 TCP 对外提供服务的容器而言，可以使用 TCPSocketAction 容器处理程序对容器进行就绪态探测。

任务 7.1 Pod 生命周期与命令执行探测操作

任务说明

Pod 遵循一个预定义的生命周期，起始于 Pending 阶段，如果其中有一个主要容器正常启动，则进入 Running，之后取决于 Pod 中是否有容器以失败状态结束运行而进入 Failed 或者 Succeeded 阶段。Probe（探测）是由 kubelet 对容器执行的定期诊断。要执行诊断，kubelet 调用由容器实现的 Handler（处理程序）。可使用 ExecAction 容器处理程序对容器进行存活态探测，如果存活态探测失败，则 kubelet 会“杀死”容器，并且容器将根据其重启策略决定自身被“杀死”之后的操作。本任务的具体要求如下。

- 掌握 Pod 生命周期的各个阶段。
- 掌握容器状态与探针。
- 掌握完成命令执行探测操作的方法。

知识引入：Pod 生命周期

在 Pod 运行期间，kubelet 能够重启容器以处理一些失效场景。在 Pod 内部，Kubernetes 跟踪不同容器的状态并确定使 Pod 重新变得健康所需要采取的动作。

Pod 在其生命周期中只会被调度一次。一旦 Pod 被调度（分派）到某个节点，就会一直在该节点运行，直到 Pod 停止运行或者被终止运行。

和一个个独立的应用容器一样，Pod 也被认为是相对临时（而不是长期存在）的实体。Pod 会被创建、赋予一个唯一的 ID（UID），被调度到节点，并在被终止（根据重启策略）或删除之前一直运行在该节点上。

如果一个节点“死掉”了，被调度到该节点的 Pod 也被计划在给定超时期限结束后删除。

Pod 不具有自愈能力。如果 Pod 被调度到某节点而该节点之后失效，或者调度操作本身失效，Pod 会被删除；与此类似，Pod 无法在节点资源耗尽或者节点维护期间继续存活。Kubernetes 使用控制器来管理这些相对而言可随时丢弃的 Pod 实例。

任何给定的 Pod（由 UID 定义）从不会被“重新调度”（Rescheduled）到不同的节点；相反，该给定 Pod 可以被一个新的、几乎完全相同的 Pod 替换掉。如果需要，Pod 的名字可以不变，但是其 UID 会不同。

如果某对象声称其生命周期与某 Pod 的相同，例如存储卷，这就意味着该对象在此 Pod（UID 亦相同）存在期间也一直存在。如果 Pod 由于任何原因被删除，甚至完全相同的替代 Pod 被创建，这个相关的对象（例如存储卷）也会被删除并重建。

Kubernetes 会跟踪 Pod 中每个容器的状态，就像它跟踪 Pod 不同阶段的状态一样。

一旦调度器将 Pod 分派给某个节点，kubelet 就通过容器运行时开始为 Pod 创建容器。容器的状态有 3 种：Waiting（等待）、Running（运行中）和 Terminated（已终止）。

要检查 Pod 中容器的状态，可以使用 kubectl describe pod <pod 名称>命令。其执行结果中包含 Pod 中每个容器的状态。

使用 ExecAction 容器处理程序可以在容器内执行指定命令。如果结束命令时返回码为 0，则认为诊断成功。

kubelet 每次探测都将获得以下 3 种结果之一。

① Success（成功）：容器通过了诊断。

② Failure（失败）：容器未通过诊断。

③ Unknown（未知）：诊断失败，因此不会采取任何行动。

kubelet 探测时可指定多个字段，可用于更精确地控制活动和检查准备情况的行为，具体如下。

① initialDelaySeconds：启动容器后，第一次启动活动或就绪探测器的时间。默认值为 0s，最小值为 0s。

② periodSeconds：执行探测的周期（以 s 为单位）。默认值为 10s，最小值为 1s。

③ timeoutSeconds：探测超时的时间。默认值为 1s，最小值为 1s。

④ successThreshold：探测失败后，连续探测为成功的最小探测次数。默认值为 1，最小值为 1。

⑤ failureThreshold：当 Pod 启动并且探测失败时，Kubernetes 会尝试 failureThreshold 次，当探测失败次数超过给定的 failureThreshold 值时才判定失败。默认值为 3，最小值为 1。

任务实现

【Liveness Exec 检查-示例】：创建一个 Pod，通过 ExecAction 进行存活态探测。

① 在主节点 master01 上创建 pod-lifecycle 文件夹，并在其中创建 pod-liveness-exec.yaml 文件，内容如下：

```
apiVersion: v1
kind: Pod
metadata:
  labels:
    test: liveness
  name: liveness-exec
spec:
  containers:
  - name: liveness
    image: radial/busyboxplus
    imagePullPolicy: IfNotPresent
    args:
    - /bin/sh
    - -c
    - touch /tmp/healthy; sleep 30; rm -rf /tmp/healthy; sleep 600
    livenessProbe:
      exec:
        command:
        - cat
        - /tmp/healthy
      initialDelaySeconds: 5
      periodSeconds: 5
```

配置文件的相关说明如下。

- 资源为 Pod。
- 镜像 radial/busyboxplus 使用 busybox 镜像创建了可联网的、具备 git 和 cURL 风格的增强版 busybox。

- spec.containers.args 字段 touch /tmp/healthy; sleep 30; rm -rf /tmp/healthy; sleep 600 含义如下。

touch /tmp/healthy：创建/tmp/healthy 文件。

sleep 30：等待（睡眠）30s。

rm -rf /tmp/healthy：删除/tmp/healthy 文件。

sleep 600：等待（睡眠）600s。

- spec.containers.livenessProbe.exec.command 字段将进行存活态探测，通过 cat/tmp/healthy 判断是否正常，如果正常的话，应该没有输出，对应于 ExecAction。因此，最后 kubelet 会“杀死”容器，并重启新容器（容器的默认重启策略为 Always）。
- spec.containers.livenessProbe.initialDelaySeconds 表明启动之后 5s 进行第一次探测。
- spec.containers.livenessProbe.periodSeconds 表明每 5s 进行一次探测。

② 使用 kubectl apply 命令应用该配置文件 pod-liveness-exec.yaml：

```
root@master01:~/pod-lifecycle# ls
pod-liveness-exec.yaml
root@master01:~/pod-lifecycle# kubectl apply -f pod-liveness-exec.yaml
pod/liveness-exec created
```

使用 kubectl get pods liveness-exec -o yaml | less 命令，可显示出 YAML 格式的 liveness-exec Pod 的信息，可以在其中搜索 restartPolicy（容器自动重启策略），其默认值为 Always。在指令的输出结果中，可以使用“/restartPolicy”进行搜索操作。

③ 查看 liveness-exec Pod 所在节点，并登录容器，查看/tmp 目录下的文件列表：

```
root@master01:~/pod-lifecycle# kubectl get pods -o wide
NAME            READY    STATUS    RESTARTS AGE  IP              NODE
liveness-exec   1/1      Running   0        17s  172.18.30.112   worker02
root@master01:~/pod-lifecycle# kubectl exec -it liveness-exec -- ls /tmp
healthy   ldconfig  secrets
root@master01:~/pod-lifecycle# kubectl exec -it liveness-exec -- ls /tmp
ldconfig  secrets
```

观察可发现，liveness-exec Pod 运行于工作节点 worker02 之上，并且在启动之后没多久就把之前创建的/tmp/healthy 文件删除掉了，这将会直接影响存活态探测，因为根据 pod-liveness-exec.yaml 配置文件中的描述，存活态探测将执行 cat /tmp/healthy 命令，由于/tmp/healthy 启动之后没多久（30s）就被删除掉了，因此执行 cat /tmp/healthy 命令将会出错，返回码非 0，探测结果为 Failure。由于容器的自动重启策略为 Always，因此 kubelet 将会“杀掉”存活态为 Failure 的容器，再创建并启动新容器。

④ 切换到工作节点 worker02 之上，查看容器状态，过滤含有“liveness”关键字的容器：

```
root@worker02:~# docker ps -a | grep liveness
715d18b1896d "/bin/sh -c 'touch /…" Up 22 seconds               k8s_liveness_...7d2_1
789a0d64a08e "/bin/sh -c 'touch /…" Exited (137) 22 seconds ago k8s_liveness_...7d2_0
...
```

上面的输出信息中，略去部分列内容。观察可发现 kubelet“杀掉”并重新创建了新容器。

⑤ 在主节点 master01 清除 liveness-exec Pod，并恢复工作路径：

```
root@master01:~/pod-lifecycle# kubectl delete -f pod-liveness-exec.yaml
pod "liveness-exec" deleted
root@master01:~/pod-lifecycle# kubectl get pods
No resources found in default namespace.
root@master01:~/pod-lifecycle# cd
root@master01:~#
```

任务 7.2　HTTPGet 检查

任务说明

对于 Web 等以 HTTP 对外提供服务的容器而言，可以使用 HTTPGetAction 容器处理程序对容器进行存活态探测，如果存活态探测失败，则 kubelet 会“杀死”容器，并且容器将根据其重启策略决定自身被“杀死”之后的操作。本任务的具体要求如下。

- 掌握存活态探测的概念和应用场景。
- 掌握 HTTPGet 检查的基本使用。

知识引入：存活态探测与 HTTPGet 检查

通过 HTTPGetAction 容器处理程序可以对容器的 IP 地址中指定的端口和路径执行 HTTPGet 请求。如果响应的状态码大于等于 200 且小于 400，则诊断被认为是成功的。

livenessProbe（存活态探测）用于指示容器是否正在运行。如果存活态探测失败，则 kubelet 会“杀死”容器，并且容器将根据其重启策略决定自身被“杀死”之后的操作。如果容器不提供存活探针，则默认状态为 Success。

任务实现

【Liveness HTTPGet 检查-示例】：创建一个 Pod，通过 HTTPGetAction 进行存活态探测。

① 在主节点 master01 上的 pod-lifecycle 文件夹内创建 pod-liveness-httpget.yaml 文件，内容如下：

```
apiVersion: v1
kind: Pod
metadata:
  labels:
    test: liveness
  name: liveness-httpget
spec:
  containers:
  - name: liveness
    image: [ct(]seedoflife/liveness
    imagePullPolicy: IfNotPresent
    args:
    - /server
    livenessProbe:
      httpGet:
        path: /healthz
        port: 8080
```

```
        httpHeaders:
        - name: X-Custom-Header
          value: Awesome
      initialDelaySeconds: 3
      periodSeconds: 3
```

配置文件的相关说明如下。

- 镜像 seedoflife/liveness 是 Kubernetes 官方给出的测试镜像，该镜像在启动一段时间之后，会自动报错。
- spec.containers.livenessProbe.httpGet.path 表示访问路径。

② 使用 kubectl apply 命令应用 pod-liveness-httpget.yaml 配置文件，创建对应资源：

```
root@master01:~/pod-lifecycle# ls
pod-liveness-exec.yaml  pod-liveness-httpget.yaml
root@master01:~/pod-lifecycle# kubectl apply -f pod-liveness-httpget.yaml
pod/liveness-httpget created
root@master01:~/pod-lifecycle# kubectl get pods -o wide
NAME             READY   STATUS    RESTARTS AGE  IP                NODE
liveness-httpget 1/1     Running   0        8s   172.18.30.113       worker02
```

③ 使用 curl 工具访问 liveness-httpget Pod，并观察输出与 Pod 重启之间的关系：

```
root@master01:~/pod-lifecycle# curl -v 172.18.30.113:8080/healthz
*   Trying 172.18.30.113:8080...
...
< HTTP/1.1 500 Internal Server Error
...
error: 13.178287729000001root@master01:~/pod-lifecycle# curl -v 172.18.30.113:8080/healthz
*   Trying 172.18.30.113:8080...
...
* Mark bundle as not supporting multiuse
< HTTP/1.1 200 OK
...
okroot@master01:~/pod-lifecycle# curl -v 172.18.30.113:8080/healthz
*   Trying 172.18.30.113:8080...
...
< HTTP/1.1 500 Internal Server Error
...
error: 15.553145094root@master01:~/pod-lifecycle# curl -v 172.18.30.113:8080/healthz
*   Trying 172.18.30.113:8080...
...
< HTTP/1.1 200 OK
...
okroot@master01:~/pod-lifecycle# kubectl get pods
NAME             READY   STATUS             RESTARTS    AGE
liveness-httpget 0/1     CrashLoopBackOff   3           80s
```

启动 liveness-httpget Pod 之后，通过 Pod 所在节点的 IP 地址+指定的端口号（8080），使用 curl 工具进行访问，参数-v 用于输出 curl 请求过程中的详细 HTTP 信息。可以发现，进行多次 curl 请求时，响应代码为 500 表示服务器 seedoflife/liveness 内部自动报错，响应代码为 200 表示请求成功。随后，在 kubectl get pods 命令的执行结果中，可以发现 RESTARTS 列的值为 3，表示已经重启了 3 次。

④ 删除 liveness-httpget Pod，恢复工作路径：

```
root@master01:~/pod-lifecycle# kubectl delete -f pod-liveness-httpget.yaml
pod "liveness-httpget" deleted
root@master01:~/pod-lifecycle# cd
root@master01:~#
```

任务 7.3 TCPSocket 检查

任务说明

对于采用 TCP 对外提供服务的容器而言，可以使用 TCPSocketAction 容器处理程序对容器进行就绪态探测，如果就绪态探测失败，端点控制器将从与 Pod 匹配的所有服务的端点列表中删除该 Pod 的 IP 地址。本任务的具体要求如下。

- 掌握就绪态探测的概念和应用场景。
- 掌握 TCPSocket 检查的基本使用。

知识引入：就绪态探测与 TCPSocket 检查

通过 TCPSocketAction 容器处理程序可以对容器的 IP 地址中指定的端口执行 TCP 检查。如果端口打开，则诊断被认为是成功的。

readinessProbe（就绪态探测）用于指示容器是否准备好为请求提供服务。如果就绪态探测失败，端点控制器将从与 Pod 匹配的所有服务的端点列表中删除该 Pod 的 IP 地址。初始延迟之前的就绪态的状态值默认为 Failure。如果容器不提供就绪态探针，则默认状态为 Success。其结合 Service 用来限定哪些 Ready 的容器来接收流量。因为 Service 会将容器状态为 Ready 的 Pod 添加到 Endpoint 里，进行流量的分发。

任务实现

【TCPSocket 检查-示例】：创建一个 Deployment 控制器，要求控制器内的 Pod 副本提供 HTTP 服务，对比使用就绪态探测的前后效果。

① 在主节点 master01 上的 pod-lifecycle 文件夹内创建 pod-readiness-tcpsocket1.yaml 文件，内容如下：

```
apiVersion: apps/v1
kind: Deployment
metadata:
  name: service-health
spec:
  replicas: 1
  selector:
    matchLabels:
      app: service-health
  template:
    metadata:
```

```
    labels:
      app: service-health
  spec:
    containers:
    - name: service-health
      image: python:2.7
      imagePullPolicy: IfNotPresent
      command:
      - /bin/bash
      - -c
      - [ct(]echo $(hostname) > index.html && sleep 60 && python -m SimpleHTTPServer 8080
      ports:
      - containerPort: 8080
```

配置文件的相关说明如下。

- 镜像采用了 python:2.7。
- 通过 command，首先将当前主机名（Pod 副本名）写入 index.html 文件，然后等待（睡眠）60s，再启动 SimpleHTTPServer，并指定其 8080 端口监测 Web 请求。

② 使用 kubectl apply 命令应用 pod-readiness-tcpsocket1.yaml 配置文件：

```
root@master01:~/pod-lifecycle# ls
pod-liveness-exec.yaml  pod-liveness-httpget.yaml  pod-readiness-tcpsocket1.yaml
root@master01:~/pod-lifecycle# kubectl apply -f pod-readiness-tcpsocket1.yaml
deployment.apps/service-health created
root@master01:~/pod-lifecycle# kubectl get pods
NAME                              READY    STATUS    RESTARTS    AGE
service-health-64cc878b6-qlzrv    1/1      Running   0           4m49s
root@master01:~/pod-lifecycle# kubectl get deployments.apps
NAME             READY   UP-TO-DATE   AVAILABLE   AGE
service-health   1/1     1            1           4m59s
```

Deployment 控制器 service-health 就绪后，其 READY 列的值为 1/1。

③ 基于 service-health 创建服务 readiness-tcpsocket1，暴露 8080 端口：

```
root@master01:~/pod-lifecycle# kubectl expose deployment service-health \
> --port=8080 --name=readiness-tcpsocket1
service/readiness-tcpsocket1 exposed
root@master01:~/pod-lifecycle# kubectl get service
NAME                   TYPE        CLUSTER-IP     EXTERNAL-IP   PORT(S)    AGE
kubernetes             ClusterIP   10.96.0.1      <none>        443/TCP    20d
readiness-tcpsocket1   ClusterIP   10.104.61.22   <none>        8080/TCP   52s
```

④ 使用 curl 工具访问 readiness-tcpsocket1 服务，获取主机名（Pod 副本名）：

```
root@master01:~/pod-lifecycle# curl 10.104.61.22:8080
service-health-64cc878b6-qlzrv
```

⑤ 将 Deployment 控制器默认的一个 Pod 副本扩容为两个 Pod 副本，待两个 Pod 副本均为就绪状态（READY 列的值为 1/1）之后，使用 curl 工具访问 readiness-tcpsocket1 服务：

```
root@master01:~/pod-lifecycle# kubectl get pods
NAME                              READY    STATUS    RESTARTS    AGE
```

```
service-health-64cc878b6-8w7bv1/1          Running  0          2m29s
service-health-64cc878b6-qlzrv1/1          Running  0          10m
root@master01:~/pod-lifecycle# curl 10.104.61.22:8080
curl: (7) Failed to connect to 10.104.61.22 port 8080: Connection refused
root@master01:~/pod-lifecycle# curl 10.104.61.22:8080
service-health-64cc878b6-qlzrv
root@master01:~/pod-lifecycle# curl 10.104.61.22:8080
curl: (7) Failed to connect to 10.104.61.22 port 8080: Connection refused
root@master01:~/pod-lifecycle# curl 10.104.61.22:8080
service-health-64cc878b6-qlzrv
```

虽然两个 Pod 副本的 READY 列的值均为 1/1 了，但是由于 pod-readiness-tcpsocket1.yaml 配置中，spec.template.spec.containers[*].command 字段设置了等待 60s 之后再启动 SimpleHTTPServer，因此，在等待过程中访问 readiness-tcpsocket1 服务时，部分请求依然被转发到了刚启动的 Pod 副本之上，由于其处于等待 60s，尚未启动 SimpleHTTPServer 阶段，因此可以看到链接被拒绝（Connection refused）。

⑥ 新启动的 Pod 副本在 60s 之后，启动 SimpleHTTPServer，再使用 curl 工具访问 readiness-tcpsocket1 服务：

```
root@master01:~/pod-lifecycle# curl 10.104.61.22:8080
service-health-64cc878b6-qlzrv
root@master01:~/pod-lifecycle# curl 10.104.61.22:8080
service-health-64cc878b6-8w7bv
root@master01:~/pod-lifecycle# curl 10.104.61.22:8080
service-health-64cc878b6-qlzrv
root@master01:~/pod-lifecycle# curl 10.104.61.22:8080
service-health-64cc878b6-8w7bv
```

现在，所有转发到两个 Pod 副本上的请求均可以正常被响应了。可见，在未进入 readinessProbe 的情况下，对于新创建并启动的容器，不论该容器是否真正准备就绪，Service 均可将请求转发到相应的 Pod 之上，造成部分访问无响应。

⑦ 删除 readiness-tcpsocket1 服务，以及 service-health 控制器：

```
root@master01:~/pod-lifecycle# kubectl delete service readiness-tcpsocket1
service "readiness-tcpsocket1" deleted
root@master01:~/pod-lifecycle# kubectl delete deployments.apps service-health
deployment.apps "service-health" deleted
root@master01:~/pod-lifecycle# kubectl get pods
No resources found in default namespace.
```

⑧ 在主节点 master01 上的 pod-lifecycle 文件夹内创建 pod-readiness-tcpsocket2.yaml 文件，内容如下：

```
apiVersion: apps/v1
kind: Deployment
metadata:
  name: service-health
spec:
  replicas: 1
  selector:
```

```
    matchLabels:
      app: service-health
  template:
    metadata:
      labels:
        app: service-health
    spec:
      containers:
      - name: service-health
        image: python:2.7
        imagePullPolicy: IfNotPresent
        command:
        - /bin/bash
        - -c
        - echo $(hostname) > index.html && sleep 60 && python -m SimpleHTTPServer 8080
        ports:
        - containerPort: 8080
        readinessProbe:
          tcpSocket:
            port: 8080
          initialDelaySeconds: 10
          periodSeconds: 10
```

相较 pod-readiness-tcpsocket1.yaml 文件而言，增加最后 5 行配置，指定了 spec.template.spec.containers.readinessProbe 作为就绪态探测，其监测 8080 端口，初次探测在启动 10s 之后（此时尚未启动 SimpleHTTPServer）进行。

⑨ 使用 kubectl apply 命令应用 pod-readiness-tcpsocket2.yaml 文件：

```
root@master01:~/pod-lifecycle# ls
pod-liveness-exec.yaml             pod-liveness-httpget.yaml pod-readiness-
tcpsocket1.yaml
pod-readiness-tcpsocket2.yaml
root@master01:~/pod-lifecycle# kubectl apply -f pod-readiness-tcpsocket2.yaml
deployment.apps/service-health created
root@master01:~/pod-lifecycle# kubectl get deployments.apps
NAME             READY   UP-TO-DATE   AVAILABLE       AGE
service-health   0/1     1                0           8s
root@master01:~/pod-lifecycle# kubectl expose deployment service-health \
> --port=8080 --name=readiness-tcpsocket2
service/readiness-tcpsocket2 exposed
root@master01:~/pod-lifecycle# kubectl get service
NAME                 TYPE        CLUSTER-IP    EXTERNAL-IP   PORT(S)     AGE
kubernetes           ClusterIP   10.96.0.1     <none>        443/TCP     20d
readiness-tcpsocket2 ClusterIP   10.96.232.13 <none>         8080/TCP    6s
root@master01:~/pod-lifecycle# kubectl get pods
NAME                              READY   STATUS    RESTARTS    AGE
service-health-5d465d5f55-kszrz 0/1     Running   0           27s
root@master01:~/pod-lifecycle# curl 10.96.232.13:8080
```

```
curl: (7) Failed to connect to 10.96.232.13 port 8080: Connection refused
root@master01:~/pod-lifecycle# kubectl get pods
NAME                            READY   STATUS    RESTARTS    AGE
service-health-5d465d5f55-kszrz 1/1     Running   0           78s
root@master01:~/pod-lifecycle# curl 10.96.232.13:8080
service-health-5d465d5f55-kszrz
```

使用 kubectl apply 命令应用配置，创建 service-health Deployment 控制器，随后通过命令行手动创建了相应的 Service，暴露端口号 8080。然后通过 kubectl get pods 命令查看，在 AGE 列的值为 27s 时，可以看到 Pod 的状态为 0/1，此时 sleep 60 还没结束，使用 curl 工具也访问不到对应的页面。而 60s 后，便可以正常访问了。

⑩ 将 Deployment 控制器默认的一个 Job 副本扩容为两个 Job 副本，注意 Endpoint 的变化：

```
root@master01:~/pod-lifecycle# kubectl scale deployment --replicas=2 service-health
deployment.apps/service-health scaled
root@master01:~/pod-lifecycle# kubectl get pods -o wide
NAME                            READY   STATUS    RESTARTS AGE   IP           NODE
service-health-5d465d5f55-2vsvt    0/1  Running   0        5s    172.18.5.12   worker01
service-health-5d465d5f55-kszrz    1/1  Running   0        9m15s 172.18.30.116 worker02
root@master01:~/pod-lifecycle# kubectl get endpoints
NAME                  ENDPOINTS             AGE
Kubernetes            192.168.53.100:6443   20d
readiness-tcpsocket2  172.18.30.116:8080    9m7s
root@master01:~/pod-lifecycle# curl 10.96.232.13:8080
service-health-5d465d5f55-kszrz
root@master01:~/pod-lifecycle# curl 10.96.232.13:8080
service-health-5d465d5f55-kszrz
root@master01:~/pod-lifecycle# kubectl get pods -o wide
NAME                            READY   STATUS    RESTARTS AGE IP            NODE
service-health-5d465d5f55-2vsvt 1/1     Running   0        98s 172.18.5.12   worker01
service-health-5d465d5f55-kszrz 1/1     Running   0        10m 172.18.30.116 worker02
root@master01:~/pod-lifecycle# kubectl get endpoints
NAME                  ENDPOINTS                              AGE
kubernetes            192.168.53.100:6443                    20d
readiness-tcpsocket2  172.18.30.116:8080,172.18.5.12:8080    10m
root@master01:~/pod-lifecycle# curl 10.96.232.13:8080
service-health-5d465d5f55-2vsvt
root@master01:~/pod-lifecycle# curl 10.96.232.13:8080
service-health-5d465d5f55-kszrz
```

- 将 Pod 副本数扩容为 2 之后，由于配置了 readinessProbe（就绪态探测），新创建的 Pod 并未马上（第 5s）进入 1/1 的 Running 状态，其 READY 列的值为 0/1。
- 此时的端点也仅有一个原 Pod 副本的 IP 地址 172.18.30.116。此时使用 curl 工具访问 readiness-tcpsocket2 服务，所有的请求都会被转发到已经就绪的第一个 Pod 副本之上，与 readiness-tcpsocket1 不同，请求不会被转发到未就绪的第二个 Pod 副本。
- 等第二个 Job 副本就绪之后（第 98s），可以观察到端点中已经将第二个 Pod 副本的 IP 地址 172.18.5.12 加入，同时，新的请求将有一部分被转发到新创建的第二个 Pod 副本之上，所有请求均得到响应，Service 已经可以在后端的两个 Pod 副本上进行随机流量分发了。

⑪ 使用 iptables -t nat -L | grep 8080 命令查看 iptables 规则：

```
root@master01:~/pod-lifecycle# iptables -t nat -L | grep 8080
DNAT tcp -- anywhere anywhere /* default/readiness-tcpsocket2 */ tcp to:172.18.5.12:8080
DNAT tcp -- anywhere anywhere /* default/readiness-tcpsocket2 */ tcp to:172.18.30.116:8080
```

可观察到 kubelet 已经将对应的规则加入 iptables 中。

⑫ 清除 readiness-tcpsocket2 服务、service-health 控制器，恢复工作路径：

```
root@master01:~/pod-lifecycle# kubectl delete service readiness-tcpsocket2
service "readiness-tcpsocket2" deleted
root@master01:~/pod-lifecycle# kubectl delete deployments.apps service-health
deployment.apps "service-health" deleted
root@master01:~/pod-lifecycle# kubectl get pods
No resources found in default namespace.
root@master01:~/pod-lifecycle# cd
root@master01:~#
```

知识小结

本项目重点讲解了 Pod 的生命周期、容器状态与探针、Liveness Exec 检查、Liveness HTTPGet 检查、TCPSocket 检查等。

习题

判断题

1. Pod 遵循一个预定义的生命周期，起始于 Starting 阶段，如果其中有一个主要容器正常启动，则进入 Running，之后取决于 Pod 中是否有容器以失败状态结束运行而进入 Failed 或者 Succeeded 阶段。 （ ）

2. 在 Pod 运行期间，kubelet 能够重启容器以处理一些失效场景。在 Pod 内部，Kubernetes 跟踪不同容器的状态并确定使 Pod 重新变得健康所需要采取的动作。 （ ）

3. Pod 在其生命周期中可被多次调度。一旦 Pod 被调度（分派）到某个节点，就会一直在该节点运行，直到 Pod 停止运行或者被终止运行。 （ ）

4. Pod 会被创建、赋予一个唯一的 ID（UID），被调度到节点，并在被终止（根据重启策略）或删除之前一直运行在该节点上。 （ ）

5. Pod 不具有自愈能力。如果 Pod 被调度到某节点而该节点之后失效，或者调度操作本身失效，Pod 会被删除；与此类似，Pod 无法在节点资源耗尽或者节点维护期间继续存活。 （ ）

6. Probe（探测）是由 kubelet 对容器执行的定期诊断。要执行诊断，kubelet 调用由容器实现的 Handler（处理程序）。 （ ）

项目 8　数据存储

学习目标

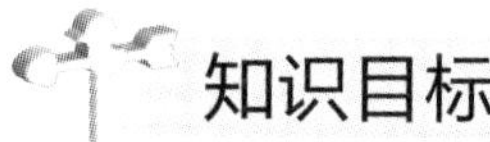

知识目标

- 掌握 hostPath 卷的基本使用。
- 掌握持久卷的基本使用。
- 掌握 StorageClass 存储类的基本使用。
- 掌握 ConfigMap 的基本使用。
- 掌握 Secret 的基本使用。
- 掌握 emptyDir 的基本使用。

能力目标

- 能根据应用场景选择合适的卷进行数据存储。
- 能根据应用场景正确使用和管理 hostPath 卷。
- 能根据应用场景正确使用和管理持久卷。
- 能根据应用场景正确使用和管理 StorageClass 存储类。
- 能根据应用场景正确使用和管理 ConfigMap。
- 能根据应用场景正确使用和管理 Secret。
- 能根据应用场景正确使用和管理 emptyDir。

素质目标

- 具备持续学习和自主探究的能力，能够不断学习和掌握 Kubernetes 的最新技术。
- 具备分析问题和解决问题的能力，能够独立解决使用卷过程中遇到的问题。
- 具备规范意识和安全意识，能够按照最佳实践进行卷的配置与管理。

项目描述

容器中存储的数据是临时的，应用程序在容器中运行时会出现一些问题。首先，当容器崩溃时，kubelet 将重新启动它，但是文件将丢失，新启动的容器是一个全新的容器，该容器中不存在之前容器中的文件。其次，Pod 内封装有多个容器时，通常需要在这些容器之间实现文件共享。Kubernetes Volume（卷）解决了这两个问题。本项目将介绍 hostPath 卷、持久卷、StorageClass 存储类、ConfigMap、Secret、emptyDir 的使用。

任务 8.1 hostPath 卷

任务说明

卷的核心是一个目录，其中可能存有数据，使用 Pod 中的容器可以访问该目录中的数据。所采用的特定类型的卷将决定该目录如何形成、使用何种介质保存数据以及目录中存放的内容。

知识引入：hostPath 卷

Kubernetes 支持很多类型的卷。Pod 可以同时使用任意数目的卷。临时卷的生命周期与 Pod 的相同，但持久卷的生命周期可以比 Pod 的长。当 Pod 不再存在时，Kubernetes 也会销毁临时卷；不过 Kubernetes 不会销毁持久卷。对于给定 Pod 中任何类型的卷，在容器重启期间数据都不会丢失。

使用卷时，在 spec.volumes 字段中设置 Pod 提供的卷，并在 spec.containers[*].volumeMounts 字段中声明卷在容器中的挂载位置。容器中的进程看到的是由它们的 Docker 镜像和卷组成的文件系统视图。Docker 镜像位于文件系统层次结构的根部。各个卷则被挂载在镜像内的指定路径上。Pod 配置中的每个容器必须独立指定各个卷的挂载位置。

Kubernetes 支持下列类型的卷：

- cephfs；
- configMap；
- emptyDir；
- glusterfs；
- hostPath；
- iscsi；
- local；
- nfs；
- persistentVolumeClaim；
- portworxVolume；
- projected；
- quobyte；
- rbd；
- secret；
- storageOS；
- ……

使用 hostPath 卷能将主机节点文件系统上的文件或目录挂载到 Pod 中。虽然这不是大多数 Pod 需要的，但是它为一些应用程序提供了强大的逃生舱。hostPath 卷的一些用法如下。

① 运行一个需要访问 Docker 内部机制的容器。可使用 hostPath 卷挂载/var/lib/docker

路径。

② 允许 Pod 设置指定的 hostPath 卷在运行 Pod 之前是否应该存在，是否应该创建以及应该以什么方式存在。

任务实现

【hostPath 卷-示例】：在 Kubernetes 中使用 hostPath 卷。

① 在主节点 master01 上创建 data-storage 文件夹，并在其中创建 hostpath-demo.yaml 配置文件，内容如下：

```
apiVersion: v1
kind: Pod
metadata:
  name: hostpath-demo
spec:
  volumes:
  - name: test-volume
    hostPath:
      # 宿主机上的目录
      path: /data
  containers:
  - image: nginx
    imagePullPolicy: IfNotPresent
    name: test-container
    volumeMounts:
    # 容器内部 hostPath 卷被挂载的位置
    - mountPath: /ctr-data
      # 被挂载的卷的名称
      name: test-volume
```

spec.volumes 字段用于声明卷 test-volume（Volume），而 spec.volumes.hostPath 是声明该卷的存储类型。在本配置文件中，将宿主机上的/data 目录挂载到容器 test-container 中的/ctr-data 目录。

② 使用 kubectl apply 命令应用配置文件：

```
root@master01:~/data-storage# ls
hostpath-demo.yaml
root@master01:~/data-storage# kubectl apply -f hostpath-demo.yaml
pod/hostpath-demo created
root@master01:~/data-storage# kubectl get pods -o wide
NAME           READY   STATUS    RESTARTS AGE IP              NODE
hostpath-demo  1/1     Running   0            12s 172.18.30.117   worker02
root@master01:~/data-storage#  kubectl  exec  -it  hostpath-demo  --  touch  /ctr-data/hello
root@master01:~/data-storage# kubectl exec -it hostpath-demo -- ls /ctr-data/
hello
```

启动 hostpath-demo Pod 之后，在 Pod 内容器的/ctr-data 目录下创建了一个 hello 文件。

③ hostpath-demo 运行于工作节点 worker02 之上，切换到工作节点 worker02：

```
root@worker02:~# ls /data
hello
```

工作节点 worker02 上会自动创建/data 目录。通过 ls 命令可以看到之前在 hostpath-demo Pod 中容器的/ctr-data 目录下创建的 hello 文件被写入 hostPath 卷内。

④ 清除 hostpath-demo Pod，并恢复工作路径：

```
root@master01:~/data-storage# kubectl delete -f hostpath-demo.yaml
pod "hostpath-demo" deleted
root@master01:~/data-storage# kubectl get pods
No resources found in default namespace.
root@master01:~/data-storage# cd
root@master01:~#
```

查看工作节点 worker02 上/data 目录下的文件，并进行清除：

```
root@worker02:~# ls /data/
hello
root@worker02:~# rm -rf /data/
root@worker02:~#
```

可观察到，在删除了 hostpath-demo Pod 之后，宿主机上的 hostPath 卷目录内由 Pod 创建的数据依然存在。

任务 8.2　持久卷的创建与回收

任务说明

持久卷（PersistentVolume，PV）是集群中的一块存储，可以由管理员事先提供，或者使用存储类（StorageClass）来动态提供。不论何种类型的卷，在创建 PV 或持久卷申领（PersistentVolumeClaim，PVC）时，都不会创建存放数据的目录以及它底层的块，仅在有 Pod 挂载这个卷时才会创建。本任务的具体要求如下。

- 掌握 PV 和 PVC 的概念。
- 掌握 PV 的创建与回收。

知识引入：持久卷与持久卷申领

查阅官方参考文档，可以发现不同类型的卷的配置文件写法不同。

① hostPath 卷的 YAML 配置文件写法：

```
...
  volumes:
  - name: test-volume
    hostPath:
      path: /data
...
```

② nfs 卷的 YAML 配置文件写法：

```
...
  volumes:
  - name: pxvol
    # 此 Portworx 卷必须已经存在
```

```
    portworxVolume:
      volumeID: "pxvol"
      fsType: "<fs-type>"
...
```

③ cephfs 类型卷的 YAML 配置文件写法：

```
...
  volumes:
  - name: test-volume
    # 此 OpenStack 卷必须已经存在
    cinder:
      volumeID: "<volume-id>"
      fsType: ext4
...
```

存在着不同类型卷，YAML 配置文件写法不一致的问题。因此，Kubernetes 引入了 PV 与 PVC。

PV 是集群资源，就像节点也是集群资源一样。PV 和普通的卷一样，也是使用卷插件来实现的，只是它们拥有独立于任何使用 PV 的 Pod 的生命周期。此 API 对象中记录了存储的实现细节，无论其背后是网络文件系统（Network File System，NFS）、Internet 小型计算机系统接口（Internet Small Computer System Interface，iSCSI），还是特定于云平台的存储系统。

PVC 表达的是用户对存储的请求。概念上与 Pod 类似。Pod 会耗用节点资源，而 PVC 会耗用 PV 资源。Pod 可以请求特定数量的资源（CPU 和内存）；同样 PVC 也可以请求特定的大小和访问模式。例如，可以要求 PV 能够以 ReadWriteOnce、ReadOnlyMany 访问或 ReadWriteMany 访问模式之一来挂载。PVC 的 3 种访问模式如下。

① RWO：ReadWriteOnce，卷可以被一个节点以读写方式挂载。

② ROX：ReadOnlyMany，卷可以被多个节点以只读方式挂载。

③ RWX：ReadWriteMany，卷可以被多个节点以读写方式挂载。

当用户不再使用存储卷时，可以从 API 中将 PVC 对象删除，从而允许该资源被回收再利用。PV 对象的回收策略告诉集群，当其被从 PVC 中释放时如何处理该数据卷。目前，数据卷可以被 Retain（保留）、Recycle（回收）或 Delete（删除）。

① Retain：手动回收（默认）。

② Recycle：基本擦除（rm -rf /thevolume/*），将执行清除操作，可以被新的 PVC 使用。注意：推荐的方法是使用动态配置——Delete。

③ Delete：将删除 PV 和外部关联的存储资源，需要插件支持。诸如 AWS EBS、GCE PD、Azure Disk 或 openstack cinder 卷这类关联存储资源也会被删除。

目前，仅 nfs 和 hostPath 卷支持回收。AWS EBS、GCE PD、Azure Disk 和 Cinder 卷都支持删除。

每个卷会处于以下阶段（Phase）之一。

① Available（可用）：卷是一个空闲资源，尚未绑定任何申领。

② Bound（已绑定）：该卷已经绑定某申领。

③ Released（已释放）：所绑定的申领已被删除，但是资源尚未被集群回收。

④ Failed（失败）：卷的自动回收操作失败。

命令行能够显示绑定某 PV 的 PVC 对象。

任务实现

【持久卷的创建与回收】创建 PV，并基于该 PV 创建 PVC 和对应的 Pod，观察 Pod、PVC、PV 之间的关系，以及在创建过程中的状态变化。然后创建一个卷，测试其回收策略。

① 在主节点 master01 上的 data-storage 文件夹内创建 pv-volume-demo.yaml 配置文件，内容如下：

```
apiVersion: v1
kind: PersistentVolume
metadata:
  name: task-pv-volume2g
  labels:
    type: local
spec:
  storageClassName: stc-manual
  capacity:
    storage: 2Gi
  accessModes:
    - ReadWriteOnce
  hostPath:
    path: "/mnt/data"
---
apiVersion: v1
kind: PersistentVolume
metadata:
  name: task-pv-volume4g
  labels:
    type: local
spec:
  storageClassName: stc-manual
  capacity:
    storage: 4Gi
  accessModes:
    - ReadWriteOnce
  hostPath:
    path: "/mnt/data"
---
apiVersion: v1
kind: PersistentVolume
metadata:
  name: task-pv-volume6g
  labels:
    type: local
spec:
  storageClassName: stc-manual
  capacity:
```

```
    storage: 6Gi
  accessModes:
    - ReadWriteOnce
  hostPath:
    path: "/mnt/data"
```

该配置文件的相关说明如下。

- storageClassName 指定了存储类的名称，PVC 在使用该配置文件创建的 PV 时，PVC 存储类的名称必须与指定的存储类的名称一致，关于存储类将在后续内容中展开讲解。允许存在多个不同的且属于相同存储类的 PV。
- 创建了 3 个 PV：task-pv-volume2g、task-pv-volume4g 和 task-pv-volume6g。
- 创建的 3 个 PV 的大小分别为 2GB、4GB 和 6GB。
- 3 个 PV 的访问模式均为 ReadWriteOnce，宿主机挂载路径为/mnt/data。

② 使用 kubectl apply 命令应用该配置，创建相应的 3 个 PV：

```
root@master01:~/data-storage# ls
hostpath-demo.yaml  pv-volume-demo.yaml
root@master01:~/data-storage# kubectl apply -f pv-volume-demo.yaml
persistentvolume/task-pv-volume2g created
persistentvolume/task-pv-volume4g created
persistentvolume/task-pv-volume6g created
root@master01:~/data-storage# kubectl get pv
NAME              CAPACITY ACCESS MODES RECLAIM POLICY STATUS     CLAIM  STORAGECLASS
task-pv-volume2g  2Gi      RWO          Retain         Available         stc-manual
task-pv-volume4g  4Gi      RWO          Retain         Available         stc-manual
task-pv-volume6g  6Gi      RWO          Retain         Available         stc-manual
```

上面的输出信息中，略去部分列内容。kubectl get pv 命令的执行结果中部分列的含义如下。

- CAPACITY：容量，3 个 PV 的大小分别是 2GB、4GB 和 6GB。
- ACCESS MODES：访问模式，其值为 RWO（卷可以被一个节点以读写方式挂载）。
- RECLAIM POLICY：回收策略，其值为 Retain（默认值，表示手动回收）。
- STATUS：状态，其值为 Available，表示可用。
- CLAIM：PVC，其值为空，表示现在尚未有相应的 PVC。
- STORAGECLASS：存储类，其值为 stc-manual。

③ 创建好 PV 之后，可以创建 PVC，在主节点 master01 上的 data-storage 文件夹内创建 pv-claim-demo.yaml 配置文件，内容如下：

```
apiVersion: v1
kind: PersistentVolumeClaim
metadata:
  name: task-pv-claim
spec:
  storageClassName: stc-manual
  accessModes:
    - ReadWriteOnce
  resources:
    requests:
```

```
    storage: 3Gi
```

配置文件的相关说明如下。

- storageClassName 表示存储类型值，必须与所使用的 PV 的存储类型值一致，accessModes 与 PV 的一致。
- storage: 3Gi 表示请求 3GB 空间。需要强调的是，一个 PVC 仅能与一个 PV 绑定。注意，该配置文件中，仅指定了 storageClassName，并未指定具体要绑定哪一个 PV。

④ 使用 kubectl apply 命令应用该配置，创建相应的 PVC：

```
root@master01:~/data-storage# ls
hostpath-demo.yaml  pv-claim-demo.yaml  pv-volume-demo.yaml
root@master01:~/data-storage# kubectl apply -f pv-claim-demo.yaml
persistentvolumeclaim/task-pv-claim created
root@master01:~/data-storage# kubectl get pvc
NAME            STATUS   VOLUME             CAPACITY ACCESS MODES STORAGECLASS AGE
task-pv-claim   Bound    task-pv-volume4g 4Gi      RWO          stc-manual   10s
root@master01:~/data-storage# kubectl get pv
NAME             CAPACITY ACCESS...    RECLAIM...   STATUS     CLAIM    STORAGECLASS
    AGE
task-pv-volume2g  2Gi      RWO          Retain       Available          stc-manual
    11m
task-pv-volume4g  4Gi      RWO          Retain       Bound      default/task-pv-claim
    stc-manual       11m
task-pv-volume6g  6Gi  RWO              Retain       Available          stc-manual
    11m
```

上面的输出信息中，略去部分列内容。PVC（task-pv-claim）在申领时仅需给出所需空间（3GB），Kubernetes 会自动根据就近原则，绑定最小刚好满足空间要求的 PV（这里为 task-pv-volume4g，大小为 4GB）。

⑤ 创建 PVC 之后，Pod 便可以使用 PVC 了。在主节点 master01 上的 data-storage 文件夹内创建 pv-pod-demo.yaml 配置文件，内容如下：

```
apiVersion: v1
kind: Pod
metadata:
  name: task-pv-pod
spec:
  volumes:
    - name: task-pv-storage
      persistentVolumeClaim:
        claimName: task-pv-claim
  containers:
    - name: task-pv-container
      image: nginx
      imagePullPolicy: Always
      ports:
        - containerPort: 80
          name: "http-server"
      volumeMounts:
```

```
      - mountPath: "/usr/share/nginx/html"
        name: task-pv-storage
```

配置文件的相关说明如下。

- volumes 字段用于声明卷，指定 PVC（task-pv-claim）。
- volumeMounts 字段用于挂载，给出挂载路径 mountPath，以及所使用的卷（task-pv-storage）。

⑥ 使用 kubectl apply 命令应用配置，创建 Pod：

```
root@master01:~/data-storage# ls
hostpath-demo.yaml  pv-claim-demo.yaml  pv-pod-demo.yaml  pv-volume-demo.yaml
root@master01:~/data-storage# kubectl apply -f pv-pod-demo.yaml
pod/task-pv-pod created
root@master01:~/data-storage# kubectl get pods -o wide
NAME          READY     STATUS              RESTARTS AGE  IP        NODE
task-pv-pod   0/1       ContainerCreating 0            16s  <none>    worker02
```

上面的输出信息中，略去部分列内容。task-pv-pod 创建在工作节点 worker02 之上。但是在 Pod 尚未进入 1/1、Running 状态时切换到工作节点 worker02 上查看/mnt/data 目录（PVC 配置中指定的宿主机目录），可以发现该目录并不存在：

```
root@worker02:~# ls /mnt/data/
ls: cannot access '/mnt/data/': No such file or directory
```

待 task-pv-pod 创建完成，处于 Running 状态之后：

```
root@master01:~/data-storage# kubectl get pods -o wide
NAME          READY     STATUS    RESTARTS AGE  IP                  NODE
task-pv-pod   1/1       Running   0          37s  172.18.30.121         worker02
```

在工作节点 worker02 上查看/mnt/data 目录：

```
root@worker02:~# ls /mnt/data/
root@worker02:~#
```

该目录为空，没有出现任何报错。可见在创建 PV 或 PVC 时，都不会创建存放数据的目录以及它底层的块，仅在有 Pod 挂载这个卷时才会创建。

⑦ 清除工作与创建顺序相反，先清除 Pod，再删除 PVC，最后删除 PV。为了演示，此处仅清除 Pod 和 PVC，保留之前的 PV：

```
root@master01:~/data-storage# kubectl delete -f pv-pod-demo.yaml
pod "task-pv-pod" deleted
root@master01:~/data-storage# kubectl delete -f pv-claim-demo.yaml
persistentvolumeclaim "task-pv-claim" deleted
root@master01:~/data-storage# kubectl get pv
NAME                CAPACITY ACCESS...  RECLAIM...   STATUS   CLAIM      STORAGECLASS
    AGE
task-pv-volume2g  2Gi  RWO  Retain      Available                       stc-manual
    44m
task-pv-volume4g  4Gi  RWO  Retain      Released     default/task-pv-claim stc-manual
    44m
task-pv-volume6g  6Gi  RWO  Retain      Available                       stc-manual
    44m
```

上面的输出信息中，略去部分列内容。可观察到在删除 PVC（task-pv-claim）之后，

task-pv-volume4g 的状态变更为 Released，而 CLAIM 列的值依然为 default/task-pv-claim。

清除工作节点 worker02 上的/mnt/data 目录：

```
root@worker02:~# rm -rf /mnt/data/
root@worker02:~#
```

⑧ 使用 kubectl apply -f pv-claim-demo.yaml 命令进行第二次 PVC（task-pv-claim）创建：

```
root@master01:~/data-storage# kubectl apply -f pv-claim-demo.yaml
persistentvolumeclaim/task-pv-claim created
root@master01:~/data-storage# kubectl get pvc
NAME          STATUS   VOLUME            CAPACITY ACCESS MODES STORAGECLASS AGE
task-pv-claim    Bound    task-pv-volume6g  6Gi      RWO          stc-manual   107s
root@master01:~/data-storage# kubectl get pv
NAME             CAPACITY ACCESS... RECLAIM...  STATUS     CLAIM
    STORAGECLASS AGE
task-pv-volume2g 2Gi      RWO       Retain      Available
    stc-manual   51m
task-pv-volume4g 4Gi      RWO       Retain      Released   default/task-pv-claim
    stc-manual   51m
task-pv-volume6g 6Gi      RWO       Retain      Bound      default/task-pv-claim
    stc-manual   51m
```

观察可发现，第二次创建时，并未如期与 task-pv-volume4g PV 进行绑定。这是因为创建 PVC 时，虽然空间匹配上采用了就近原则，但是要求对应的 PV 必须处于 Available 状态。而第一次绑定之后，再删除 PVC 时，原来的 task-pv-volume4g 的状态变更为 Released 状态，不是 Available 状态。因此，这时的就近原则就会找到第一个处于 Available 状态的 PV（task-pv-volume6g），进而与该 PV 绑定。

⑨ 删除 PVC task-pv-claim，使用 kubectl apply -f pv-claim-demo.yaml 命令进行第三次 PVC task-pv-claim 创建：

```
root@master01:~/data-storage# kubectl delete -f pv-claim-demo.yaml
persistentvolumeclaim "task-pv-claim" deleted
root@master01:~/data-storage# kubectl get pvc
NAME              STATUS    VOLUME    CAPACITY ACCESS MODES STORAGECLASS AGE
task-pv-claim          Pending                                stc-manual    22s
root@master01:~/data-storage# kubectl get pv
NAME          CAPACITY ACCESS...    RECLAIM...   STATUS    CLAIM
    STORAGECLASS       AGE
task-pv-volume2g 2Gi       RWO        Retain    Available             stc-manual    63m
task-pv-volume4g 4Gi       RWO        Retain    Released default/task-pv-claim      stc-
manual    63m
task-pv-volume6g 6Gi       RWO        Retain    Released default/task-pv-claim      stc-
manual    63m
```

第三次创建 task-pv-claim PVC 时，由于 task-pv-volume4g 与 task-pv-volume6g 已经被前两次的 PVC 创建使用过了，因此它们均处于 Released 状态。3 个 PV 中已经没有满足 3GB 空间大小的 Available PV 了，因此最后的 PVC 处于 Pending 状态，绑定并未成功。

⑩ 使用 kubectl edit pv task-pv-volume6g 编辑 PV（task-pv-volume6g），去掉 CLAIM 记录（claimRef），删除如下几行：

```
  claimRef:
```

```
    apiVersion: v1
    kind: PersistentVolumeClaim
    name: task-pv-claim
    namespace: default
    resourceVersion: "589637"
    uid: 1857583c-783f-4a7b-98f2-60942c6532ad
```

然后查看 PV 与 PVC 的状态：

```
root@master01:~/data-storage# kubectl get pv
NAME             CAPACITY ACCESS...    RECLAIM...    STATUS    CLAIM
    STORAGECLASS AGE
task-pv-volume2g 2Gi      RWO          Retain        Available
    stc-manual   68m
task-pv-volume4g 4Gi      RWO          Retain        Released default/task-pv-claim
    stc-manual   68m
task-pv-volume6g 6Gi      RWO          Retain        Bound     default/task-pv-claim
    stc-manual   68m
root@master01:~/data-storage# kubectl get pvc
NAME           STATUS  VOLUME           CAPACITY ACCESS MODES STORAGECLASS     AGE
task-pv-claim  Bound   task-pv-volume6g 6Gi      RWO          stc-manual       5m43s
```

被编辑的 PV task-pv-volume6g 再次进入 Bound 状态，而 PVC（task-pv-claim）也自动由原来的挂起状态变为 Bound 状态，并且此时其可用空间大小已变为 PV 的空间大小，即 6GB。需要强调的是 PV 属于集群资源，而 PVC 则属于某个命名空间内的资源。

⑪ 最后，删除所有的 PV 和 PVC，并恢复工作路径：

```
root@master01:~/data-storage# kubectl delete -f pv-claim-demo.yaml
persistentvolumeclaim "task-pv-claim" deleted
root@master01:~/data-storage# kubectl delete -f pv-volume-demo.yaml
persistentvolume "task-pv-volume2g" deleted
persistentvolume "task-pv-volume4g" deleted
persistentvolume "task-pv-volume6g" deleted
root@master01:~/data-storage# kubectl get pvc
No resources found in default namespace.
root@master01:~/data-storage# kubectl get pv
No resources found
root@master01:~/data-storage# kubectl get pods
No resources found in default namespace.
root@master01:~/data-storage# cd
root@master01:~#
```

当用户不再使用存储卷时，可以对卷进行回收，默认的回收策略为 Retain（手动回收）策略。可通过 persistentVolumeReclaimPolicy 字段指定 PV 回收策略。

⑫ 在主节点 master01 上的 data-storage 文件夹内创建 pv-reclaim-demo.yaml 配置文件，内容如下：

```
apiVersion: v1
kind: PersistentVolume
metadata:
  name: task-pv-volume5g
  labels:
```

```
    type: local
spec:
  persistentVolumeReclaimPolicy: Recycle
  storageClassName: stc-manual
  capacity:
    storage: 5Gi
  accessModes:
    - ReadWriteOnce
  hostPath:
    path: "/mnt/data"
```

配置文件中指定了 PV 的回收策略为 Recycle。

⑬ 使用 kubectl apply 命令应用该配置，创建 PV（task-pv-volume5g）和 PVC（task-pv-claim）：

```
root@master01:~/data-storage# ls
hostpath-demo.yaml        pv-claim-demo.yaml        pv-pod-demo.yaml
pv-reclaim-demo.yaml  pv-volume-demo.yaml
root@master01:~/data-storage# kubectl apply -f pv-reclaim-demo.yaml
persistentvolume/task-pv-volume5g created
root@master01:~/data-storage# kubectl apply -f pv-claim-demo.yaml
persistentvolumeclaim/task-pv-claim created
root@master01:~/data-storage# kubectl get pv
NAME              CAPACITY ACCESS...    RECLAIM...    STATUS    CLAIM
    STORAGECLASS      AGE
task-pv-volume5g  5Gi       RWO         Recycle       Bound     default/task-pv-claim
    stc-manual        19s
root@master01:~/data-storage# kubectl get pvc
NAME              STATUS    VOLUME            CAPACITY ACCESS MODES STORAGECLASS AGE
task-pv-claim     Bound     task-pv-volume5g  5Gi       RWO          stc-manual    12s
```

⑭ 接下来删除 PVC（task-pv-claim）：

```
root@master01:~/data-storage# kubectl delete pvc task-pv-claim
persistentvolumeclaim "task-pv-claim" deleted
root@master01:~/data-storage# kubectl get pv
NAME              CAPACITY ACCESS...    RECLAIM...    STATUS    CLAIM
    STORAGECLASS      AGE
task-pv-volume5g  5Gi       RWO         Recycle       Released default/task-pv-claim
    stc-manual        4m36s
```

删除 PVC（task-pv-claim）之后，PV（task-pv-volume5g）的状态变更为 Released，并且 CLAIM 列依然记录有之前申领的历史记录。稍等若干秒之后，再查看 PV：

```
root@master01:~/data-storage# kubectl get pv
NAME          CAPACITY ACCESS...    RECLAIM...    STATUS    CLAIM
    STORAGECLASS      AGE
task-pv-volume5g 5Gi       RWO       Recycle  Available                    stc-manual
    7m7s
```

可以发现，PV（task-pv-volume5g）的状态最终自动恢复为 Available，其又可以再次被其他 PVC 挂载使用了。

⑮ 删除 PV，并恢复工作路径：

```
root@master01:~/data-storage# kubectl delete -f pv-reclaim-demo.yaml
persistentvolume "task-pv-volume5g" deleted
root@master01:~/data-storage# kubectl get pv
No resources found
root@master01:~/data-storage# kubectl get pods
No resources found in default namespace.
root@master01:~/data-storage# cd
root@master01:~#
```

任务 8.3　StorageClass 存储类使用

任务说明

尽管 PVC 允许用户消耗抽象的存储资源，常见的情况是针对不同的问题用户需要的是具有不同属性（如性能）的 PV。集群管理员需要能够提供不同性质的 PV（这些 PV 之间的差别不仅限于卷大小和访问模式），同时又不能将卷是如何实现的这些细节暴露给用户。为了满足这些需求，Kubernetes 引入了存储类（StorageClass）资源。

本任务的具体要求如下。

- 掌握 External Storage 插件的安装。
- 掌握 StorageClass 存储类的基本使用。

知识引入：存储类的概念与动态卷

StorageClass 存储类为管理员提供了描述存储"类"的方法。不同的类型可能会映射不同的服务质量等级或备份策略，或是由集群管理员制定的任意策略。Kubernetes 本身并不清楚各种类代表什么。这个类的概念在其他存储系统中有时被称为"配置文件"。

静态供给指管理员提前将 PV 创建好，然后与 PVC 绑定。在 Kubernetes 中，动态卷是通过 StorageClass 存储类实现的。配置 StorageClass 存储类，当没有满足 PVC 条件的 PV 时，StorageClass 存储类会（通过插件）动态地创建一个 PV，然后创建 PVC 绑定。

动态卷的优势是不需要提前创建 PV，能够提高效率和资源利用率。

任务实现

【External Storage 插件使用-示例】：在生产中，存储类更多使用的是插件，安装 External Storage 插件，通过存储类创建 PVC 之后，自动创建 PV 并绑定。然后创建 Pod，自动创建 PVC 与 PV。最后将 NFS 的 StorageClass 存储类设置为默认，创建 Pod 不指定 StorageClass 存储类，申请 PVC 的资源。

① 为解决 kubeadm 1.20.2 之后出现的创建 PVC 时无法自动创建 PV 的问题，需要修改主节点 master01 上的/etc/kubernetes/manifests/kube-apiserver.yaml 配置文件，使用 vim 打开该文件，执行":set nu"命令显示行数，在第 43 行"- --tls-private-key-file=/etc/kubernetes/pki/apiserver.key"之后添加一行，内容为"- --feature-gates=RemoveSelfLink=false"，具体如下：

```
41    - --service-cluster-ip-range=10.96.0.0/12
42     - --tls-cert-file=/etc/kubernetes/pki/apiserver.crt
43     - --tls-private-key-file=/etc/kubernetes/pki/apiserver.key
44    - --feature-gates=RemoveSelfLink=false
```

② 本书将以 NFS 作为演示示例，因此需要安装、配置网络文件存储系统。先在主节点 master01 上安装 nfs-common 和 nfs-kernel-server 两个软件，它们分别对应于 NFS 的客户端与服务端：

```
root@master01:~# apt-get install -y nfs-common nfs-kernel-server
```

在工作节点 worker01 上仅需安装客户端 nfs-common：

```
root@worker01:~# apt-get install -y nfs-common
```

在工作节点 worker02 上仅需安装客户端 nfs-common：

```
root@worker02:~# apt-get install -y nfs-common
```

③ 安装完成之后，查看主节点 master01 上 NFS 服务的状态：

```
root@master01:~# systemctl status nfs-kernel-server.service
  nfs-server.service - NFS server and services
    Loaded: loaded (/lib/systemd/system/nfs-server.service; enabled; vendor preset: enabled)
    Active: active (exited) since Sat 2021-05-08 07:10:37 UTC; 4min 40s ago
  Main PID: 329189 (code=exited, status=0/SUCCESS)
     Tasks: 0 (limit: 2247)
    Memory: 0B
    CGroup: /system.slice/nfs-server.service

May 08 07:10:36 master01 systemd[1]: Starting NFS server and services...
May 08 07:10:37 master01 systemd[1]: Finished NFS server and services.
```

④ 在主节点 master01 上创建/storage 目录，并配置 NFS：

```
root@master01:~# mkdir /storage
root@master01:~# echo "/storage *(rw,sync,no_root_squash)" >> /etc/exports
root@master01:~# systemctl restart nfs-kernel-server.service
```

⑤ 验证 NFS 服务。在工作节点 worker01 上挂载 NFS：

```
root@worker01:~# mount master01:/storage /mnt
root@worker01:~# touch /mnt/world
root@worker01:~# ls /mnt/
world
```

在工作节点 worker01 上挂载 NFS 的 /storage 到本地目录/mnt 上，然后在后者中创建 world 文件。切换到主节点 master01 上，进行查看：

```
root@master01:~# ls /storage
world
```

回到工作节点 worker01 上，清除所创建的/mnt/world 文件，卸载/mnt 目录上挂载的 NFS，验证结束：

```
root@worker01:~# rm /mnt/world
root@worker01:~# umount /mnt
```

接下来将在 Kubernetes 集群中使用该 NFS。

⑥ 首先到 GitHub 网站中检索 kubernetes-retired/external-storage 项目，在该项目中下载 class.yaml、deployment.yaml 和 rbac.yaml 这 3 个 YAML 文件。

若访问 GitHub 网站受限，也可使用本书提供的 class.yaml、deployment.yaml 和

rbac.yaml 这 3 个文件。将这 3 个文件保存到主节点 master01 的 data-storage/external-storage 子目录下。

- class.yaml 文件内容如下：

```
apiVersion: storage.k8s.io/v1
kind: StorageClass
metadata:
  name: managed-nfs-storage
provisioner: fuseim.pri/ifs # 必须与 deployment.yaml 文件中的 PROVISIONER_NAME 相匹配
parameters:
  archiveOnDelete: "false"
```

类型为 StorageClass（存储类），其为动态创建的资源类。之前在创建 PV 时指定了存储类名称，该存储类指的便是此处的类，只是之前 PV 用的都是静态资源类。这里是单独动态地创建了一个资源类——存储类。

- 不能直接使用 deployment.yaml，需要修改：

```
apiVersion: apps/v1
kind: Deployment
metadata:
  name: nfs-client-provisioner
  labels:
    app: nfs-client-provisioner
  namespace: default
spec:
  replicas: 1
  strategy:
    type: Recreate
  selector:
    matchLabels:
      app: nfs-client-provisioner
  template:
    metadata:
      labels:
        app: nfs-client-provisioner
    spec:
      serviceAccountName: nfs-client-provisioner
      containers:
        - name: nfs-client-provisioner
          image: quay.io/external_storage/nfs-client-provisioner:latest
          imagePullPolicy: IfNotPresent
          volumeMounts:
            - name: nfs-client-root
              mountPath: /persistentvolumes
          env:
            - name: PROVISIONER_NAME
              value: fuseim.pri/ifs
            - name: NFS_SERVER
```

```
          value: 192.168.53.100
        - name: NFS_PATH
          value: /storage
    volumes:
      - name: nfs-client-root
        nfs:
          server: 192.168.53.100
          path: /storage
```

增加了 imagePullPolicy: IfNotPresent，同时修改 env 中 NFS_SERVER 的 value 字段值为主节点 master01 的 IP 地址，并将 NFS_PATH 的 value 字段值修改为主节点 master01 的 /storage 目录。还修改了 volumes 中对应的 server 与 path 的值。

- 无须修改 rbac.yaml 内容，由于内容较长，此处不再展示。

⑦ 使用 kubectl apply 命令应用 data-storage/external-storage 目录下的各相关配置文件，创建资源：

```
root@master01:~/data-storage/external-storage# ls
class.yaml  deployment.yaml  rbac.yaml
root@master01:~/data-storage/external-storage# kubectl apply -f .
storageclass.storage.k8s.io/managed-nfs-storage created
deployment.apps/nfs-client-provisioner created
serviceaccount/nfs-client-provisioner created
clusterrole.rbac.authorization.k8s.io/nfs-client-provisioner-runner created
clusterrolebinding.rbac.authorization.k8s.io/run-nfs-client-provisioner created
role.rbac.authorization.k8s.io/leader-locking-nfs-client-provisioner created
rolebinding.rbac.authorization.k8s.io/leader-locking-nfs-client-provisioner created
root@master01:~/data-storage/external-storage# kubectl get pods
NAME                                      READY   STATUS    RESTARTS AGE
nfs-client-provisioner-7f8fd8d454-cc7wx   1/1     Running   0        39s
```

kubectl apply -f .命令最后的“.”表示应用当前目录下所有的 YAML 配置文件。nfs-client-provisioner-7f8fd8d454-cc7wx 处于 Running 状态，插件现在处于可用状态。

⑧ 在主节点 master01 上的 data-storage 文件夹内创建 nfs-pvc-demo.yaml 配置文件，内容如下：

```
apiVersion: v1
kind: PersistentVolumeClaim
metadata:
  name: nginx-test
spec:
  accessModes:
    - ReadWriteMany
  storageClassName: managed-nfs-storage
  resources:
    requests:
      storage: 1Gi
```

该配置文件中声明了一个 PVC nginx-test，存储类名（storageClassName）为 managed-nfs-storage。

⑨ 使用 kubectl apply 命令应用 nfs-pvc-demo.yaml 配置文件，创建 PVC nginx-test：

```
root@master01:~/data-storage# ls
external-storage  hostpath-demo.yaml  nfs-pvc-demo.yaml  pv-claim-demo.yaml  pv-pod-demo.yaml  pv-reclaim-demo.yaml  pv-volume-demo.yaml
root@master01:~/data-storage# kubectl get pvc
No resources found in default namespace.
root@master01:~/data-storage# kubectl get pv
No resources found
root@master01:~/data-storage# kubectl apply -f nfs-pvc-demo.yaml
persistentvolumeclaim/nginx-test created
root@master01:~/data-storage# kubectl get pvc
NAME       STATUS VOLUME                                   CAPACITY  ACCESS...
   STORAGECLASS          AGE
nginx-test Bound pvc-397a81bc-4823-4841-bcdc-8ad8856accec 1Gi       RWX
   managed-nfs-storage   11s
root@master01:~/data-storage# kubectl get pv
NAME                                       CAPACITY ACC...  RECLAIM...   STATUS
   CLAIM                 STOR...              AGE
pvc-397a81bc-4823-4841-bcdc-8ad8856accec 1Gi      RWX     Delete       Bound
   default/nginx-test    managed-nfs-storage  13s
```

上面的输出信息中，略去部分列内容。可观察到，除了与预期一致创建了 PVC（nginx-test）之外，还自动创建了一个 PV（pvc-397a81bc-4823-4841-bcdc-8ad8856accec），大小正好是 PVC 的 1GB，且其回收策略为 Delete。

⑩ 使用 kubectl delete 命令删除所创建的 PVC：

```
root@master01:~/data-storage# kubectl delete pvc nginx-test
persistentvolumeclaim "nginx-test" deleted
root@master01:~/data-storage# kubectl get pvc
No resources found in default namespace.
root@master01:~/data-storage# kubectl get pv
No resources found
```

删除 PVC 时，之前自动创建的 PV 也被删除了。

⑪ 然后继续在主节点 master01 上的 data-storage 文件夹内创建 nfs-pod-demo.yaml 配置文件，内容如下：

```
apiVersion: apps/v1
kind: StatefulSet
metadata:
  name: web
spec:
  selector:
    matchLabels:
      app: nginx # 必须与 spec.template.metadata.labels 相匹配
  serviceName: "nginx"
  replicas: 3 # 默认值为 1
  template:
    metadata:
      labels:
```

```
      app: nginx # 必须与 spec.selector.matchLabels 相匹配
    spec:
      terminationGracePeriodSeconds: 10
      containers:
      - name: nginx
        image: nginx
        ports:
        - containerPort: 80
          name: web
        volumeMounts:
        - name: www
          mountPath: /usr/share/nginx/html
  volumeClaimTemplates:
  - metadata:
      name: www
    spec:
      accessModes: [ "ReadWriteMany" ]
      storageClassName: "managed-nfs-storage"
      resources:
        requests:
          storage: 1Gi
```

配置文件的相关说明如下。

- volumeClaimTemplates 部分，指定了访问模式为 ReadWriteMany，卷可以被多个节点以读写方式挂载，还指定了存储类名称（与 external-storage 插件的 class.yaml 配置文件中的一致），以及最后的存储空间为 1GB。
- 整个 StatefulSet 控制器采用了 3 个 Job 副本，每个副本挂载了一个 PVC。

⑫ 使用 kubectl apply 命令应用该配置：

```
root@master01:~/data-storage# ls
external-storage      hostpath-demo.yaml    nfs-pod-demo.yaml      nfs-pvc-demo.yaml
pv-claim-demo.yaml    pv-pod-demo.yaml      pv-reclaim-demo.yaml   pv-volume-demo.yaml
root@master01:~/data-storage# kubectl apply -f nfs-pod-demo.yaml
statefulset.apps/web created
root@master01:~/data-storage# kubectl get pods
NAME                                      READY    STATUS    RESTARTS AGE
nfs-client-provisioner-7f8fd8d454-cc7wx   1/1      Running   0        169m
web-0                                     1/1      Running   0        79s
web-1                                     1/1      Running   0        58s
web-2                                     1/1      Running   0        36s
root@master01:~/data-storage# kubectl get pvc
NAME         STATUS   VOLUME                                     CAPACITY ACCESS...
    STORAGECLASS           AGE
www-web-0    Bound    pvc-99953d2a-7abc-447a-a215-9553304c6a4c   1Gi      RWX
    managed-nfs-storage    3m25s
www-web-1    Bound    pvc-f2ae8669-a299-4ccc-abb4-cb8abb76f348   1Gi      RWX
    managed-nfs-storage    3m4s
www-web-2    Bound    pvc-e49eb59a-ac52-43c7-b5f1-429e7f0999b6   1Gi      RWX
```

```
    managed-nfs-storage   2m42s
root@master01:~/data-storage# kubectl get pv
NAME                                       CAPACITY ACC...   RECLAIM...        STATUS
    CLAIM                  STOR...          AGE
pvc-99953d2a-7abc-447a-a215-9553304c6a4c    1Gi              RWX  Delete       Bound
    default/www-web-0      managed-nfs-storage   3m29s
pvc-e49eb59a-ac52-43c7-b5f1-429e7f0999b6    1Gi              RWX  Delete       Bound
    default/www-web-2      managed-nfs-storage   2m46s
pvc-f2ae8669-a299-4ccc-abb4-cb8abb76f348    1Gi              RWX  Delete       Bound
    default/www-web-1      managed-nfs-storage   3m8s
```

上面的输出信息中，略去部分列内容。当 3 个 Pod 副本被成功运行起来之后，PVC 和 PV 均自动创建成功。

⑬ 查看 NFS 的数据存储目录/storage：

```
root@master01:~/data-storage# ls /storage/
default-www-web-0-pvc-99953d2a-7abc-447a-a215-9553304c6a4c
default-www-web-1-pvc-f2ae8669-a299-4ccc-abb4-cb8abb76f348
default-www-web-2-pvc-e49eb59a-ac52-43c7-b5f1-429e7f0999b6
```

这 3 个目录便是 3 个 Pod 副本的数据存放目录。

⑭ 使用 kubectl delete 命令删除 StatefulSet web 控制器，需要强调的是，删除 web 控制器并不会自动删除 PVC 与 PV：

```
root@master01:~/data-storage# kubectl delete -f nfs-pod-demo.yaml
statefulset.apps "web" deleted
root@master01:~/data-storage# kubectl get pods
NAME                                       READY    STATUS    RESTARTS AGE
nfs-client-provisioner-7f8fd8d454-cc7wx    1/1      Running   0        179m
root@master01:~/data-storage# kubectl get pvc
NAME        STATUS   VOLUME                                      CAPACITY ACCESS...
    STORAGECLASS AGE
www-web-0   Bound    pvc-99953d2a-7abc-447a-a215-9553304c6a4c    1Gi
    RWX     managed-nfs-storage   13m
www-web-1   Bound    pvc-f2ae8669-a299-4ccc-abb4-cb8abb76f348    1Gi
    RWX     managed-nfs-storage   12m
www-web-2   Bound    pvc-e49eb59a-ac52-43c7-b5f1-429e7f0999b6    1Gi
    RWX     managed-nfs-storage   12m
root@master01:~/data-storage# kubectl get pv
NAME                                       CAPACITY ACC... RECLAIM...     STATUS CLAIM
    STOR...                                AGE
pvc-99953d2a-7abc-447a-a215-9553304c6a4c   1Gi             RWX   Delete   Bound
    default/www-web-0 managed-nfs-storage  13m
pvc-e49eb59a-ac52-43c7-b5f1-429e7f0999b6   1Gi             RWX   Delete   Bound
    default/www-web-2 managed-nfs-storage  12m
pvc-f2ae8669-a299-4ccc-abb4-cb8abb76f348   1Gi             RWX   Delete   Bound
    default/www-web-1 managed-nfs-storage  12m
root@master01:~/data-storage# ls /storage/
default-www-web-0-pvc-99953d2a-7abc-447a-a215-9553304c6a4c
default-www-web-1-pvc-f2ae8669-a299-4ccc-abb4-cb8abb76f348
default-www-web-2-pvc-e49eb59a-ac52-43c7-b5f1-429e7f0999b6
```

⑮ 手动删除 PVC：

```
root@master01:~/data-storage# kubectl delete pvc --all
persistentvolumeclaim "www-web-0" deleted
persistentvolumeclaim "www-web-1" deleted
persistentvolumeclaim "www-web-2" deleted
root@master01:~/data-storage# kubectl get pv
No resources found
root@master01:~/data-storage# ls /storage/
root@master01:~/data-storage#
```

可以发现，手动删除 PVC 之后，相应的 PV 和 NFS 存储目录中的数据也全部自动删除了。

⑯ 当存在多个存储资源时，可以设置某个存储为默认存储。设置 external-storage 插件的 managed-nfs-storage 为默认存储：

```
root@master01:~/data-storage# kubectl patch storageclass managed-nfs-storage \
> -p '{"metadata": {"annotations":{"storageclass.kubernetes.io/is-default-class":"true"}}}'
storageclass.storage.k8s.io/managed-nfs-storage patched
```

该命令的作用相当于 kubectl edit storageclasses.storage.k8s.io managed-nfs-storage 命令，在 annotations 中增加 storageclass.kubernetes.io/is-default-class: "true"，如下所示：

```
  annotations:
    kubectl.kubernetes.io/last-applied-configuration: |

{"apiVersion":"storage.k8s.io/v1","kind":"StorageClass","metadata":{"annotations":{}
,"name":"managed-nfs-
storage"},"parameters":{"archiveOnDelete":"false"},"provisioner":"fuseim.pri/ifs"}
    storageclass.kubernetes.io/is-default-class: "true"
```

⑰ 在主节点 master01 上的 data-storage 文件夹内创建 nfs-default-demo.yaml 配置文件，内容如下：

```
apiVersion: apps/v1
kind: StatefulSet
metadata:
  name: web
spec:
  selector:
    matchLabels:
      app: nginx # 必须与 spec.template.metadata.labels 相匹配
  serviceName: "nginx"
  replicas: 3 # 默认值为 1
  template:
    metadata:
      labels:
        app: nginx # 必须与 spec.selector.matchLabels 相匹配
    spec:
      terminationGracePeriodSeconds: 10
      containers:
      - name: nginx
        image: nginx
```

```
        ports:
        - containerPort: 80
          name: web
        volumeMounts:
        - name: www
          mountPath: /usr/share/nginx/html
  volumeClaimTemplates:
  - metadata:
      name: www
    spec:
      accessModes: [ "ReadWriteMany" ]
      # storageClassName: "managed-nfs-storage"
      resources:
        requests:
          storage: 1Gi
```

相较 nfs-pod-demo.yaml 文件，本配置文件仅注释掉 storageClassName: "managed-nfs-storage"。在此配置文件中，并未指定存储类名称，此时将会使用默认存储。

⑱ 使用 kubectl apply 命令应用 nfs-default-demo.yaml 配置文件，创建 StatefulSet web 控制器：

```
root@master01:~/data-storage# ls
external-storage  hostpath-demo.yaml nfs-default-demo.yaml  nfs-pod-demo.yaml
nfs-pvc-demo.yaml pv-claim-demo.yaml pv-pod-demo.yaml       pv-reclaim-demo.yaml
pv-volume-demo.yaml
root@master01:~/data-storage# kubectl apply -f nfs-default-demo.yaml
statefulset.apps/web created
root@master01:~/data-storage# kubectl get pvc
NAME             STATUS   VOLUME                                     CAPACITY
   ACCESS...     STORAGECLASS          AGE
www-web-0        Bound    pvc-385c7a1a-f0a0-4d90-b979-e08999d63f0f   1Gi
   RWX           managed-nfs-storage   2m34s
www-web-1        Bound    pvc-4598499d-ad58-4aa1-b601-02e56005da56   1Gi
   RWX           managed-nfs-storage   2m13s
www-web-2        Bound    pvc-94b61ab9-5985-4dc3-93ae-161481ed450c   1Gi
   RWX           managed-nfs-storage   114s
root@master01:~/data-storage# kubectl get pv
NAME                             CAPACITY ACC...  RECLAIM...  STATUS     CLAIM
   STOR...                                        AGE
pvc-385c7a1a-f0a0-4d90-b979-e08999d63f0f  1Gi      RWX Delete         Bound
   default/www-web-0 managed-nfs-storage  2m37s
pvc-4598499d-ad58-4aa1-b601-02e56005da56  1Gi      RWX Delete         Bound
   default/www-web-1 managed-nfs-storage  2m16s
pvc-94b61ab9-5985-4dc3-93ae-161481ed450c  1Gi      RWX Delete         Bound
   default/www-web-2 managed-nfs-storage  117s
```

可以看到，依然自动创建了 PVC 与 PV，同时使用的存储类名称依然为 managed-nfs-storage。

⑲ 删除对应的 StatefulSet web 控制器，并将 external-storage 插件删除，最后恢复工作路径：

```
root@master01:~/data-storage# kubectl scale statefulset --replicas=0 web
statefulset.apps/web scaled
root@master01:~/data-storage# kubectl delete statefulsets.apps web
statefulset.apps "web" deleted
root@master01:~/data-storage# kubectl delete pvc --all
persistentvolumeclaim "www-web-0" deleted
persistentvolumeclaim "www-web-1" deleted
persistentvolumeclaim "www-web-2" deleted
root@master01:~/data-storage# kubectl get pv
No resources found
root@master01:~/data-storage# cd external-storage/
root@master01:~/data-storage/external-storage# kubectl delete -f .
storageclass.storage.k8s.io "managed-nfs-storage" deleted
deployment.apps "nfs-client-provisioner" deleted
serviceaccount "nfs-client-provisioner" deleted
clusterrole.rbac.authorization.k8s.io "nfs-client-provisioner-runner" deleted
clusterrolebinding.rbac.authorization.k8s.io "run-nfs-client-provisioner" deleted
role.rbac.authorization.k8s.io "leader-locking-nfs-client-provisioner" deleted
rolebinding.rbac.authorization.k8s.io         "leader-locking-nfs-client-provisioner"
deleted
root@master01:~/data-storage/external-storage# kubectl get pods
No resources found in default namespace.
root@master01:~/data-storage/external-storage# cd
root@master01:~#
```

任务 8.4 ConfigMap 的使用

任务说明

ConfigMap 是一种 API 对象，用来将非机密性的数据保存到键值对中。使用时，Pod 可以将其用作环境变量、命令行参数或者存储卷中的配置文件。本任务的具体要求如下。

- 掌握 ConfigMap 的概念和应用场景。
- 掌握 ConfigMap 基本使用。

知识引入：ConfigMap 的概念

ConfigMap 可将环境配置信息和容器镜像解耦，便于修改应用配置。ConfigMap 并不提供保密或者加密功能。如果想存储的数据是机密的，请使用后面将要讲解的 Secret，或者使用其他第三方工具来保证数据的私密性，而不是用 ConfigMap。

使用 YAML 文件方式创建 ConfigMap，不能热更新，即不能实现通过 kubectl edit 命令直接编辑、更改 ConfigMap 对象之后，引用该 ConfigMap 的相关 Pod 中的环境变量也会自动更新。因此，可以进行重新部署，以使其生效：使用 kubectl rollout restart 命令，或者把副本删除了，由控制器重新启动新副本来使之生效。

除了使用 YAML 格式的配置文件创建对应的 ConfigMap 之外，还可以使用 kubectl create configmap 命令基于同一目录中的多个文件创建 ConfigMap。当基于目录来创建 ConfigMap 时，kubectl 识别目录下文件名可以作为合法键名的文件，并将这些文件打包到新的 ConfigMap 中。普通文件之外的所有目录项都会被忽略（例如，子目录、符号链接、设备、管道等）。文件大小必须小于 1048576 字节。

任务实现

【ConfigMap 的使用】：创建 ConfigMap，并将其定义的键值对数据以环境变量的形式导入 Pod 中。然后使用目录方式创建 ConfigMap，并通过 volumeMount 方式将其挂载到 Pod 之上。

① 在主节点 master01 上的 data-storage 文件夹内创建 configmap-demo.yaml 配置文件，内容如下：

```
apiVersion: v1
kind: ConfigMap
metadata:
  name: test-config
data:
  username: zc
  message: helloworld
```

在 configmap-demo.yaml 配置文件中配置了两个环境变量：username 与 message。

② 使用 kubectl apply 命令应用配置，创建 ConfigMap：

```
root@master01:~/data-storage# ls
configmap-demo.yaml   hostpath-demo.yaml   nfs-pod-demo.yaml     pv-claim-demo.yaml
pv-reclaim-demo.yaml  external-storage     nfs-default-demo.yaml nfs-pvc-demo.yaml
pv-pod-demo.yaml      pv-volume-demo.yaml
root@master01:~/data-storage# kubectl apply -f configmap-demo.yaml
configmap/test-config created
root@master01:~/data-storage# kubectl describe configmaps test-config
Name:         test-config
Namespace:    default
Labels:       <none>
Annotations:  <none>

Data
====
message:
----
helloworld
username:
----
zc
Events:  <none>
```

可在 kubectl describe configmaps test-config 命令的执行结果中查看 ConfigMap 中设置对应的键值对。

③ 在 Pod 的配置文件中可使用 envFrom 将所有 ConfigMap 的数据定义为容器环境变量。在 ConfigMap 中的键的名称成为 Pod 中的环境变量名称。在主节点 master01 上的 data-storage 文件夹内创建 configmap-envfrom-demo.yaml 配置文件，内容如下：

```
apiVersion: v1
kind: Pod
metadata:
  name: envfrom-pod
spec:
  containers:
    - name: test-container
      image: nginx
      envFrom:
      - configMapRef:
          name: test-config #将之前创建的 test-config ConfigMap 的环境变量注入当前 Pod
```

④ 使用 kubectl apply 命令应用该配置，创建 Pod：

```
root@master01:~/data-storage# ls
configmap-demo.yaml external-storage    nfs-default-demo.yaml  nfs-pvc-demo.yaml
pv-pod-demo.yaml     pv-volume-demo.yaml configmap-envfrom-demo.yaml
hostpath-demo.yaml  nfs-pod-demo.yaml     pv-claim-demo.yaml      pv-reclaim-demo.yaml
root@master01:~/data-storage# kubectl apply -f configmap-envfrom-demo.yaml
pod/envfrom-pod created
root@master01:~/data-storage# kubectl get pods
NAME          READY    STATUS    RESTARTS AGE
envfrom-pod  1/1      Running  0        90s
root@master01:~/data-storage# kubectl exec -it envfrom-pod -- env
PATH=/usr/local/sbin:/usr/local/bin:/usr/sbin:/usr/bin:/sbin:/bin
HOSTNAME=envfrom-pod
TERM=xterm
message=helloworld
username=zc
...
```

在所启动的容器中，便可以查看 ConfigMap 中设置的环境变量了。删除 envfrom-pod：

```
root@master01:~/data-storage# kubectl delete -f configmap-envfrom-demo.yaml
pod "envfrom-pod" deleted
```

⑤ 在 Pod 的配置文件中可以使用$(VAR_NAME)替换 YAML 配置文件中 containers 容器部分的 command 和 args，使用 ConfigMap 定义的环境变量。在主节点 master01 上的 data-storage 文件夹内创建 configmap-valuefrom-demo.yaml 配置文件，内容如下：

```
apiVersion: v1
kind: Pod
metadata:
  name: valuefrom-pod
spec:
  containers:
    - name: test-container
      image: nginx
      env:
```

```
        - name: MY_APP_USRNAME # 可自定义环境变量名
          valueFrom:
            configMapKeyRef:
              name: test-config # ConfigMap 名称
              key: username
        - name: MY_APP_MSG # 可自定义环境变量名
          valueFrom:
            configMapKeyRef:
              name: test-config # ConfigMap 名称
              key: message
```

⑥ 使用 kubectl apply 命令应用该配置，创建 Pod：

```
root@master01:~/data-storage# ls
configmap-demo.yaml             configmap-valuefrom-demo.yaml  hostpath-demo.yaml
nfs-pod-demo.yaml               pv-claim-demo.yaml             pv-reclaim-demo.yaml
configmap-envfrom-demo.yaml     external-storage               nfs-default-demo.yaml
nfs-pvc-demo.yaml               pv-pod-demo.yaml               pv-volume-demo.yaml
root@master01:~/data-storage# kubectl apply -f configmap-valuefrom-demo.yaml
pod/valuefrom-pod created
root@master01:~/data-storage# kubectl get pods
NAME           READY   STATUS    RESTARTS   AGE
valuefrom-pod  1/1     Running   0          95s
root@master01:~/data-storage# kubectl exec -it valuefrom-pod -- env
PATH=/usr/local/sbin:/usr/local/bin:/usr/sbin:/usr/bin:/sbin:/bin
HOSTNAME=valuefrom-pod
TERM=xterm
MY_APP_USRNAME=zc
MY_APP_MSG=helloworld
...
```

其中，环境变量 MY_APP_USRNAME 与 MY_APP_MSG 的值，均来自 ConfigMap test-config。这样，就可以实现使用同一个 ConfigMap 管理多个应用的目的，即一处修改，处处应用。

⑦ 清除 valuefrom-pod，恢复工作路径：

```
root@master01:~/data-storage# kubectl delete -f configmap-valuefrom-demo.yaml
pod "valuefrom-pod" deleted
root@master01:~/data-storage# kubectl get pods
No resources found in default namespace.
root@master01:~/data-storage# cd
root@master01:~#
```

⑧ 在主节点 master01 上的 data-storage 文件夹内创建 configmap-dir 子目录，然后在其内创建 index.html 与 info.html 两个文件：

```
root@master01:~/data-storage# mkdir configmap-dir
root@master01:~/data-storage# cd configmap-dir/
root@master01:~/data-storage/configmap-dir# echo hello,world! > index.html
root@master01:~/data-storage/configmap-dir# echo ni,hao! > info.html
```

```
root@master01:~/data-storage/configmap-dir# ls
index.html  info.html
root@master01:~/data-storage/configmap-dir# kubectl create configmap file-config \
> --from-file=.
configmap/file-config created
root@master01:~/data-storage/configmap-dir# kubectl describe configmaps file-config
Name:         file-config
Namespace:    default
Labels:       <none>
Annotations:  <none>

Data
====
index.html:
----
hello,world!

info.html:
----
ni,hao!

Events:  <none>
```

- 首先创建了两个文件：index.html 与 info.html。
- 然后使用“kubectl create configmap file-config --from-file=.”命令创建了 ConfigMap file-config。该命令最后的字符“.”表示基于当前目录来创建 ConfigMap。也可以使用多个--from-file=<filename>来指定多个具体的文件，例如，“kubectl create configmap file-config --from-file=index.html --from-file=info.html”。
- 最后查看 file-config 的详情，其环境变量的键名即文件名，而对应的键值则为文件内容。

⑨ 在 Pod 规约（例如 YAML 格式的配置文件）的 volumes 部分添加 ConfigMap 的名称。这会将 ConfigMap 数据添加到被指定为 volumeMounts.mountPath 的目录中（在本例中为/etc/config）。command 部分引用存储在 ConfigMap 中的 special.level。在主节点 master01 上的 data-storage 文件夹内创建 configmap-volpod1-demo.yaml 配置文件，内容如下：

```
apiVersion: v1
kind: Pod
metadata:
  name: volumemount-pod
spec:
  volumes:
    - name: config-volume
      configMap:
        name: file-config
  containers:
    - name: test-container
      image: nginx
```

```
    volumeMounts:
    - name: config-volume
      mountPath: /usr/share/nginx/html/
```

配置文件中，生成一个 Volume config-volume，使用的是 ConfigMap file-config。然后将其挂载到 Pod 容器中的/usr/share/nginx/html。

⑩ 使用 kubectl apply 命令应用该配置，创建 Pod：

```
root@master01:~/data-storage# ls
configmap-demo.yaml   configmap-envfrom-demo.yaml   configmap-volpod1-demo.yaml
hostpath-demo.yaml    nfs-pod-demo.yam l            pv-claim-demo.yaml
pv-reclaim-demo.yaml  configmap-dir                 configmap-valuefrom-demo.yaml
external-storage      nfs-default-demo.yaml         nfs-pvc-demo.yaml
pv-pod-demo.yaml      pv-volume-demo.yaml
root@master01:~/data-storage# kubectl apply -f configmap-volpod1-demo.yaml
pod/volumemount-pod created
root@master01:~/data-storage# kubectl get pods
NAME              READY    STATUS   RESTARTS AGE
volumemount-pod   1/1      Running  0        96s
root@master01:~/data-storage# kubectl exec -it volumemount-pod -- bash
root@volumemount-pod:/# ls /usr/share/nginx/html/
index.html  info.html
root@volumemount-pod:/# echo /usr/share/nginx/html/index.html
/usr/share/nginx/html/index.html
root@volumemount-pod:/# echo /usr/share/nginx/html/info.html
/usr/share/nginx/html/info.html
root@volumemount-pod:/# exit
exit
```

可观察到使用存储在 ConfigMap 中的数据（index.html 与 info.html）填充了数据卷（config-volume）。

⑪ 使用 kubectl edit configmaps file-config 命令编辑 ConfigMap file-config，将 index.html 的值修改为“bye,world!”：

```
apiVersion: v1
data:
  index.html: |
    bye,world!
  info.html: |
    ni,hao!
```

保存并退出之后，发现使用存储在 ConfigMap 中的数据填充数据卷这种方式支持热更新：

```
root@master01:~/data-storage# kubectl edit configmaps file-config
configmap/file-config edited
root@master01:~/data-storage# kubectl exec -it volumemount-pod -- bash
root@volumemount-pod:/# cat /usr/share/nginx/html/index.html
bye,world!
root@volumemount-pod:/# exit
exit
```

清除 volumemount-pod：

```
root@master01:~/data-storage# kubectl delete -f configmap-volpod1-demo.yaml
pod "volumemount-pod" deleted
```

⑫ 在主节点 master01 上的 data-storage 文件夹内创建 configmap-volpod2-demo.yaml 配置文件，内容如下：

```
apiVersion: v1
kind: Pod
metadata:
  name: subpath-pod
spec:
  volumes:
    - name: config-volume
      configMap:
        name: file-config
  containers:
    - name: test-container
      image: nginx
      volumeMounts:
      - name: config-volume
        mountPath: /usr/share/nginx/html/index.html
        subPath: index.html
```

相较 configmap-volpod1-demo.yaml 配置文件，该配置文件的 mountPath 字段给出的不是目录路径，而是文件路径，指向了具体的 index.html 文件。

⑬ 使用 kubectl apply 命令应用 configmap-volpod2-demo.yaml：

```
root@master01:~/data-storage# ls
configmap-demo.yaml             configmap-envfrom-demo.yaml    configmap-volpod1-
demo.yaml
external-storage                nfs-default-demo.yaml      nfs-pvc-demo.yaml
pv-pod-demo.yaml                pv-volume-demo.yaml        configmap-dir
configmap-valuefrom-demo.yaml  configmap-volpod2-demo.yaml    hostpath-demo.yaml
nfs-pod-demo.yaml               pv-claim-demo.yaml             pv-reclaim-demo.yaml
root@master01:~/data-storage# kubectl apply -f configmap-volpod2-demo.yaml
pod/subpath-pod created
root@master01:~/data-storage# kubectl get pods
NAME         READY    STATUS    RESTARTS          AGE
subpath-pod  1/1      Running   0              2m10s
root@master01:~/data-storage# kubectl exec -it subpath-pod -- bash
root@subpath-pod:/# ls /usr/share/nginx/html/
50x.html  index.html
root@subpath-pod:/# cat /usr/share/nginx/html/index.html
bye,world!
root@subpath-pod:/# exit
exit
```

使用 subPath 这种方式，可以实现单个文件的覆盖，同时也可以保留原有路径下的其他文件。

⑭ 清除相关 Pod，恢复工作路径：

```
root@master01:~/data-storage# kubectl delete -f configmap-volpod2-demo.yaml
pod "subpath-pod" deleted
root@master01:~/data-storage# kubectl get pods
No resources found in default namespace.
root@master01:~/data-storage# cd
root@master01:~#
```

任务 8.5 Secret 的使用

任务说明

Secret 的特性、用法、更新等，与 ConfigMap 的完全一致。本任务的具体要求如下。

- 掌握 Secret 的概念和应用场景。
- 掌握 Secret 基本使用。

知识引入：Secret 的基本使用

使用 Secret 的 Pod YAML 配置文件，与使用 ConfigMap 的完全一致，除了将对应的 configMapRef 变为 secretRef、configMapKeyRef 变为 secretKeyRef 等之外，其他没有任何差异。更简单地说，可把字段名中含有的相关 configMap 替换为 secret 字符串，因此本书中不赘述。

任务实现

【Secret 的使用】：创建 Secret，设定键值对分别为 username: zc、password: helloworld。然后使用命令行创建 Secret，并指定键的内容。最后通过 Secret 部署 Docker Harbor 镜像仓库。

① 在主节点 master01 上的 data-storage 文件夹内创建 secret-demo.yaml 配置文件，内容如下：

```
apiVersion: v1
kind: Secret
metadata:
  name: mysecret
[ct(]type: Opaque
data:
  username: emM=
  password: aGVsbG93b3JsZA==
```

其中，username、password 字段的值是不允许写明文的，其值是通过 base64 转换后的字符串，而 type 字段表示加密类型，默认为加密（Opaque 的中文含义为不透明）。username、password 字段的值可以按如下方式获取：

```
root@master01:~/data-storage# echo -n zc | base64
emM=
root@master01:~/data-storage# echo -n helloworld | base64
aGVsbG93b3JsZA==
```

此处假定 username 的值为 zc，而 password 的值为 helloworld。

② 使用 kubectl apply 命令创建 Secret mysecret：

```
root@master01:~/data-storage# ls
configmap-demo.yaml            configmap-envfrom-demo.yaml    configmap-volpod1-
demo.yaml
external-storage               nfs-default-demo.yaml          nfs-pvc-demo.yaml
pv-pod-demo.yaml               pv-volume-demo.yaml            configmap-dir
configmap-valuefrom-demo.yaml  configmap-volpod2-demo.yaml    hostpath-demo.yaml
nfs-pod-demo.yaml              pv-claim-demo.yaml             pv-reclaim-demo.yaml
secret-demo.yaml
root@master01:~/data-storage# kubectl apply -f secret-demo.yaml
secret/mysecret created
root@master01:~/data-storage# kubectl get secrets
NAME                  TYPE                                  DATA    AGE
default-token-5pf7r   kubernetes.io/service-account-token   3        22d
mysecret              Opaque                                2        13s
root@master01:~/data-storage# kubectl describe secrets mysecret
Name:         mysecret
Namespace:    default
Labels:       <none>
Annotations:  <none>

Type:  Opaque

Data
====
password:  10 bytes
username:  2 bytes
```

由于类型为加密 Opaque，因此 kubectl describe secrets mysecret 命令的执行结果并不会显示明文，而是显示字节数。password 的值为 10 字节，而 username 的值为 2 字节。

③ 清除 mysecret：

```
root@master01:~/data-storage# kubectl delete -f secret-demo.yaml
secret "mysecret" deleted
```

④ 在主节点 master01 上的 data-storage 文件夹内创建 secret-demo 子文件夹，然后再在其中创建 username.txt 与 password.txt 文件，具体代码如下：

```
root@master01:~/data-storage# mkdir secret-dir
root@master01:~/data-storage# cd secret-dir/
root@master01:~/data-storage/secret-dir# echo -n 'zc' > ./username.txt
root@master01:~/data-storage/secret-dir# echo -n 'helloworld' > ./password.txt
root@master01:~/data-storage/secret-dir# kubectl create secret generic db-user-pass1
--from-file=.
secret/db-user-pass created
root@master01:~/data-storage/secret-dir# kubectl describe secrets db-user-pass1
Name:         db-user-pass1
Namespace:    default
Labels:       <none>
```

```
Annotations: <none>

Type:         Opaque

Data
====
password.txt:     10 bytes
username.txt:     2 bytes
```

注意：echo 命令的参数-n 标志确保生成的文件在文本末尾不包含额外的换行符，这一点很重要，因为当 kubectl 读取文件并将内容编码为 base64 字符串时，多余的换行符也会被编码。同 ConfigMap 一样，“kubectl create secret generic db-user-pass1 --from-file=.”命令也可以使用多个--file-from=<filename>参数指定多个具体的文件，而不是整个目录。

⑤ 如同 ConfigMap 一样，文件名作为密钥名称，而文件内容作为值。有时候需要手动指定键的内容，因此，可以使用--from-file=[key=]source 的形式来设置密钥名称：

```
root@master01:~/data-storage/secret-dir# ls
password.txt  username.txt
root@master01:~/data-storage/secret-dir# kubectl create secret generic db-user-pass2 \
> --from-file=username=./username.txt --from-file=password=./password.txt
secret/db-user-pass2 created
root@master01:~/data-storage/secret-dir# kubectl describe secrets db-user-pass2
Name:         db-user-pass2
Namespace:    default
Labels:       <none>
Annotations:  <none>

Type:         Opaque

Data
====
password:     10 bytes
username:     2 bytes
```

如果需要指定键的内容，就必须逐一给出每个键的内容及对应的文件，而不能仅指定整个目录来生成 Secret。

⑥ 清除 db-user-pass1 和 db-user-pass2，并恢复工作路径：

```
root@master01:~/data-storage/secret-dir# kubectl delete secrets db-user-pass1
secret "db-user-pass1" deleted
root@master01:~/data-storage/secret-dir# kubectl delete secrets db-user-pass2
secret "db-user-pass2" deleted
root@master01:~/data-storage/secret-dir# cd
root@master01:~#
```

⑦ 在主节点 master01 上的 data-storage 文件夹内创建 dockerharbor 子文件夹，在 GitHub 网站中检索 goharbor/harbor，将 harbor 2.1.1 的在线安装包下载至 dockerharbor 内：

```
root@master01:~/data-storage# mkdir dockerharbor
root@master01:~/data-storage# cd dockerharbor/
```

```
# 下载在线安装包
root@master01:~/data-storage/dockerharbor# ls
harbor-online-installer-v2.1.1.tgz
```

若无法下载，也可使用本书提供的 harbor-online-installer-v2.1.1.tgz。

⑧ 解压并复制，生成 harbor.yml：

```
root@master01:~/data-storage/dockerharbor# tar xvf harbor-online-installer-v2.1.1.tgz
harbor/prepare
harbor/LICENSE
harbor/install.sh
harbor/common.sh
harbor/harbor.yml.tmpl
root@master01:~/data-storage/dockerharbor# cd harbor/
root@master01:~/data-storage/dockerharbor/harbor# cp harbor.yml.tmpl harbor.yml
root@master01:~/data-storage/dockerharbor/harbor# ls
common.sh  harbor.yml  harbor.yml.tmpl  install.sh  LICENSE  prepare
```

⑨ 修改 harbor.yml 文件：

```
...
hostname: 192.168.53.100

# http related config
http:
  # port for http, default is 80. If https enabled, this port will redirect to https port
  port: 80

# https related config
# https:
  # https port for harbor, default is 443
  # port: 443
  # The path of cert and key files for nginx
  # certificate: /your/certificate/path
  # private_key: /your/private/key/path
...
```

将 hostname 修改为主节点 master01 的 IP 地址。同时由于本示例没有对应的证书，因此不使用 https，需要将 https 部分的内容注释掉。需要强调的是，配置文件中，默认 admin 账户的密码为 Harbor12345。

⑩ 安装 Docker Harbor 时，需要使用 docker-compose 工具，本书中使用的 docker-compose 版本为 1.27.4，文件名为 docker-compose-Linux-x86_64。

将 docker-compose-Linux-x86_64 文件下载至主节点 master01 上的 data-storage/dockerharbor 文件夹内，并进行安装与配置：

```
root@master01:~/data-storage/dockerharbor/harbor# cd ..
# 下载 docker-compose-Linux-x86_64 文件
root@master01:~/data-storage/dockerharbor# ls
docker-compose-Linux-x86_64  harbor  harbor-online-installer-v2.1.1.tgz
root@master01:~/data-storage/dockerharbor# cp \
```

```
> docker-compose-Linux-x86_64 /usr/local/bin/docker-compose
root@master01:~/data-storage/dockerharbor# chmod +x /usr/local/bin/docker-compose
root@master01:~/data-storage/dockerharbor# docker-compose
Define and run multi-container applications with Docker.

Usage:
  docker-compose [-f <arg>...] [options] [--] [COMMAND] [ARGS...]
  docker-compose -h|--help
...
```

若无法下载，可以使用本书提供的 docker-compose-Linux-x86_64 文件。安装方法比较简单，复制 docker-compose-Linux-x86_64 文件至/usr/local/bin/docker-compose 即可，同时赋予其可执行权限。此后，在任意路径下执行命令 docker-compose 均可获得相应的使用说明。

⑪ 使用 Docker Harbor 安装包的 install.sh 进行安装：

```
root@master01:~/data-storage/dockerharbor# ls
docker-compose-Linux-x86_64  harbor  harbor-online-installer-v2.1.1.tgz
root@master01:~/data-storage/dockerharbor# cd harbor/
root@master01:~/data-storage/dockerharbor/harbor# ls
common.sh  harbor.yml  harbor.yml.tmpl  install.sh  LICENSE  prepare
root@master01:~/data-storage/dockerharbor/harbor# ./install.sh

[Step 0]: checking if docker is installed ...

Note: docker version: 20.10.6
...
Creating harbor-log ... done
Creating registry      ... done
Creating harbor-portal ... done
Creating harbor-db     ... done
Creating redis         ... done
Creating registryctl   ... done
Creating harbor-core   ... done
Creating harbor-jobservice ... done
Creating nginx             ... done
✔ ----Harbor has been installed and started successfully.----
```

⑫ 因为本示例中的 Docker Harbor 仓库没有证书，未启用 443 端口（HTTPS），因此需要在所有工作节点（包括 worker01 与 worker02）上配置/etc/docker/daemon.json 文件，添加非安全私有镜像仓库“"insecure-registries": ["192.168.53.200"],”，其中 192.168.53.100 为 Docker Harbor 仓库所在服务器的 IP 地址，此处为主节点 master01 的 IP 地址。

修改工作节点 worker01 和 worker02 的/etc/docker/daemon.json 文件：

```
{
       "insecure-registries": ["192.168.53.100"],
       "exec-opts": ["native.cgroupdriver=systemd"],
       "log-driver": "json-file",
```

```
    "log-opts": {
      "max-size": "100m"
    },
    "storage-driver": "overlay2"
}
```

在工作节点 worker01 上重新加载配置，并重启 docker：

```
root@worker01:~# systemctl daemon-reload
root@worker01:~# systemctl restart docker
```

在工作节点 worker02 上重新加载配置，并重启 docker：

```
root@worker02:~# systemctl daemon-reload
root@worker02:~# systemctl restart docker
```

⑬ 在宿主机（指实验中操作的物理宿主机）中打开浏览器，输入主节点 master01 的 IP 地址，登录，如图 8-1 所示。

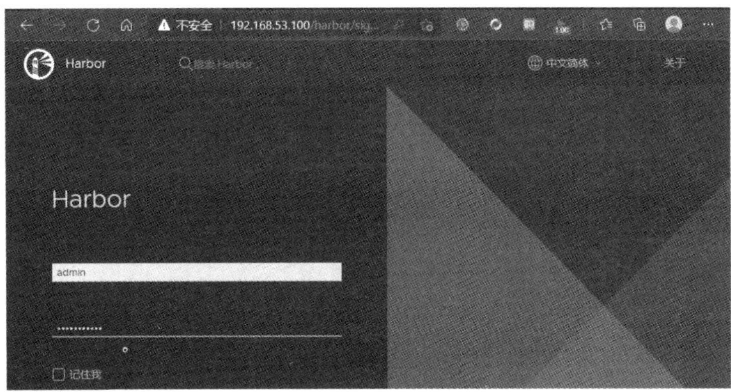

图 8-1　Harbor 首页

输入用户名 admin、密码 Harbor12345，登录系统。

⑭ 在“系统管理”—“用户管理”中，单击“创建用户”，输入图 8-2 所示的信息。

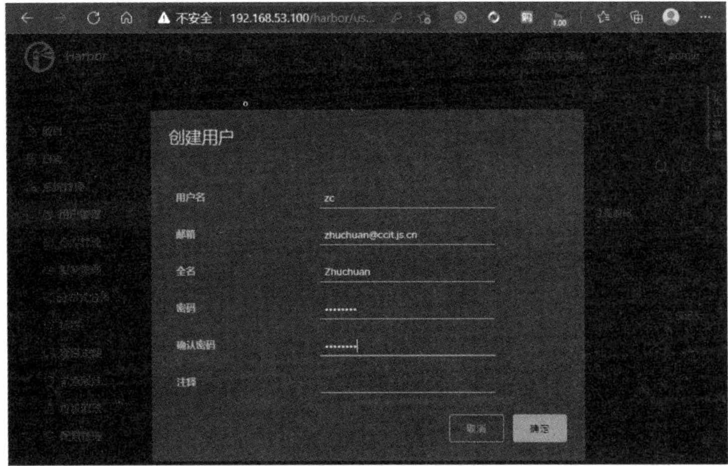

图 8-2　Harbor 创建用户

可根据实际情况输入相关的用户名、密码。本示例中用户名为 zc，密码为 Hello123。

最后单击“确定”按钮即可。

⑮ 切换用户，然后创建镜像仓库。退出当前用户 admin，如图 8-3 所示。

图 8-3　Harbor admin 用户退出

使用刚刚创建的 zc 用户名登录，然后在“项目”中单击“新建项目”，设定“项目名称”为“zcr”，“访问级别”不选中“公开”复选框！单击“确定”按钮，如图 8-4 所示。

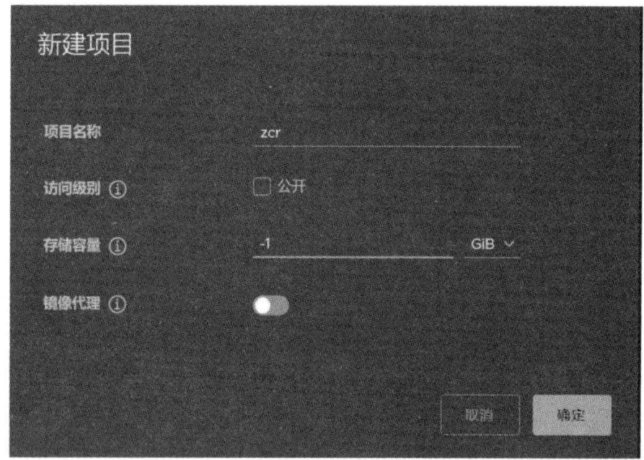

图 8-4　创建 Harbor 项目 zcr

⑯ 进入 zcr 项目中，当前镜像仓库为空。单击“镜像仓库”中的“推送命令”，将会给出推送镜像的参考命令，如图 8-5 所示。

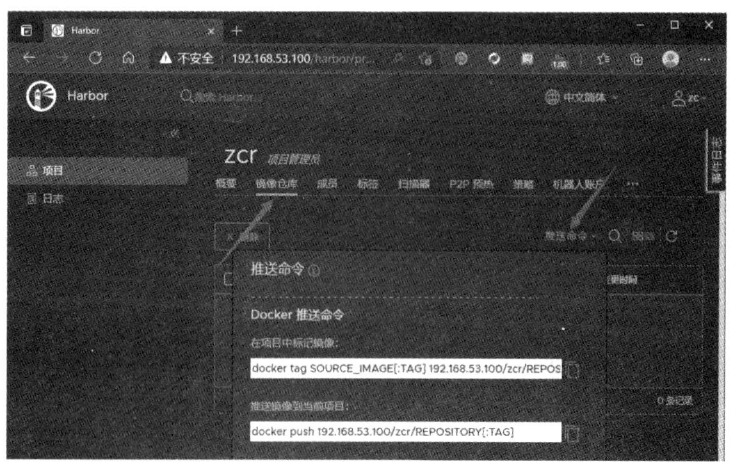

图 8-5　Harbor 镜像推送参考命令

⑰ 在工作节点上，例如工作节点 worker01 上，标记镜像，并上传：

```
root@worker01:~# docker tag nginx:latest 192.168.53.100/zcr/nginx:latest
root@worker01:~# docker push 192.168.53.100/zcr/nginx:latest
The push refers to repository [192.168.53.100/zcr/nginx]
64ee8c6d0de0: Preparing
974e9faf62f1: Preparing
15aac1be5f02: Preparing
23c959acc3d0: Preparing
4dc529e519c4: Preparing
7e718b9c0c8c: Waiting
unauthorized: unauthorized to access repository: zcr/nginx, action: push: unauthorized to access repository: zcr/nginx, action: push
```

可以发现，无法上传。因为企业级私有仓库需要登录才能使用。

```
root@worker01:~# docker login 192.168.53.100
Username: zc
Password:
WARNING! Your password will be stored unencrypted in /root/.docker/config.json.
Configure a credential helper to remove this warning. See

Login Succeeded
root@worker01:~# docker push 192.168.53.100/zcr/nginx:latest
The push refers to repository [192.168.53.100/zcr/nginx]
64ee8c6d0de0: Pushed
974e9faf62f1: Pushed
15aac1be5f02: Pushed
23c959acc3d0: Pushed
4dc529e519c4: Pushed
7e718b9c0c8c: Pushed
latest: digest: sha256:42bba58a1c5a6e2039af02302ba06ee66c446e9547cbfb0da33f4267638cdb53 size: 1570
```

登录之后，上传成功。同时，可在 Web 页面中查看刚刚上传的镜像，如图 8-6 所示。

图 8-6 Harbor 的 zcr 项目中的镜像

【素养拓展-职业道德】：不论是企业私有仓库，还是如 Docker Hub 上的公共仓库，在上传自定义镜像时，均要遵守职业道德，不上传侵犯他人知识产权的专有镜像，不制作含有破坏软件环境、能够盗取他人信息的镜像，培养良好的职业道德素养与情操。

⑱ 在私有的企业级仓库中，镜像的操作往往需要用户名与密码。在刚刚使用 docker login 的工作节点 worker01 上查看 docker 隐藏配置文件，并对比登录前后配置变更情况：

```
root@worker01:~# cat ~/.docker/config.json
{
        "auths": {
                "192.168.53.100": {
                        "auth": "emM6SGVsbG8xMjM="
                }
        }
}root@worker01:~# docker logout 192.168.53.100
Removing login credentials for 192.168.53.100
root@worker01:~# cat ~/.docker/config.json
{
        "auths": {}
}root@worker01:~#
```

在登录 Docker 之后，其配置文件中自动增加了 auths 信息。而在退出之后，相应的 auths 信息自动删除。退出之后，再拉取企业镜像，会提示无权限：

```
root@worker01:~# docker pull 192.168.53.100/zcr/nginx:latest
Error response from daemon: unauthorized: unauthorized to access repository: zcr/nginx, action: pull: unauthorized to access repository: zcr/nginx, action: pull
```

因此，需要使用 Secret 来解决登录私有仓库的问题。

⑲ 在主节点 master01 上的 data-storage 文件夹内创建 private-reg-pod1.yaml，内容如下：

```
apiVersion: v1
kind: Pod
metadata:
  name: private-reg1
spec:
  containers:
  - name: private-reg-nginx
    image:
192.168.53.100/zcr/nginx@sha256:42bba58a1c5a6e2039af02302ba06ee66c446e9547cbfb0da33f4267638cdb53
    imagePullPolicy: Always
#   imagePullSecrets:
#   - name: harbor-secret
```

其中，image 字段的值，可直接从图 8-7 所示的 Web 页面复制得到，取出除去 docker pull 之外的其他字符即可。

图 8-7 Harbor 镜像拉取命令复制

在 Docker Harbor 的新版本中，不再使用 Image:Tag 的形式了，而是直接使用@sha256 的形式。

⑳ 使用 kubectl apply 命令应用 private-reg-pod1.yaml 配置文件：

```
root@master01:~/data-storage# ls
configmap-demo.yaml    configmap-valuefrom-demo.yaml  dockerharbor
nfs-default-demo.yaml  private-reg-pod1.yaml          pv-reclaim-demo.yaml
secret-dir             configmap-dir                  configmap-volpod1-demo.yaml
external-storage       nfs-pod-demo.yaml              pv-claim-demo.yaml
pv-volume-demo.yaml    configmap-envfrom-demo.yaml    configmap-volpod2-demo.yaml
hostpath-demo.yaml     nfs-pvc-demo.yaml              pv-pod-demo.yaml
secret-demo.yaml
root@master01:~/data-storage# kubectl apply -f private-reg-pod1.yaml
pod/private-reg1 created
root@master01:~/data-storage# kubectl get pods
NAME          READY    STATUS            RESTARTS     AGE
private-reg1 0/1       ImagePullBackOff  0            6s
root@master01:~/data-storage# kubectl describe pod private-reg1
Name:          private-reg1
...
Events:
  Type    Reason    Age          From               Message
  ----    ------    ----         ----               -------
  Normal Scheduled    2m11s    default-scheduler  Successfully  assigned  default/private-
reg1 to worker02
  Normal BackOff  49s (x6 over 2m9s)    kubelet  Back-off pulling image "192.168.53.100/
zcr/nginx@sha256:42bba58a..."
  Normal Pulling  34s (x4 over 2m9s)    kubelet  Pulling    image    "192.168.53.100/
zcr/nginx@sha256:42bba58a..."
  Warning    Failed   34s (x4 over 2m9s)    kubelet     Failed    to    pull    image
"192.168.53.100/zcr/nginx@sha256:42bba58a...": rpc error: code = Unknown desc =
Error  response  from  daemon:  unauthorized:  unauthorized  to  access  repository:
zcr/nginx, action: pull: unauthorized to access repository: zcr/nginx, action: pull
  Warning    Failed   34s (x4 over 2m9s)    kubelet     Error: ErrImagePull
  Warning    Failed   19s (x7 over 2m9s)    kubelet     Error: ImagePullBackOff
```

创建 Pod 后，使用 kubectl describe 命令查看 Pod 的事件，可以发现最后的消息为 Error: ImagePullBackOff。其“rpc error: code = Unknown desc = Error response from daemon: unauthorized: unauthorized to access repository: zcr/nginx, action: pull: unauthorized to access repository: zcr/nginx, action: pull”信息表明，非登录状态无法拉取镜像。删除所创建的 Pod：

```
root@master01:~/data-storage# kubectl delete -f private-reg-pod1.yaml
pod "private-reg1" deleted
```

㉑ 对于大规模集群而言，在每个工作节点上均执行 docker login 操作是不现实的。因此，可以使用 kubectl create secret docker-registry 命令，具体格式如下：

```
kubectl create secret docker-registry <secret 名> \
  --docker-server=<镜像仓库服务器> \
  --docker-username=<用户名> \
  --docker-password=<密码> \
  --docker-email=<邮箱地址>
```

根据本示例情况，相应的命令如下：

```
root@master01:~/data-storage# kubectl create secret docker-registry harbor-secret \
> --docker-server=192.168.53.100 \
> --docker-username=zc \
> --docker-password=Hello123 \
> --docker-email=zhuchuan@ccit.js.cn
secret/harbor-secret created
```

㉒ 在主节点 master01 上的 data-storage 文件夹内创建 private-reg-pod2.yaml 文件，内容如下：

```
apiVersion: v1
kind: Pod
metadata:
  name: private-reg2
spec:
  containers:
  - name: private-reg-nginx
    image:
192.168.53.100/zcr/nginx@sha256:42bba58a1c5a6e2039af02302ba06ee66c446e9547cbfb0da33f
4267638cdb53
    imagePullPolicy: Always
  imagePullSecrets:
  - name: harbor-secret
```

相较 private-reg-pod1.yaml 文件，增加了 imagePullSecrets 字段内容，可使 Kubernetes 自动登录。

㉓ 再次使用 kubectl apply 命令应用 private-reg-pod2.yaml 文件：

```
root@master01:~/data-storage# ls
configmap-demo.yaml          configmap-valuefrom-demo.yaml  dockerharbor
nfs-default-demo.yaml        private-reg-pod1.yaml          pv-pod-demo.yaml
secret-demo.yaml             configmap-dir                  configmap-volpod1-demo.yaml
```

```
external-storage          nfs-pod-demo.yaml             private-reg-pod2.yaml
pv-reclaim-demo.yaml          secret-dir                configmap-envfrom-demo.yaml
configmap-volpod2-demo.yaml   hostpath-demo.yaml        nfs-pvc-demo.yaml
pv-claim-demo.yaml            pv-volume-demo.yaml
root@master01:~/data-storage# kubectl apply -f private-reg-pod2.yaml
pod/private-reg2 created
root@master01:~/data-storage# kubectl get pods
NAME             READY    STATUS    RESTARTS     AGE
private-reg2     1/1      Running   0                84s
```

现在，由于使用了 harbor-secret，因此 private-reg2 可以正常运行了，处于 Running 状态。

㉔ 最后，清除 private-reg2 Pod，停止运行 Docker Harbor，并恢复工作路径：

```
root@master01:~/data-storage# kubectl delete -f private-reg-pod2.yaml
pod "private-reg2" deleted
root@master01:~/data-storage# cd dockerharbor/harbor/
root@master01:~/data-storage/dockerharbor/harbor# docker-compose down
Stopping nginx                   ... done
Stopping harbor-jobservice       ... done
Stopping harbor-core             ... done
Stopping registryctl             ... done
Stopping registry                ... done
Stopping harbor-portal           ... done
Stopping harbor-db               ... done
Stopping redis                   ... done
Stopping harbor-log              ... done
Removing nginx                   ... done
Removing harbor-jobservice       ... done
Removing harbor-core             ... done
Removing registryctl             ... done
Removing registry                ... done
Removing harbor-portal           ... done
Removing harbor-db               ... done
Removing redis                   ... done
Removing harbor-log              ... done
Removing network harbor_harbor
root@master01:~/data-storage/dockerharbor/harbor# cd
root@master01:~#
```

任务 8.6 emptyDir 的使用

任务说明

emptyDir 是临时空目录，与 Pod 关系紧密，在创建 Pod 时创建，在删除 Pod 时，也会自动删除，将 Pod 迁移到其他节点时数据会丢失。用途：使 Pod 内多个 Container 同享一个目录。本任务的具体要求如下。

- 掌握 emptyDir 的概念和应用场景。
- 掌握 emptyDir 基本使用。

知识引入：emptyDir 的概念

当 Pod 被分派到某个 Node 上时，emptyDir 卷会被创建，并且在 Pod 于该节点上运行的期间，该卷一直存在。就像其名称的含义那样，卷最初是空的。尽管 Pod 中的容器挂载 emptyDir 卷的路径可能相同也可能不同，这些容器都可以读写 emptyDir 卷中相同的文件。当 Pod 由于某些原因被从节点上删除时，emptyDir 卷中的数据也会被永久删除。

任务实现

【emptyDir-示例】：创建使用 emptyDir 的 Pod，并观察 Pod 内容器中的存储，以及在重新创建容器之后 emptyDir 的续存。

① 在主节点 master01 上的 data-storage 文件夹内创建 emptydir-demo.yaml 文件，内容如下：

```
apiVersion: v1
kind: Pod
metadata:
  name: test-pd
spec:
  containers:
  - image: nginx
    name: test-container
    volumeMounts:
    - mountPath: /cache
      name: cache-volume
  volumes:
  - name: cache-volume
    emptyDir: {}
```

② 使用 kubectl apply 命令应用该配置：

```
root@master01:~/data-storage# ls
configmap-demo.yaml         configmap-valuefrom-demo.yaml dockerharbor
hostpath-demo.yaml          nfs-pvc-demo.yaml          pv-claim-demo.yaml
pv-volume-demo.yaml         configmap-dir                 configmap-volpod1-demo.yaml
emptydir-demo.yaml          nfs-default-demo.yaml      private-reg-pod1.yaml
pv-pod-demo.yaml            secret-demo.yaml
configmap-envfrom-demo.yaml  configmap-volpod2-demo.yaml    external-storage     nfs-
pod-demo.yaml       private-reg-pod2.yaml   pv-reclaim-demo.yaml   secret-dir
root@master01:~/data-storage# kubectl apply -f emptydir-demo.yaml
pod/test-pd created
root@master01:~/data-storage# kubectl get pods -o wide
NAME      READY    STATUS    RESTARTS AGE      IP             NODE
test-pd   1/1      Running   0        6m21s    172.18.30.71 worker02
```

上面的输出信息中，略去部分列内容。test-pd 运行在工作节点 worker02 之上。

③ 登录 test-pd，在容器内的/cache 目录下创建测试文件 helloempty：

```
root@master01:~/data-storage# kubectl exec -it test-pd -- bash
root@test-pd:/# ls /cache/
root@test-pd:/# touch /cache/helloempty
```

```
root@test-pd:/# ls /cache/
helloempty
root@test-pd:/# exit
exit
```

④ 在工作节点 worker02 上，查看对应容器的存储路径：

```
root@worker02:~# docker ps | grep test-pd
23d634c84010 192.168.53.100/zcr/nginx  Up 11 minutes        k8s_test-container_test-pd_de...
...
root@worker02:~# docker inspect 23d634c84010
...
        "HostConfig": {
            "Binds": [
                "/var/lib/kubelet/pods/583342d7-f384-4aac-b12e-6fda2d6b519e/volumes/kubernetes.io~empty-dir/cache-volume:/cache",
...
root@worker02:~#    ls    /var/lib/kubelet/pods/583342d7-f384-4aac-b12e-6fda2d6b519e/volumes/kubernetes.io~empty-dir/cache-volume
helloempty
```

可以看到对应的容器处于 Up 状态，通过 docker inspect 命令查看对应的本地存储路径。最后，使用 ls 命令查看之前在 Pod 中创建的文件 helloempty。注意，emptyDir 在各工作节点上存储的位置是由 kubelet 维护的。

⑤ 手动从工作节点 worker02 中删除容器，Kubernetes 会自动再重新创建新的容器，之前 emptyDir 中创建的数据并不会丢失。除非 Pod 不在本节点上了（例如被删除、迁移、升级、回滚等），否则仅进行容器的重新创建并不会影响 emptyDir 中的数据：

```
root@worker02:~# docker rm -f  23d634c84010
23d634c84010
root@worker02:~# docker ps | grep test-pd
a66a676115cc 192.168.53.100/zcr/nginx  Up 21 seconds        k8s_test-container_test-pd_de...
root@worker02:~# ls  /var/lib/kubelet/pods/583342d7-f384-4aac-b12e-6fda2d6b519e/volumes/kubernetes.io~empty-dir/cache-volume
helloempty
```

⑥ 重新创建容器之后，在主节点 master01 上查看 Pod 内容器的/cache 目录，最后在主节点 master01 上删除 Pod，并恢复工作路径：

```
root@master01:~/data-storage# kubectl exec -it test-pd -- bash
root@test-pd:/# ls /cache/
helloempty
root@test-pd:/# exit
exit
root@master01:~/data-storage# kubectl delete -f emptydir-demo.yaml
pod "test-pd" deleted
root@master01:~/data-storage# kubectl get pods
No resources found in default namespace.
root@master01:~/data-storage# cd
root@master01:~#
```

在主节点 master01 上删除 test-pd Pod 之后，在工作节点 worker02 上再次查看原来的 emptyDir 目录在宿主机上的存储目录，可以发现该目录已经不存在了，数据随着 Pod 的删除而删除：

```
root@worker02:~# ls /var/lib/kubelet/pods/583342d7-f384-4aac-b12e-6fda2d6b519e/volumes/kubernetes.io~empty-dir/cache-volume
ls: cannot access '/var/lib/kubelet/pods/583342d7-f384-4aac-b12e-6fda2d6b519e/volumes/kubernetes.io~empty-dir/cache-volume': No such file or directory
```

知识小结

本项目重点讲解了数据存储、hostPath 卷、持久卷、StorageClass 存储类、ConfigMap、Secret、emptyDir 的基本使用。

习题

实验题

假设已经创建了两台虚拟机，并将其组建成一个 Kubernetes 集群，其中主节点 master01 的主机名为 master01，计算节点主机名为 node01。请完成如下要求。

（1）利用 docker-compose 工具，安装 Harbor。要求 Harbor 的用户名为学生姓名的汉语拼音，例如 zhangsanfeng，项目名为学号。

（2）创建镜像，将镜像上传到步骤（1）中的仓库项目。

（3）在 Kubernetes 集群中使用 YAML 文件创建 Pod，Pod 使用的镜像必须来自之前上传的镜像。

（4）给出部署 Harbor 的步骤，以及部署 Pod 的过程。

项目 9 Pod 节点分配

学习目标

知识目标

- 掌握 Pod 节点分配的概念。
- 掌握节点选择约束的常用形式。
- 掌握亲和与反亲和的概念和用法。
- 掌握污点的概念和应用场景。
- 掌握污点的基本使用。
- 掌握容忍度的概念和应用场景。
- 掌握容忍度的基本使用。

能力目标

- 能根据应用场景进行节点分配。
- 能根据应用场景正确使用节点选择约束。
- 能根据应用场景正确应用亲和与反亲和。
- 能根据应用场景正确应用污点。
- 能根据应用场景正确使用容忍度。

素质目标

- 具备持续学习和自主探究的能力，能够不断学习和掌握 Kubernetes 的最新技术。
- 具备分析问题和解决问题的能力，能够独立解决 Pod 节点分配过程中遇到的问题。
- 具备规范意识和安全意识，能够按照最佳实践进行 Pod 节点分配与管理。

项目描述

本项目将讲解 nodeName、nodeSelector、亲和（Affinity）与反亲和（Anti-affinity）、污点与容忍度等的概念。Kubernetes 认证考试中重点为 nodeSelector，而实际生产中使用的较多是 nodeName、亲和与反亲和。

节点亲和性是 Pod 的一种属性，它使 Pod 被吸引到一类特定的节点。这可能出于一种偏好，也可能是硬性要求。污点则相反，它使节点能够排斥一类特定的 Pod。

任务 9.1 nodeName 的基本使用

任务说明

nodeName 是 Kubernetes 中用于节点选择约束的最简单形式，它直接指定 Pod 必须被调度到某个特定节点上。但由于其缺乏灵活性和高耦合性，通常不建议在生产环境中频繁使用。本任务将帮助您掌握 nodeName 的基本使用方法等内容，具体要求如下。

- 理解 nodeName 的定义和用途。
- 掌握 nodeName 的适用场景与限制。
- 掌握在 Pod 定义中配置 nodeName 参数。

知识引入：nodeName 节点分配

nodeName 是 Pod 配置文件中 spec 的一个字段。如果它是非空的，则调度程序将忽略 Pod，并且指定节点上的 kubelet 会尝试运行 Pod。因此，如果在 spec 中指定 nodeName，nodeName 就具有最高优先级先于其他节点选择方法。

用 nodeName 选择节点的一些限制如下。

① 如果指定的节点不存在，则容器将不会运行，并且在某些情况下可能会自动删除。

② 如果命名节点没有足够的资源来容纳该 Pod，则该 Pod 将运行失败，并提示原因为 OutOfMemory 或 OutOfCpu。

③ 云环境中的节点名称并非总是可预测或稳定的。

因此，在生产环境中，仅在能完全确定某节点包括内存、CPU、计算机运行状态均符合要求的情况下，才会使用 nodeName 字段为 Pod 分配节点。

任务实现

【nodeName-示例】：创建具有 nodeName 字段的 Pod，指定 Pod 运行于工作节点 worker01 之上，并与未指定 nodeName 字段的 Pod 进行对比。

① 在主节点 master01 上创建 assign-pod-node 文件夹，并在其中创建 pod-nodename.yaml 文件，内容如下：

```
apiVersion: v1
kind: Pod
metadata:
  name: nginx-assign
spec:
  containers:
  - name: nginx
    image: nginx
  nodeName: worker01
```

文件中的 nodeName 字段指定了该 Pod 将运行于工作节点 worker01 之上。

② 使用 kubectl apply 命令应用该配置文件：

```
root@master01:~/assign-pod-node# ls
pod-nodename.yaml
root@master01:~/assign-pod-node# kubectl apply -f pod-nodename.yaml
pod/nginx-assign created
root@master01:~/assign-pod-node# kubectl get pods -o wide
NAME         READY    STATUS    RESTARTS AGE  IP            NODE
nginx-assign 1/1      Running   0        25s  172.18.5.27   worker01
root@master01:~/assign-pod-node# kubectl describe pod nginx-assign
Name:           nginx-assign
Namespace:    default
Priority:     0
Node:           worker01/192.168.53.101
Start Time:   Mon, 10 May 2021 06:50:57 +0000
Labels:         <none>
...
Events:
  Type    Reason   Age   From     Message
  ----    ------   ----  ----     -------
  Normal  Pulling  102s  kubelet  Pulling image "nginx"
  Normal  Pulled   86s   kubelet  Successfully pulled image "nginx" in 16.237840972s
  Normal  Created  86s   kubelet  Created container nginx
  Normal  Started  86s   kubelet  Started container nginx
```

上面的输出信息中，略去部分列内容。nginx-assign Pod 如期运行于工作节点 worker01 之上。并且，使用 kubectl describe 命令查看 Pod，可以发现第一个事件为 Pulling image "nginx"，并未进行节点分配。

③ 作为对比，使用 kubectl run 命令手动创建 Pod nginx-test：

```
root@master01:~/assign-pod-node# kubectl run --image=nginx nginx-test
pod/nginx-test created
root@master01:~/assign-pod-node# kubectl describe pod nginx-test
Name:         nginx-test
Namespace:    default
Priority:     0
Node:         worker02/192.168.53.102
...
Events:
  Type   Reason      Age From              Message
  ----   ------      --------              -------
  Normal Scheduled   9s  default-scheduler Successfully assigned default/nginx-test
to worker02
  Normal Pulling     6s  kubelet                    Pulling image "nginx"
```

在 Kubernetes 中，调度是指将 Pod 放置到合适的节点之上，然后对应节点上的 kubelet 才能够运行这些 Pod。对于未指定 Pod 运行节点的情况，调度器将会先为 Pod 分配节点，这也是使用 kubectl describe 命令查看 Pod nginx-test 时，第一个事件为 Successfully assigned default/nginx-test to worker02（成功将 default/nginx-test Pod 分配给工作节点 worker02）的原因。一定要先分配节点，随后才能在该节点上进行镜像拉取。

④ 清除 Pod，并恢复工作路径：

```
root@master01:~/assign-pod-node# kubectl delete pod nginx-assign
pod "nginx-assign" deleted
root@master01:~/assign-pod-node# kubectl delete pod nginx-test
pod "nginx-test" deleted
root@master01:~/assign-pod-node# kubectl get pods
No resources found in default namespace.
root@master01:~/assign-pod-node# cd
root@master01:~#
```

任务 9.2 nodeSelector 的基本使用

任务说明

在 Kubernetes 集群中，nodeSelector 是一种常用的节点选择约束机制，用于通过节点标签（Labels）将 Pod 调度到符合条件的特定节点上。相比 nodeName 的硬编码方式，nodeSelector 提供了更高的灵活性和可扩展性，是生产环境中推荐使用的节点调度策略之一。本任务将帮助您掌握 nodeSelector 的基本使用方法等内容，具体要求如下。

- 理解 nodeSelector 的定义和用途。
- 掌握在 Pod 定义中配置 nodeSelector 参数。

知识引入：nodeSelector 节点分配

nodeSelector 是 Pod 配置文件中 spec 的一个字段，它用于指定键值对的映射。为了使 Pod 可以在 nodeSelector 节点上运行，该节点必须具有指定的键值对作为标签（完全匹配）。

任务实现

【nodeSelector-示例】：创建 Pod，使其运行于具有 disktype=ssd 标签的节点之上。

① 在主节点 master01 上的 assign-pod-node 文件夹中创建 pod-nodeselector.yaml 文件，内容如下：

```
apiVersion: v1
kind: Pod
metadata:
  name: nginx
  labels:
    env: test
spec:
  containers:
  - name: nginx
    image: nginx
    imagePullPolicy: IfNotPresent
  nodeSelector:
    disktype: ssd
```

nodeSelector 匹配的是工作节点的 Label。该 YAML 文件要求 Pod 被调度到具有 disktype=ssd 标签的工作节点。如果没有相应的节点具有该标签，则 Pod 处于 Pending 状态，直到有满足条件的工作节点被分配给它，才会继续运行。

② 使用 kubectl apply 命令应用该配置，创建 Pod：

```
root@master01:~/assign-pod-node# ls
pod-nodename.yaml  pod-nodeselector.yaml
root@master01:~/assign-pod-node# kubectl apply -f pod-nodeselector.yaml
pod/nginx created
root@master01:~/assign-pod-node# kubectl get pods
NAME     READY    STATUS    RESTARTS AGE
nginx    0/1      Pending   0        7s
root@master01:~/assign-pod-node# kubectl describe pod nginx
Name:         nginx
Namespace:    default
Priority:     0
Node:         <none>
...
Events:
  Type        Reason          Age  From              Message
  ----        ------          ---- ----              --------
  Warning  FailedScheduling   17s default-scheduler 0/3  nodes  are  available:  1
node(s) had taint {node-role.kubernetes.io/master: }, that the pod didn't tolerate,
2 node(s) didn't match Pod's node affinity.
```

创建 Pod 后，由于没有满足条件的工作节点，直接进入 Pending 状态。而随后通过 kubectl describe 命令查看 Pod 的事件，可以发现其第一个事件为 Warning FailedScheduling…（调度失败）。

③ 使用 kubectl label 命令给工作节点 worker01 增加 disktype=ssd 标签：

```
root@master01:~/assign-pod-node# kubectl label nodes worker01 disktype=ssd
node/worker01 labeled
root@master01:~/assign-pod-node# kubectl get pods
NAME     READY    STATUS    RESTARTS     AGE
nginx    1/1      Running   0            6m12s
```

给工作节点 worker01 增加 disktype=ssd 标签后，原来挂起的 nginx Pod 变为 Running 状态。

④ nginx Pod 处于 Running 状态之后，删除原来的 disktype=ssd 标签：

```
root@master01:~/assign-pod-node# kubectl label nodes worker01 disktype-
node/worker01 labeled
root@master01:~/assign-pod-node# kubectl get pods
NAME     READY    STATUS    RESTARTS     AGE
nginx    1/1      Running   0            8m27s
```

删除标签之后，并不影响之前已经处于 Running 状态的 Pod。

⑤ 清除 Pod，并恢复工作路径：

```
root@master01:~/assign-pod-node# kubectl delete pod nginx
pod "nginx" deleted
root@master01:~/assign-pod-node# cd
root@master01:~#
```

任务 9.3 亲和与反亲和的基本使用

任务说明

nodeSelector 提供了一种非常简单的方法来将 Pod 约束到具有特定标签的节点上。亲和/反亲和功能增加了可以表达约束的类型。关键的增强点如下。

① 语法更具表现力（不仅限于对多条完全匹配规则同时满足的限定）。

② 规则为“软性要求”/“偏好要求”，而不是硬性要求。因此，当调度器 scheduler 无法找到满足条件的节点时，依然可调度 Pod 分配节点。

③ 可以不使用节点本身的标签，而是使用节点（或其他拓扑域）中的 Pod 标签来约束与查找匹配节点，允许特定的 Pod 是否被放置在同一节点中。

本任务的具体要求如下。

- 掌握亲和的概念和基本用法。
- 掌握反亲和的概念和基本用法。

知识引入：亲和与反亲和

亲和与反亲和功能包含两种类型，即“节点亲和与反亲和”“Pod 的亲和与反亲和”。节点亲和与反亲和类似现有的 nodeSelector，然而 Pod 的亲和与反亲和约束 Pod 标签而不是节点标签。

亲和与反亲和的规则有以下两种要求类型。

① requiredDuringSchedulingIgnoredDuringExecution：硬性要求，指定将 Pod 调度到一个节点上必须满足的规则。

② preferredDuringSchedulingIgnoredDuringExecution：软性要求，指定调度器将尝试执行但不能保证的偏好。

在亲和与反亲和的配置中，会涉及多个规则标签的“组合”，可以使用运算符 operator，其取值包括 In、NotIn、Exists、DoesNotExist、Gt 和 Lt 等。

节点亲和与反亲和概念上类似于 nodeSelector，它使用户可以根据节点上的标签来约束 Pod 可以被调度到哪些节点或避开哪些节点。

Pod 的亲和与反亲和，虽然也是根据标签来实现调度的，但其是依据其他 Pod 的标签实现当前调度的。

任务实现

【节点亲和与反亲和的硬性要求-示例 1】：创建 with-node-affinity Pod，使其必须运行于标签为 app=nginx 或 app=tomcat 的节点之上。

① 在主节点 master01 上的 assign-pod-node 文件夹中创建 pod-node-affinity1.yaml 文件，内容如下：

```
apiVersion: v1
kind: Pod
metadata:
  name: with-node-affinity
spec:
  affinity: # 亲和
    nodeAffinity: # Node 亲和
```

```
        # 硬性要求（必须满足）
        requiredDuringSchedulingIgnoredDuringExecution:
          nodeSelectorTerms: # 节点 Selector
          - matchExpressions:
            - key: app
              operator: In # 只要 Node 的 app 标签满足其中一个即可
              values:
              - nginx
              - tomcat
  containers:
  - name: nginx
    image: nginx
    imagePullPolicy: IfNotPresent
```

配置文件中使用 affinity（亲和），具体是 nodeAffinity（节点亲和）。硬性要求指定节点标签的键必须为 app，值为 nginx 或 tomcat 之一。

② 使用 kubectl apply 命令应用配置，创建 Pod：

```
root@master01:~/assign-pod-node# ls
pod-node-affinity1.yaml  pod-nodename.yaml  pod-nodeselector.yaml
root@master01:~/assign-pod-node# kubectl apply -f pod-node-affinity1.yaml
pod/with-node-affinity created
root@master01:~/assign-pod-node# kubectl get pods
NAME                 READY    STATUS   RESTARTS      AGE
with-node-affinity   0/1      Pending  0             10s
```

没有满足条件的工作节点，因此创建的 with-node-affinity 处于 Pending 状态。

③ 给工作节点 worker01 加上 app=tomcat 标签：

```
root@master01:~/assign-pod-node# kubectl label nodes worker01 app=tomcat
node/worker01 labeled
root@master01:~/assign-pod-node# kubectl get pods
NAME                   READY    STATUS   RESTARTS      AGE
with-node-affinity     1/1      Running  0             115s
root@master01:~/assign-pod-node# kubectl label nodes worker01 app-
node/worker01 labeled
root@master01:~/assign-pod-node# kubectl get pods
NAME                   READY    STATUS        RESTARTS      AGE
with-node-affinity     1/1      Running       0             2m10s
```

只要有满足条件的节点，则 Pod 便进入 Running 状态。最后，去掉标签 app=tomcat，Pod 依然处于运行状态中。

④ 清理 with-node-affinity Pod：

```
root@master01:~/assign-pod-node# kubectl delete -f pod-node-affinity1.yaml
pod "with-node-affinity" deleted
```

【节点亲和与反亲和的硬性要求-示例 2】：创建 with-node-affinity Pod，使其必须运行于标签为 app01=nginx 或 app01=tomcat 并且同时具有 app02=tomcat 的节点之上。

① 在主节点 master01 上的 assign-pod-node 文件夹中创建 pod-node-affinity2.yaml 文件，内容如下：

```
apiVersion: v1
kind: Pod
metadata:
  name: with-node-affinity
spec:
  affinity: # 亲和
    nodeAffinity: # Node 亲和
      # 硬性要求（必须满足）
      requiredDuringSchedulingIgnoredDuringExecution:
        nodeSelectorTerms:
        - matchExpressions:
          - key: app01
            operator: In # 只要 Node 的 app 标签满足其中一个即可
            values:
            - nginx
            - tomcat
          - key: app02
            operator: In
            values:
            - tomcat
  containers:
  - name: nginx
    image: nginx
    imagePullPolicy: IfNotPresent
```

若需要同时满足多个标签的要求（and 的关系），可以在 matchExpressions 字段中，添加多个 key。配置文件中使用 affinity，具体是 nodeAffinity。硬性要求指定节点标签的键必须含有 app01，值为 nginx 或 tomcat 之一，同时节点标签的键还必须含有 app02，值为 tomcat。

② 使用 kubectl apply 命令应用该配置文件：

```
root@master01:~/assign-pod-node# ls
pod-node-affinity1.yaml     pod-node-affinity2.yaml     pod-nodename.yaml     pod-
nodeselector.yaml
root@master01:~/assign-pod-node# kubectl apply -f pod-node-affinity2.yaml
pod/with-node-affinity created
root@master01:~/assign-pod-node# kubectl get pods
NAME                   READY    STATUS      RESTARTS    AGE
with-node-affinity     0/1      Pending     0                   9s
root@master01:~/assign-pod-node# kubectl label nodes worker01 app01=nginx
node/worker01 labeled
root@master01:~/assign-pod-node# kubectl get pods
NAME                 READY    STATUS      RESTARTS    AGE
with-node-affinity   0/1      Pending     0                 32s
root@master01:~/assign-pod-node# kubectl label nodes worker01 app02=tomcat
node/worker01 labeled
root@master01:~/assign-pod-node# kubectl get pods
NAME                 READY    STATUS      RESTARTS    AGE
with-node-affinity   1/1      Running     0           47s
```

刚创建时，with-node-affinity 处于挂起状态，在创建第一个标签 app01=nginx 时，Pod 依然处于挂起状态，因为没有同时满足；而在创建第二个标签 app02=tomcat 后，同时满足 app01 与 app02，Pod 便由原来的挂起状态转为 Running 状态。

③ 清理 Pod 与标签：

```
root@master01:~/assign-pod-node# kubectl delete pods --all
pod "with-node-affinity" deleted
root@master01:~/assign-pod-node# kubectl label nodes worker01 app01- app02-
node/worker01 labeled
```

【节点亲和与反亲和的软性要求-示例 1】：创建 with-node-affinity Pod，使其优先运行于标签为 disktype=ssd 的节点之上。

① 在主节点 master01 上的 assign-pod-node 文件夹中创建 pod-node-affinity3.yaml 文件，内容如下：

```
apiVersion: v1
kind: Pod
metadata:
  name: with-node-affinity
spec:
  affinity: # 亲和
    nodeAffinity: # Node 亲和
      # 软性要求
      # 不要求完全匹配，不论是否满足条件均运行，优先运行于满足条件的节点之上
      preferredDuringSchedulingIgnoredDuringExecution:
      - weight: 1 # 权重，权重越高，优先级越高
        preference: # 偏好
          matchExpressions:
          - key: disktype
            operator: In
            values:
            - ssd
  containers:
  - name: nginx
    image: nginx
    imagePullPolicy: IfNotPresent
```

配置文件中使用 affinity，具体是 nodeAffinity。软性要求指定节点标签的键含有 disktype，值为 ssd。

② 使用 kubectl apply 命令应用该配置文件：

```
root@master01:~/assign-pod-node# ls
pod-node-affinity1.yaml  pod-node-affinity3.yaml  pod-nodeselector.yaml
pod-node-affinity2.yaml  pod-nodename.yaml
root@master01:~/assign-pod-node# kubectl apply -f pod-node-affinity3.yaml
pod/with-node-affinity created
root@master01:~/assign-pod-node# kubectl get nodes --show-labels
NAME     STATUS  ROLES                 LABELS
master01 Ready   control-plane,master  beta...,node-role.kubernetes.io/master=
worker01 Ready   worker                beta...,node-role.kubernetes.io/worker=
```

```
worker02 Ready    worker                beta...,node-role.kubernetes.io/worker=
root@master01:~/assign-pod-node# kubectl get pods -o wide
NAME                  READY    STATUS    RESTARTS AGE       IP             NODE
with-node-affinity        1/1      Running  0         4m56s    172.18.30.73 worker02
```

上面的输出信息中，略去部分内容。在没有任何节点满足标签要求的情况下，with-node-affinity 依然可以运行于工作节点 worker02 之上。

③ 清除 Pod 之后，重新给工作节点 worker01 加上 disktype=ssd 标签，再次运行 Pod：

```
root@master01:~/assign-pod-node# kubectl delete -f pod-node-affinity3.yaml
pod "with-node-affinity" deleted
root@master01:~/assign-pod-node# kubectl label nodes worker01 disktype=ssd
node/worker01 labeled
root@master01:~/assign-pod-node# kubectl apply -f pod-node-affinity3.yaml
pod/with-node-affinity created
root@master01:~/assign-pod-node# kubectl get pods -o wide
NAME                 READY     STATUS    RESTARTS      AGE      IP           NODE
with-node-affinity   1/1       Running   0             2m10s    172.18.5.32  worker01
```

由于给工作节点 worker01 赋予了 disktype=ssd 标签，因此，再次运行时，Pod 被优先分配至了工作节点 worker01 之上。

④ 清除 Pod 及标签：

```
root@master01:~/assign-pod-node# kubectl delete -f pod-node-affinity3.yaml
pod "with-node-affinity" deleted
root@master01:~/assign-pod-node# kubectl label nodes worker01 disktype-
node/worker01 labeled
```

【节点亲和与反亲和的软性要求-示例 2】：创建 with-node-affinity Pod，使其优先运行于标签为 disktype=ssd 或标签为 cpu=amd 的节点之上，并要求具有 disktype=ssd 标签的节点的优先级为 1，而具有 cpu=amd 标签的节点的优先级为 10。

① 在主节点 master01 上的 assign-pod-node 文件夹中创建 pod-node-affinity4.yaml 文件，内容如下：

```
apiVersion: v1
kind: Pod
metadata:
  name: with-node-affinity
spec:
  affinity: # 亲和
    nodeAffinity: # Node 亲和
      # 软性要求
      # 不要求完全匹配，不论是否满足条件均运行，优先运行于满足条件的节点之上
      preferredDuringSchedulingIgnoredDuringExecution:
      - weight: 1 # 权重，权重越高，优先级越高
        preference: # 偏好
          matchExpressions:
          - key: disktype
            operator: In
            values:
            - ssd
```

```
      - weight: 10 # 权重，权重越高，优先级越高
        preference: # 偏好
          matchExpressions:
          - key: cpu
            operator: In
            values:
            - amd
  containers:
  - name: nginx
    image: nginx
    imagePullPolicy: IfNotPresent
```

配置文件中使用 affinity，具体是 nodeAffinity。软性要求指定节点标签的键含有 disktype，值为 ssd。同时，相较 pod-node-affinity3.yaml 配置文件，增加了权重为 10 的 preference（偏好）。

② 将 disktype=ssd 与 cpu=amd 两个标签分别赋予工作节点 worker01 与 worker02，然后使用 kubectl apply 命令应用配置，创建 Pod：

```
root@master01:~/assign-pod-node# kubectl label nodes worker01 disktype=ssd
node/worker01 labeled
root@master01:~/assign-pod-node# kubectl label nodes worker02 cpu=amd
node/worker02 labeled
root@master01:~/assign-pod-node# ls
pod-node-affinity1.yaml  pod-node-affinity3.yaml  pod-nodename.yaml
pod-node-affinity2.yaml  pod-node-affinity4.yaml  pod-nodeselector.yaml
root@master01:~/assign-pod-node# kubectl apply -f pod-node-affinity4.yaml
pod/with-node-affinity created
root@master01:~/assign-pod-node# kubectl get pods -o wide
NAME                    READY   STATUS   RESTARTS    AGE     IP            NODE
with-node-affinity        1/1     Running  0           7s      172.18.30.74
    worker02
```

工作节点 worker01 被赋予 disktype=ssd 标签，权重为 1，而工作节点 worker02 被赋予 cpu=amd 标签，权重为 10。在两个节点均满足标签要求的情况下，权重高的工作节点 worker02 将会优先被分配。

③ 清理 Pod 与标签：

```
root@master01:~/assign-pod-node# kubectl delete -f pod-node-affinity4.yaml
pod "with-node-affinity" deleted
root@master01:~/assign-pod-node# kubectl label nodes worker01 disktype-
node/worker01 labeled
root@master01:~/assign-pod-node# kubectl label nodes worker02 cpu-
node/worker02 labeled
```

在实际生产中，更多情况下可能会同时使用软性要求与硬性要求。也就是说，在满足硬性要求的情况下（不满足硬性要求就调度不了），进行偏好调度。

【节点亲和与反亲和的软硬性要求-示例】：创建 with-node-affinity Pod，使其必须运行于含有标签 app=nginx 或 app=tomcat 的节点之上。同时，优先运行于标签为 disktype=ssd 的节点之上。

① 在主节点 master01 上的 assign-pod-node 文件夹中创建 pod-node-affinity5.yaml 文

件，内容如下：

```
apiVersion: v1
kind: Pod
metadata:
  name: with-node-affinity
spec:
  affinity: # 亲和
    nodeAffinity: # Node 亲和
      # 硬性要求（必须满足）
      requiredDuringSchedulingIgnoredDuringExecution:
        nodeSelectorTerms:
        - matchExpressions:
          - key: app
            operator: In # 只要 Node 的 app 标签满足其中一个即可
            values:
            - nginx
            - tomcat
      # 软性要求
      # 不要求完全匹配，不论是否满足条件均运行，优先运行于满足条件的节点之上
      preferredDuringSchedulingIgnoredDuringExecution:
      - weight: 1 # 权重，权重越高，优先级越高
        preference: # 偏好
          matchExpressions:
          - key: disktype
            operator: In
            values:
            - ssd
  containers:
  - name: nginx
    image: nginx
    imagePullPolicy: IfNotPresent
```

配置文件中使用 affinity，具体是 nodeAffinity。硬性要求指定节点标签的键含有 app，值为 nginx 或 tomcat。软性要求指定节点标签的键含有 disktype，值为 ssd。

② 分别给工作节点 worker01 和 worker02 赋予 app=nginx 和 app=tomcat 标签，并额外给工作节点 worker01 赋予 disktype=ssd 标签，然后使用 kubectl apply 命令应用配置，创建 Pod：

```
root@master01:~/assign-pod-node# kubectl label nodes worker01 app=nginx
node/worker01 labeled
root@master01:~/assign-pod-node# kubectl label nodes worker02 app=tomcat
node/worker02 labeled
root@master01:~/assign-pod-node# kubectl label nodes worker01 disktype=ssd
node/worker01 labeled
root@master01:~/assign-pod-node# ls
pod-node-affinity1.yaml  pod-node-affinity4.yaml  pod-nodeselector.yaml
pod-node-affinity2.yaml  pod-node-affinity5.yaml
pod-node-affinity3.yaml  pod-nodename.yaml
root@master01:~/assign-pod-node# kubectl apply -f pod-node-affinity5.yaml
```

```
pod/with-node-affinity created
root@master01:~/assign-pod-node# kubectl get pods -o wide
NAME                  READY   STATUS    RESTARTS    AGE  IP           NODE
with-node-affinity        1/1     Running   0           5s  172.18.5.34  worker01
```

可以发现，with-node-affinity 最终如期运行于工作节点 worker01 之上。

③ 清理 Pod 与标签，并恢复工作路径：

```
root@master01:~/assign-pod-node# kubectl delete -f pod-node-affinity5.yaml
pod "with-node-affinity" deleted
root@master01:~/assign-pod-node# kubectl label nodes worker01 app- disktype-
node/worker01 labeled
root@master01:~/assign-pod-node# kubectl label nodes worker02 app-
node/worker02 labeled
root@master01:~/assign-pod-node# cd
root@master01:~#
```

【Pod 的亲和与反亲和-示例 1】：使用 redis:3.2-alpine 镜像创建控制器 redis-cache，要求不允许两个 Pod 副本运行于同一个节点之上。控制器的副本数为 3，观察 Pod 的运行情况。然后，基于 nginx:1.16-alpine 镜像创建控制器 web-server，同样要求不允许两个 Pod 副本运行于同一个节点之上。但是，因为作为缓存的 redis-cache 与为应用业务提供服务的 web-server 之间需要进行业务关联，需要在部署时，使得后部署的 web-server 的 Pod 尽可能与运行 redis-cache 的 Pod 在同一个节点之上。

① 在主节点 master01 上的 assign-pod-node 文件夹中创建 pod-node-affinity6.yaml 文件，内容如下：

```
apiVersion: apps/v1
kind: Deployment # 控制器
metadata:
  name: redis-cache
spec:
  selector:
    matchLabels:
      app: store
  replicas: 3 # 创建 3 个副本
  template:
    metadata:
      labels:
        app=store
    spec:
      affinity: # 亲和
        podAntiAffinity: # Pod 反亲和
          requiredDuringSchedulingIgnoredDuringExecution: # 硬性要求
          - labelSelector:
              matchExpressions:
              - key: app
                operator: In
                values:
                - store
```

```
          topologyKey: "kubernetes.io/hostname" # 区域key
      containers:
      - name: redis-server
        image: redis:3.2-alpine
```

配置文件的相关说明如下。

- 创建的 Deployment 控制器控制 3 个副本（通过 spec.selector.matchLabels 设置），每个副本中 spec.template.metadata.labels 指定了副本的标签为 app=store。而反亲和的硬性要求是 app=store。这意味着，这种反亲和的目的是不允许多个 Pod 运行于相同的一个节点之上。当一个 Pod 运行于某节点上时，该节点就已经不再符合反亲和条件（不含有 app=store 标签）。
- 区域 key 是通过节点划分区域的。要求各节点 key 必须一致，例如都为 app，但相应的值不同。
- Redis 是一个 key-value 存储系统，是跨平台的，支持网络、可基于内存、分布式、可选持久性的键值对存储数据库，并提供多种语言的 API。Redis 通常被称为数据结构服务器，因为值（Value）可以是字符串（String）、哈希（Hash）值、列表（List）、集合（Sets）和有序集合（Sorted Sets）等类型。

② 使用 kubectl apply 命令应用该配置文件：

```
root@master01:~/assign-pod-node# ls
pod-node-affinity1.yaml    pod-node-affinity3.yaml    pod-node-affinity5.yaml    pod-
nodename.yaml
pod-node-affinity2.yaml    pod-node-affinity4.yaml    pod-node-affinity6.yaml    pod-
nodeselector.yaml
root@master01:~/assign-pod-node# kubectl apply -f pod-node-affinity6.yaml
deployment.apps/redis-cache created
root@master01:~/assign-pod-node# kubectl get nodes
NAME         STATUS   ROLES                   AGE     VERSION
master01     Ready    control-plane,master    24d     v1.20.4
worker01     Ready    worker                  23d     v1.20.4
worker02     Ready    worker                  23d     v1.20.4
root@master01:~/assign-pod-node# kubectl get pods -o wide
NAME                               READY    STATUS    RESTARTS AGE     IP              NODE
redis-cache-d5f6b6855-9mnn5          0/1      Pending   0          117s    <none>
     <none>
redis-cache-d5f6b6855-m657m          1/1      Running   0          117s    172.18.30.75
     worker02
redis-cache-d5f6b6855-sbz9p          1/1      Running   0          117s    172.18.5.33
     worker01
```

在本集群中，仅有两个工作节点 worker01、worker02，而 Deployment 控制器需要启动 3 个副本，同时，由于反亲和的约束，造成只有两个副本能够运行（Running），第三个副本（redis-cache-d5f6b6855-9mnn5）处于挂起状态。查看处于挂起状态的 redis-cache-d5f6b6855-9mnn5 Pod 的详情：

```
root@master01:~/assign-pod-node# kubectl describe pod redis-cache-d5f6b6855-9mnn5
Name:         redis-cache-d5f6b6855-9mnn5
Namespace:    default
Priority:     0
```

```
Node:         <none>
Labels:       app=store
...
Events:
  Type    Reason            Age                From               Message
  ----    ------            ----               ----               -------
  Warning   FailedScheduling 20s (x12 over 10m)   default-scheduler 0/3 nodes are available: 1 node(s) had taint {node-role.kubernetes.io/master: }, that the pod didn't tolerate, 2 node(s) didn't match pod affinity/anti-affinity, 2 node(s) didn't match pod anti-affinity rules.
```

使用 kubectl describe 命令看到 Pod 处于挂起状态的原因是 0/3 nodes are available（3 个节点中没有节点可用）。

③ 在主节点 master01 上的 assign-pod-node 文件夹中创建 pod-node-affinity7.yaml 文件，内容如下：

```
apiVersion: apps/v1
kind: Deployment
metadata:
 name: web-server
spec:
  selector:
    matchLabels:
      app: web-store
  replicas: 3
  template:
    metadata:
      labels:
        app: web-store
    spec:
      affinity: # 亲和
        podAntiAffinity: # Pod 反亲和
          requiredDuringSchedulingIgnoredDuringExecution: # 硬性要求
          - labelSelector: # 每个节点上不会运行多个 Pod 副本
              matchExpressions:
              - key: app
                operator: In
                values:
                - web-store
            topologyKey: "kubernetes.io/hostname"
        podAffinity: # Pod 亲和
          requiredDuringSchedulingIgnoredDuringExecution:
          - labelSelector: # 匹配 app=store
              matchExpressions:
              - key: app # 亲和前一示例 pod-node-affinity6.yaml 中各 Pod
                operator: In
                values:
                - store # 前一示例 pod-node-affinity6.yaml 中各 Pod 的标签 app=store
```

```
          topologyKey: "kubernetes.io/hostname"
      containers:
      - name: web-app
        image: nginx:1.16-alpine
```

其中，配置了 podAntiAffinity 和 podAffinity。这将通知调度器将它的所有副本与具有 app=store 标签的 Pod 放置在一起。这样处理的优点在于，将 Redis 缓存与 Nginx 部署在同一个节点之上，提升整体性能。同时，又可以确保多个同类型 Pod 副本不运行在同一个节点之上，避免由于节点发生故障而失效，影响多个 Pod 的运行。

④ 使用 kubectl apply 命令应用该配置：

```
root@master01:~/assign-pod-node# ls
pod-node-affinity1.yaml        pod-node-affinity3.yaml        pod-node-affinity5.yaml
pod-node-affinity7.yaml        pod-nodeselector.yaml          pod-node-affinity2.yaml
pod-node-affinity4.yaml        pod-node-affinity6.yaml        pod-nodename.yaml
root@master01:~/assign-pod-node# kubectl apply -f pod-node-affinity7.yaml
deployment.apps/web-server created
root@master01:~/assign-pod-node# kubectl apply -f pod-node-affinity7.yaml
deployment.apps/web-server created
root@master01:~/assign-pod-node# kubectl get pods -o wide
NAME                          READY   STATUS    RESTARTS AGE      IP             NODE
redis-cache-d5f6b6855-m657m 1/1     Running   0          3m12s    172.18.30.76 worker02
redis-cache-d5f6b6855-9mnn5 0/1     Pending   0          3m12s    <none>         <none>
redis-cache-d5f6b6855-sbz9p 1/1     Running   0          3m12s    172.18.5.37    worker01
web-server-755764c76c-5v6ms 1/1     Running   0          86s      172.18.30.77 worker02
web-server-755764c76c-92rft 1/1     Running   0          86s      172.18.5.36    worker01
web-server-755764c76c-dl2r6 0/1     Pending   0          86s      <none>         <none>
```

上面的输出信息中，略去部分列内容。由于集群中仅有两个工作节点，因此，两组控制器中，Redis 缓存 redis-cache 与 Nginx Web web-store 各有一个副本处于挂起状态。而工作节点 worker01 和 worker02 之上各有一组 Pod 运行。

⑤ 清除 Deployment 控制器及相应的 Pod：

```
root@master01:~/assign-pod-node# kubectl delete -f pod-node-affinity6.yaml
deployment.apps "redis-cache" deleted
root@master01:~/assign-pod-node# kubectl delete -f pod-node-affinity7.yaml
deployment.apps "web-server" deleted
root@master01:~/assign-pod-node# kubectl get pods
No resources found in default namespace.
```

⑥ 修改 pod-node-affinity6.yaml、pod-node-affinity7.yaml 中 replicas 字段的值为 1，将控制器的副本数变更为 1，再次使用 kubectl apply 命令应用两个配置文件。这样可以确保一组 Pod（redis-cache 与 web-server）均运行于同一个节点之上，而另一个节点上将不会有任何 Pod 运行。

```
root@master01:~/assign-pod-node# vim pod-node-affinity6.yaml
root@master01:~/assign-pod-node# vim pod-node-affinity7.yaml
root@master01:~/assign-pod-node# kubectl apply -f pod-node-affinity6.yaml
deployment.apps/redis-cache created
root@master01:~/assign-pod-node# kubectl apply -f pod-node-affinity7.yaml
```

```
deployment.apps/web-server created
root@master01:~/assign-pod-node# kubectl get pods -o wide
NAME                        READY   STATUS    RESTARTS AGE  IP            NODE
redis-cache-d5f6b6855-4pg5x 1/1     Running   0        17s  172.18.30.78  worker02
web-server-755764c76c-hdn6j 1/1     Running   0        7s   172.18.30.79  worker02
```

现在，redis-cache 与 web-server Pod 均运行于同一个工作节点 worker02 之上了。

⑦ 清除 Deployment 控制器及相应的 Pod，并恢复工作路径：

```
root@master01:~/assign-pod-node# kubectl delete -f pod-node-affinity6.yaml
deployment.apps "redis-cache" deleted
root@master01:~/assign-pod-node# kubectl delete -f pod-node-affinity7.yaml
deployment.apps "web-server" deleted
root@master01:~/assign-pod-node# kubectl get pods
No resources found in default namespace.
root@master01:~/assign-pod-node# cd
root@master01:~#
```

任务 9.4 污点的基本使用

任务说明

污点的用途，不是维护节点，而是针对集群中的某些节点由于部署了比较耗费系统资源的应用（例如弹性搜索应用 ElasticSearch、系统监测应用 Prometheus 等），不便再部署其他 Pod 的情况，对该节点进行污点标记，使得其他 Pod 远离该节点，同时对这些比较耗费系统资源的容器化应用进行指定节点部署。本任务的具体要求如下。

- 掌握污点的基本使用。

知识引入：污点的标记与使用

① 标记节点污点的命令为 kubectl taint node <nodeName> <key>=<value>:<effect>。

② 删除节点污点的命令为 kubectl taint node <nodeName> <key>:<effect>。

污点的 effect 的定义如下。

① NoSchedule：表示不允许调度，已调度的不受影响。

② PreferNoSchedule：表示尽量不调度。

③ NoExecute：表示不允许调度，对于已经运行的 Pod 副本会执行删除的操作。

任务实现

【污点-示例 1】：对比污点效果 NoSchedule 与 NoExecute 的差异。

① 使用命令创建 Deployment 控制器 test-taint，然后将 Pod 副本数增加为 4 个：

```
root@master01:~# kubectl create deployment --image=nginx test-taint
deployment.apps/test-taint created
root@master01:~# kubectl scale deployment test-taint --replicas=4
deployment.apps/test-taint scaled
root@master01:~# kubectl get pods -o wide
NAME                         READY   STATUS    RESTARTS AGE      IP            NODE
test-taint-6bd4977499-fjtk5  1/1     Running   0        100s     172.18.5.39   worker01
test-taint-6bd4977499-fnvmw  1/1     Running   0        113s     172.18.30.80  worker02
```

```
test-taint-6bd4977499-gx6k5 1/1     Running  0          100s      172.18.30.81 worker02
test-taint-6bd4977499-nf27z 1/1     Running  0          100s      172.18.5.40  worker01
```

上面的输出信息中，略去部分列内容。在工作节点 worker01 与 worker02 上各运行两个 Pod。

② 使用命令在工作节点 worker01 上标记污点 app=error:NoSchedule：

```
root@master01:~# kubectl taint node worker01 app=error:NoSchedule
node/worker01 tainted
root@master01:~# kubectl describe nodes worker01
Name:               worker01
Roles:              worker
Labels:             beta.kubernetes.io/arch=amd64
                    beta.kubernetes.io/os=linux
...
Taints:             app=error:NoSchedule
Unschedulable:      false
...
root@master01:~# kubectl get pods -o wide
NAME                        READY     STATUS   RESTARTS AGE       IP           NODE
test-taint-6bd4977499-fjtk5 1/1       Running  0          11m     172.18.5.39  worker01
test-taint-6bd4977499-fnvmw 1/1       Running  0          11m     172.18.30.80 worker02
test-taint-6bd4977499-gx6k5 1/1       Running  0          11m     172.18.30.81 worker02
test-taint-6bd4977499-nf27z 1/1       Running  0          11m     172.18.5.40  worker01
```

已经运行的 Pod 不受影响。

③ 再创建的 Pod 将不会被分配到有污点的节点上。使用命令将 Deployment 控制器 Pod 副本数增加为 8 个：

```
root@master01:~# kubectl scale deployment test-taint --replicas=8
deployment.apps/test-taint scaled
root@master01:~# kubectl get pods -o wide
NAME                         READY    STATUS   RESTARTS AGE       IP           NODE
test-taint-6bd4977499-25967  1/1      Running  0          2m33s   172.18.30.84 worker02
test-taint-6bd4977499-fjtk5  1/1      Running  0          17m     172.18.5.39  worker01
test-taint-6bd4977499-fnvmw  1/1      Running  0          17m     172.18.30.80 worker02
test-taint-6bd4977499-gx6k5  1/1      Running  0          17m     172.18.30.81 worker02
test-taint-6bd4977499-lxtvq  1/1      Running  0          2m33s   172.18.30.83 worker02
test-taint-6bd4977499-nf27z  1/1      Running  0          17m     172.18.5.40  worker01
test-taint-6bd4977499-s4jqf  1/1      Running  0          2m33s   172.18.30.85 worker02
test-taint-6bd4977499-svzvq  1/1      Running  0          2m33s   172.18.30.89 worker02
```

新创建的 Pod 副本均运行于没有污点的工作节点 worker02 之上。

④ 使用命令为工作节点 worker01 标记污点 app=error:NoExecute：

```
root@master01:~# kubectl taint node worker01 app=error:NoExecute
node/worker01 tainted
root@master01:~# kubectl get pods -o wide
NAME                          READY     STATUS    RESTARTS AGE  IP              NODE
test-taint-6bd4977499-25967   1/1       Running   0          63m 172.18.30.84   worker02
test-taint-6bd4977499-bswl6   1/1       Running   0          44m 172.18.30.88   worker02
test-taint-6bd4977499-fnvmw   1/1       Running   0          79m 172.18.30.80   worker02
```

```
test-taint-6bd4977499-gx6k5    1/1      Running  0       78m  172.18.30.81   worker02
test-taint-6bd4977499-lxtvq    1/1      Running  0       63m  172.18.30.83   worker02
test-taint-6bd4977499-s4jqf    1/1      Running  0       63m  172.18.30.85   worker02
test-taint-6bd4977499-svzvq    1/1      Running  0       63m  172.18.30.89   worker02
test-taint-6bd4977499-vb7sw    1/1      Running  0       44m  172.18.30.86   worker02
```

由于节点 worker01 上的污点效果为 NoExecute，因此，原运行于工作节点 worker01 之上的 Pod 均被终止运行，同时在工作节点 worker02 上创建新的 Pod，以使副本数量达到预期的 8 个。

⑤ 清除控制器及 Pod，并清除污点：

```
root@master01:~# kubectl delete deployments.apps test-taint
deployment.apps "test-taint" deleted
root@master01:~# kubectl get pods
No resources found in default namespace.
root@master01:~# kubectl taint node worker01 app-
node/worker01 untainted
```

【污点-示例 2】：对比污点效果 PreferNoSchedule、NoSchedule 与 NoExecute 的差异。

① 在工作节点 worker01 与 worker02 上标记污点，效果均为 PreferNoSchedule，然后创建一个 Deployment 控制器 test-taint-2nd：

```
root@master01:~# kubectl taint node worker01 app=error:PreferNoSchedule
node/worker01 tainted
root@master01:~# kubectl taint node worker02 app=error:PreferNoSchedule
node/worker02 tainted
root@master01:~# kubectl create deployment --image=nginx test-taint-2nd
deployment.apps/test-taint-2nd created
root@master01:~# kubectl get pods -o wide
NAME                            READY    STATUS    RESTARTS AGE  IP           NODE
test-taint-2nd-5d988c9cb8-qzc6p 1/1      Running   0        28s  172.18.5.38  worker01
```

效果 PreferNoSchedule 可用于在集群中存在新增高配物理机的场景，可以将相对低配的物理机标记为 PreferNoSchedule，使得新创建的 Pod 尽可能优先运行于新设备之上，但在业务增多之后，新设备不够用时，也可以自动使用旧设备。

② 清除工作节点 worker02 上的污点，同时，为工作节点 worker01 更新污点 app=error:NoExecute，为工作节点 worker02 标记污点 app=error:NoSchedule：

```
root@master01:~# kubectl taint node worker02 app-
node/worker02 untainted
root@master01:~# kubectl taint node worker01 app=error:NoExecute
node/worker01 tainted
root@master01:~# kubectl taint node worker02 app=error:NoSchedule
node/worker02 tainted
root@master01:~# kubectl get pods -o wide
NAME                            READY    STATUS    RESTARTS AGE  IP           NODE
test-taint-2nd-5d988c9cb8-8x2r6 1/1      Running   0        52m  172.18.30.91 worker02
```

为工作节点 worker01 与 worker02 标记新污点之后，由于先标记工作节点 worker01 的污点，然后标记工作节点 worker02 的污点，之间存在着时间间隔。在标记工作节点 worker01 的污点为 app=error:NoExecute 时，原运行于工作节点 worker01 之上的 Pod test-taint-2nd-

5d988c9cb8-qzc6p 便被终止掉了，随后其在当前标记的污点为 app=error:PreferNoSchedule 的工作节点 worker02 上被创建并运行。然后标记工作节点 worker02 的污点为 app=error: NoSchedule，对于已经创建的 Pod test-taint-2nd-5d988c9cb8-8x2r6 并不影响，因此，看到其运行于工作节点 worker02 之上。

③ 删除所有 Pod：

```
root@master01:~# kubectl delete pod --all
pod "test-taint-2nd-5d988c9cb8-8x2r6" deleted
root@master01:~# kubectl get pods -o wide
NAME                            READY   STATUS    RESTARTS AGE    IP       NODE
test-taint-2nd-5d988c9cb8-2d4cx 0/1     Pending   0        29s    <none>   <none>
root@master01:~# kubectl describe nodes | grep -i taint
Taints:             node-role.kubernetes.io/master:NoSchedule
Taints:             app=error:NoExecute
Taints:             app=error:NoSchedule
```

由于部署的是 Deployment 控制器，需要维持默认副本数量为 1，因此，Deployment 控制器会再次尝试创建新的 Pod test-taint-2nd-5d988c9cb8-2d4cx，但由于工作节点 worker01 的污点被标记为 app=error:NoExecute，不允许调度，已经调度的被删除；而工作节点 worker02 的污点被标记为 app=error:NoSchedule，不允许调度，已经调度的不受影响。因此，新创新的 Pod 是没有任何节点可用的，最终处于挂起状态。通过 kubectl describe nodes | grep -i taint 命令查看所有节点（包括主节点 master01）的污点，可以发现，主节点 master01 也不允许调度的原因在于其污点效果为 NoSchedule，这也是主节点 master01 始终不参与调度，所有用户创建的 Pod 均未被分配到主节点 master01 之上运行的原因。

④ 清理 Deployment 控制器及相应的污点：

```
root@master01:~# kubectl delete deployments.apps test-taint-2nd
deployment.apps "test-taint-2nd" deleted
root@master01:~# kubectl get deployments.apps
No resources found in default namespace.
root@master01:~# kubectl get pods
No resources found in default namespace.
root@master01:~# kubectl taint node worker01 app-
node/worker01 untainted
root@master01:~# kubectl taint node worker02 app-
node/worker02 untainted
root@master01:~#
```

任务 9.5　容忍度的基本使用

任务说明

污点和容忍度相互配合，可以用来避免 Pod 被分配到不合适的节点上。每个节点上都可以应用一个或多个污点，这表示那些不能容忍这些污点的 Pod 是不会被该节点接受的。如果将容忍度应用于 Pod 上，则表示这些 Pod 可以（但不是硬性要求）被调度到具有匹配污点的节点上。本任务的具体要求如下。

- 掌握容忍度的概念和应用场景。

● 掌握容忍度的基本使用。

知识引入：容忍度的概念与使用

容忍度在部分资料中也称为“宽容度”。

在创建污点时，其格式为 kubectl taint node <name> <key>=<value>:<effect>，表示给节点<name>增加一个污点，它的键名是<key>，键值是<value>，效果是<effect>。这表示只有拥有和这个污点相匹配的容忍度的 Pod 才能够被分配到节点<name>。

一个 Pod 可以同时容忍多个污点，可以使用 operator 操作符，其取值如下。

① Equal：表示 key 是否等于给定值。

② Exists：表示 key 是否存在，使用 Exists 无须定义对应的值。

通过控制器 DaemonSet 可以同时设置污点和容忍度。而主节点的污点是在初始化集群控制平面时被标记的：

```
root@master01:~# kubeadm config print init-defaults
...
nodeRegistration:
  criSocket: /var/run/dockershim.sock
  name: master01
  taints:
  - effect: NoSchedule
    key: node-role.kubernetes.io/master
...
```

在初始化控制平面时，默认给主节点标记了污点，效果为 NoSchedule。

容忍度是应用于 Pod 上的，允许（但并不要求）Pod 被调度到带有与之匹配的污点的节点上。

任务实现

【容忍度-示例】：给工作节点 worker01 标记污点 app=error:NoExecute，为工作节点 worker02 标记污点 app=error:NoSchedule。创建 DaemonSet 控制器 toleration-daemon，使其 Pod 副本可以在包括主节点 master01 在内的所有节点之上运行。

① 给工作节点 worker01 标记污点 app=error:NoExecute，为工作节点 worker02 标记污点 app=error:NoSchedule：

```
root@master01:~# kubectl taint node worker01 app=error:NoExecute
node/worker01 tainted
root@master01:~# kubectl taint node worker02 app=error:NoSchedule
node/worker02 tainted
root@master01:~# kubectl describe nodes | grep -i taint
Taints:             node-role.kubernetes.io/master:NoSchedule
Taints:             app=error:NoExecute
Taints:             app=error:NoSchedule
```

② 在主节点 master01 上创建 taint-toleration 文件夹，并在其中创建 daemonset-toleration1.yaml 文件，内容如下：

```
apiVersion: apps/v1
kind: DaemonSet
```

```
metadata:
  name: toleration-daemon
  labels:
    k8s-app: toleration-daemon
spec:
  selector:
    matchLabels:
      name: toleration-daemon
  template:
    metadata:
      labels:
        name: toleration-daemon
    spec:
      tolerations:
      # 对应工作节点 worker01 的污点
      - key: app
        operator: Equal
        value: error
        effect: NoExecute
      containers:
      - name: c-nginx
        image: nginx
        imagePullPolicy: IfNotPresent
```

③ 使用 kubectl apply 命令应用配置，创建 DaemonSet 控制器：

```
root@master01:~/taint-toleration# ls
daemonset-toleration1.yaml
root@master01:~/taint-toleration# kubectl apply -f daemonset-toleration1.yaml
daemonset.apps/toleration-daemon created
root@master01:~/taint-toleration# kubectl get pods -o wide
NAME                     READY    STATUS    RESTARTS AGE  IP           NODE
toleration-daemon-rndsl  1/1      Running   0         12s  172.18.5.41  worker01
```

虽然工作节点 worker01 的污点被标记为 app=error:NoExecute，但是由于 DaemonSet 控制器会在每个节点上均创建 Pod，而创建时，指定其容忍度 tolerations 与工作节点 worker01 的污点相匹配，因此其只在工作节点 worker01 上运行。

④ 在主节点 master01 上的 taint-toleration 文件夹内创建 daemonset-toleration2.yaml 文件，内容如下：

```
apiVersion: apps/v1
kind: DaemonSet
metadata:
  name: toleration-daemon
  labels:
    k8s-app: toleration-daemon
spec:
  selector:
    matchLabels:
      name: toleration-daemon
  template:
```

```
  metadata:
    labels:
      name: toleration-daemon
  spec:
    tolerations:
    # 对应工作节点 worker01 的污点
    - key: app
      operator: Equal
      value: error
      effect: NoExecute
    # 对应工作节点 worker02 的污点
    - key: app
      operator: Exists
      effect: NoSchedule
    # 对应主节点 master01 的污点
    - key: node-role.kubernetes.io/master
      operator: Exists
      effect: NoSchedule
    containers:
    - name: c-nginx
      image: nginx
      imagePullPolicy: IfNotPresent
```

针对 3 个节点的污点，toleration-daemon 控制器的 spec.tolerations 部分，分别给出了不同的容忍度。

⑤ 使用 kubectl apply 命令应用该配置文件：

```
root@master01:~/taint-toleration# ls
daemonset-toleration1.yaml  daemonset-toleration2.yaml
root@master01:~/taint-toleration# kubectl apply -f daemonset-toleration2.yaml
daemonset.apps/toleration-daemon configured
root@master01:~/taint-toleration# kubectl get pods -o wide
NAME                    READY   STATUS   RESTARTS AGE  IP            NODE
toleration-daemon-kmkpj 1/1     Running  0        19s  172.18.5.44   worker01
toleration-daemon-qw4pz 1/1     Running  0        31s  172.18.30.90  worker02
toleration-daemon-r58sj 1/1     Running  0        31s  172.18.241.69     master01
```

由于 daemonset-toleration2.yaml 与 daemonset-toleration1.yaml 配置文件中，使用了相同的控制器名称，因此本次使用 kubectl apply 命令应用配置时，并未创建新的控制器，而是更改了原有控制器 toleration-daemon 的配置。现在，主节点 master01 上也可以运行 Pod 了。

⑥ 清理 DaemonSet 与污点，并恢复工作路径：

```
root@master01:~/taint-toleration# kubectl delete daemonsets.apps toleration-daemon
daemonset.apps "toleration-daemon" deleted
root@master01:~/taint-toleration# kubectl taint node worker01 app-
node/worker01 untainted
root@master01:~/taint-toleration# kubectl taint node worker02 app-
node/worker02 untainted
root@master01:~/taint-toleration# cd
root@master01:~#
```

污点与容忍度一般与 Daemonset 控制器结合使用的场景多一些，而亲和与反亲和则与 Deployment、StatefulSet 控制器结合使用的场景多一些。

知识小结

本项目首先深入探讨了节点选择约束的相关内容，包括 nodeName 的直接指定、nodeSelector 的键值对匹配，以及亲和与反亲和的灵活偏好设置。nodeName 虽直接，但缺乏灵活性，通常在特定需求下使用。nodeSelector 则通过标签匹配实现更精细的节点选择。而亲和与反亲和，以其软性约束的特性，增强了调度的灵活性和适应性。这些内容共同构成了 Kubernetes 中强大的节点选择策略，为资源的合理分配提供了有力支持。

然后，本项目详细阐述了污点（Taint）与容忍度（Toleration）在 Kubernetes 集群管理中的重要角色。污点作为一种节点属性，能够排斥不符合特定要求的 Pod，确保关键资源节点不被非预期负载所占据。通过设置 NoSchedule、PreferNoSchedule 或 NoExecute 等 effect，节点可以明确其对 Pod 的接纳程度。在需要保护某些节点资源不被滥用时，管理员可利用 kubectl 命令为节点打上污点。而容忍度则是 Pod 的一种属性，它允许 Pod 在存在匹配污点的节点上运行，为特定工作负载提供了灵活性。通过污点与容忍度的配合使用，管理员能够精确控制 Pod 的调度行为，避免不恰当的资源分配。这种机制确保了集群资源的高效利用和稳定性，为构建复杂、高性能的容器化应用提供了有力支持。

习题

判断题

1. nodeName 是节点选择约束的最简单形式，常用。（　　）
2. 如果 spec 中指定 nodeName，nodeName 就具有最高优先级。（　　）
3. 使用 nodeName 选择节点时，如果指定的节点不存在，则容器将随机选择一个节点运行。（　　）
4. 使用 ndoeName 选择节点时，如果命名节点没有足够的资源来容纳该 Pod，则该 Pod 将运行失败，并提示原因，例如 OutOfMemory 或 OutOfCpu。（　　）
5. 亲和与反亲和的规则的要求类型中，requiredDuringSchedulingIgnoredDuringExecution 是硬性要求，指定将 Pod 调度到一个节点上必须满足的规则。（　　）
6. 亲和与反亲和的规则的要求类型中，preferredDuringSchedulingIgnoredDuringExecution 是软性要求，指定调度器将尝试执行但不能保证的偏好。（　　）
7. 在亲和与反亲和的配置中，会涉及多个规则标签的“组合”，可以使用运算符 operator，其取值包括 In、NotIn、Exists、DoesNotExist、Gt 和 Lt 等。（　　）
8. 容忍度是应用于 Pod 上的，允许（但并不要求）Pod 被调度到带有与之匹配的污点的节点上。（　　）
9. 污点和容忍度相互配合，可以用来避免 Pod 被分配到不合适的节点上。每个节点上都可以应用一个或多个污点，这表示那些不能容忍这些污点的 Pod 是不会被该节点接受的。（　　）
10. 如果将容忍度应用于 Pod 上，则表示这些 Pod 可以（但不是硬性要求）被调度到具有匹配污点的节点上。（　　）

项目 10　Pod 水平自动伸缩

学习目标

知识目标

- 熟悉 Pod 水平自动伸缩（HPA）的概念与作用。
- 掌握 HPA 的规则。
- 掌握 HPA 规则下 Pod 数量的计算方法。
- 掌握使用配置文件配置 CPU 约束。
- 掌握 HPA 应用部署。

能力目标

- 能根据应用场景进行 HPA。
- 能根据应用场景正确配置 HPA 规则。
- 能根据应用场景进行 HPA 应用部署。

素质目标

- 具备持续学习和自主探究的能力，能够不断学习和掌握 Kubernetes 的最新技术。
- 具备分析问题和解决问题的能力，能够独立解决使用 HPA 过程中遇到的问题。
- 具备规范意识和安全意识，能够按照最佳实践进行 HPA 配置与管理。

项目描述

Pod 水平自动伸缩（Horizontal Pod Autoscaler，HPA）可以基于 CPU 利用率自动伸缩 ReplicationController、Deployment、ReplicaSet 和 StatefulSet 控制器中的 Pod 数量。除了 CPU 利用率，也可以基于其他应用程序提供的自定义度量指标来执行自动伸缩。

本项目将完成 HPA 的 Pod 数量计算、配置 CPU 约束，并基于配置文件创建 HPA 应用。

任务 10.1 计算 Pod 的数量

任务说明

在计算 Pod 的数量之前，需要了解 HPA 的规则与计算方法，从而可以指定指标条件，计算出 HPA 的 Pod 副本将如何变化。具体要求如下。

- 了解 HPA 的概念与作用。
- 掌握 HPA 的规则。
- 掌握 HPA 规则下 Pod 副本数的计算。

知识引入：HPA 基本概念与计算规则

HPA 可以基于 CPU 利用率自动伸缩 ReplicationController、Deployment、ReplicaSet 和 StatefulSet 控制器中的 Pod 数量。除了 CPU 利用率，也可以基于其他应用程序提供的自定义度量指标来执行自动伸缩。HPA 不适用于无法伸缩的对象，比如 DaemonSet。

Pod 水平自动伸缩特性由 Kubernetes API 资源和控制器实现。资源决定了控制器的行为。控制器会周期性地调整副本控制器或 Deployment 控制器中副本的数量，以使 Pod 的平均 CPU 利用率与用户所设定的目标值匹配。

Kubernetes 中，原生的 HPA 仅支持 CPU 与 Memory 监测指标，如果需要使用其他自定义指标，可以考虑使用 Prometheus 来自定义指标，比如自定义吞吐量等。

HPA 的实现是一个控制循环，由控制器管理器的--horizontal-pod-autoscaler-sync-period 参数指定周期（默认值为 15s）。每个周期内，控制器管理器根据每个 HorizontalPodAutoscaler 定义中指定的指标查询资源利用率。控制器管理器可以从资源度量指标 API（按 Pod 统计的资源用量）和自定义度量指标 API（其他指标）获取度量值。

- 对于按 Pod 统计的资源指标（如 CPU 利用率），控制器从资源指标 API 中获取每一个 HorizontalPodAutoscaler 指定的 Pod 的度量值，如果设置了目标使用率，控制器获取每个 Pod 中的容器资源使用情况，并计算资源使用率。如果设置了 target 的值，将直接使用原始数据（不再计算百分比）。接下来，控制器根据平均的资源使用率或原始值计算出伸缩的比例，进而计算出目标副本数。需要注意的是，如果 Pod 中某些容器不支持资源采集，那么控制器将不会使用该 Pod 的 CPU 利用率。
- 如果 Pod 使用自定义指标，控制器机制与使用资源指标时的类似，区别在于自定义指标只使用原始值，而不是使用率。
- 如果 Pod 使用对象指标和外部指标（每个指标描述一个对象信息）。这个指标将直接根据目标设定值进行比较，并生成一个伸缩比例。在 autoscaling/v2 版本 API 中，这个指标也可以根据 Pod 数量平分后再计算。

通常情况下，控制器将从一系列的聚合 API（metrics.k8s.io、custom.metrics.k8s.io 和 external.metrics.k8s.io）中获取度量值。metrics.k8s.io API 通常由 Metrics 服务器（需要额外启动）提供。

从基本的角度来看，HPA 控制器根据当前指标和期望指标来计算伸缩比例：期望副本数=ceil[当前副本数×(当前指标/期望指标)]。

① ceil()：表示取大于或等于某数的最近一个整数，向上取整。

② 当前指标：每个容器的资源使用率。

③ 期望指标：触发 HPA 的资源配置。

④ 每次扩容后冷却 3min 才能再次进行扩容，而缩容则要等 5min 后。

⑤ 当前 Pod CPU 利用率与目标使用率接近时，不会触发扩容或缩容。

⑥ HPA 允许一定范围内的 CPU 利用率的不稳定，只有 avg(CurrentPodsConsumption)/Target 的值小于 90%或者大于 110%时才会触发扩容或缩容，避免频繁扩容、缩容造成颠簸。

监控指标收集过程如下。

① 使用 kubelet 收集本机的监控数据，将其存储在内存中。

② metrics server 周期性地从 kubelet 的 Summary API（类似/ap1/v1/nodes/nodename/stats/summary）采集指标信息，这些聚合过的数据将被存储在内存中，通过 metric-api 的形式暴露。

③ HPA 控制器从 metric-api 获取监控指标。

任务实现

【HPA-示例 1】分析以下指标条件下，HPA 的 Pod 副本数将如何变化。

① 当前指标为 200m，目标设定值为 100m。

② 当前指标为 50m，目标设定值为 100m。

③ 当前指标为 200m，目标设定值为 185m。

期望副本数=ceil[当前副本数×(当前指标/期望指标)]，故 3 种情况下 Pod 副本数目变化如下。

① 伸缩比例=当前指标/期望指标=200/100=2，期望副本数=2×当前副本数，Pod 副本数将翻倍。

② 伸缩比例=当前指标/期望指标=50/100=0.5，期望副本数=0.5×当前副本数，Pod 副本数将减半。

③ 伸缩比例=当前指标/期望指标=200/185≈1.08，伸缩比例 1.08<1.1，伸缩比例变化不超过 10%，未触发扩容或缩容，故会放弃本次伸缩，Pod 副本数不变。

【HPA-示例 2】分析在以下指标条件下，HPA 的 Pod 副本数将如何变化。

假设某集群有 3 个 Pod。进行 CPU 限额，Target 为每个 Pod 请求 0.8 核的 CPU 资源。

当 CPU 的利用率 CurrentPodsCPUUtilization 的值为 1.1、1.4、1.3 时，通过计算，说明 Pod 实例个数将如何变化。

期望副本数=ceil[当前副本数×(当前指标/期望指标)]=ceil((1.1+1.4+1.3)/0.8)=5，所以 Pod 副本将被扩容成 5 个 Pod 实例。

任务 10.2 HPA 应用部署与前期准备

任务说明

创建一个控制器 Deployment，对外提供服务。该控制器应用的镜像为 nginx:1.9.0，应用所对应的 Pod 资源请求 CPU 为 100m（0.1 CPU），内存为 100MB。

知识引入：HPA 基本应用的一般流程

按照以下操作步骤，创建 HPA 应用。

- 创建配置文件。

- 应用配置文件。
- 创建 Service。
- 安装压力工具及验证。

任务实现

【HPA 基本应用-示例】创建一个控制器 Deployment，对外提供服务。该控制器应用的镜像为 nginx:1.9.0，应用所对应的 Pod 资源请求 CPU 为 100m（0.1 CPU），内存为100MB。

① 在主节点 master01 上创建 hpa 文件夹，并在其中创建 hpa-deployment.yaml 文件，内容如下：

```
apiVersion: apps/v1
kind: Deployment
metadata:
  name: hpa-test-app
  labels:
    app: nginx
spec:
  replicas: 1
  selector:
    matchLabels:
      app: nginx-pod
  template:
    metadata:
      labels:
        app: nginx-pod
    spec:
      containers:
      - name: nginx
        image: nginx:1.9.0
        imagePullPolicy: IfNotPresent
        ports:
        - containerPort: 80
        resources:
          requests:
            cpu: "100m"
            memory: "100Mi"
```

该配置文件中创建了一个名为 hpa-test-app 的 Deployment 控制器，其中的容器资源请求 requests 的 cpu 部分为 100m，而内存部分为 100MB，Pod 副本数为 1。

② 使用 kubectl apply 命令应用该配置，创建 Deployment 控制器：

```
root@master01:~/hpa# ls
hpa-deployment.yaml
root@master01:~/hpa# kubectl apply -f hpa-deployment.yaml
deployment.apps/hpa-test-app created
```

③ 为了进行压力测试，基于 hpa-test-app 创建一个 Service：

```
root@master01:~/hpa# kubectl expose deployment hpa-test-app --port=80
```

```
service/hpa-test-app exposed
```

④ 为了进行压力测试，还需要准备好一个压力工具 WebBench。在实际生产环境中，不建议在主节点 master01 上部署压力工具，本节示例中将压力工具 WebBench 部署于工作节点 worker01 之上。首先，从 GitHub 网站上下载 WebBench：

```
root@worker01:~# git clone https://github.com/EZLippi/WebBench.git
Cloning into 'WebBench'...
remote: Enumerating objects: 107, done.
remote: Total 107 (delta 0), reused 0 (delta 0), pack-reused 107
Receiving objects: 100% (107/107), 73.60 KiB | 445.00 KiB/s, done.
Resolving deltas: 100% (46/46), done.
root@worker01:~# ls
snap  WebBench
```

若访问 GitHub 网站受限，也可以直接使用本书提供的 WebBench-master.zip 文件。将该文件解压后上传到工作节点 worker01 的主目录下。

⑤ 安装 gcc 工具，然后进入 WebBench 目录进行编译与安装：

```
root@worker01:~# apt-get install -y gcc make
Reading package lists... Done
Building dependency tree
root@master01:~/hpa# cd WebBench/
root@worker01:~/WebBench# make; make install
cc -Wall -ggdb -W -O   -c -o webbench.o webbench.c
webbench.c: In function 'alarm_handler':
webbench.c:80:31: warning: unused parameter 'signal' [-Wunused-parameter]
   80 | static void alarm_handler(int signal)
      |                               ~~~~^~~~~~
cc -Wall -ggdb -W -O  -o webbench webbench.o
ctags *.c
/bin/sh: 1: ctags: not found
make: [Makefile:12: tags] Error 127 (ignored)
install -d /usr/local/webbench/bin
install -s webbench /usr/local/webbench/bin
ln -sf /usr/local/webbench/bin/webbench /usr/local/bin/webbench
install -d /usr/local/man/man1
install -d /usr/local/webbench/man/man1
install -m 644 webbench.1 /usr/local/webbench/man/man1
ln -sf /usr/local/webbench/man/man1/webbench.1 /usr/local/man/man1/webbench.1
install -d /usr/local/webbench/share/doc/webbench
install -m 644 debian/copyright /usr/local/webbench/share/doc/webbench
install -m 644 debian/changelog /usr/local/webbench/share/doc/webbench
```

在编译与安装过程中会有一些警告及错误信息，可以忽略，不影响使用。

⑥ 现在主节点 master01 中已经可以使用 webbench 命令了：

```
root@worker01:~/WebBench# webbench
webbench [option]... URL
  -f|--force               Don't wait for reply from server.
  -r|--reload              Send reload request - Pragma: no-cache.
  -t|--time <sec>          Run benchmark for <sec> seconds. Default 30.
```

任务 10.3　HPA 实现

任务说明

在 hpa-test-app 服务的基础之上，创建 HPA，要求其最少副本数为 1，最多副本数为 10，当 CPU 利用率超过 80%、内存利用率超过 50%时，视为超过阈值，进行扩容。

知识引入：资源占用情况查看

通常，在部署 HPA 应用过程中，需要查看 HPA 列表、Pod 资源占用情况和当前 Pod 列表，具体命令如下。

- kubectl get hpa 命令用于显示当前 HPA 列表。
- kubectl top pods 命令用于显示各 Pod 的资源占用情况。
- kubectl get pods 命令用于显示当前 Pod 列表。

任务实现

创建 HPA，可以使用 kubectl autoscale deployment <deploymentName> --max=<maxNo> --min=<minNo> --cpu-percent=<cpuPercent>命令。但是更推荐使用 YAML 配置文件。

① 在主节点 master01 的 hpa 文件夹内创建 hpa-demo.yaml 文件，内容如下：

```
apiVersion: autoscaling/v2beta1
kind: [ct()]HorizontalPodAutoscaler
metadata:
  name: hpa-demo
spec:
  scaleTargetRef: # HPA 的目标
    apiVersion: apps/v1
    kind: Deployment
    name: hpa-test-app
  minReplicas: 1  # 最少副本数为 1
  maxReplicas: 10 # 最多副本数为 10
  metrics:
  - type: Resource # 伸缩的资源
    resource:
      name: cpu
      targetAverageUtilization: 80 # CPU 利用率超过 80%，视为超过阈值
  - type: Resource
    resource:
      name: memory
      targetAverageUtilization: 50 # 内存利用率超过 50%，视为超过阈值
      #targetAverageValue: 200Mi    # 也可指定内存超过绝对值，例如 200Mi
```

配置文件中创建的资源类型为 HorizontalPodAutoscaler（HPA），HPA 的目标为 Deployment 控制器 hpa-test-app。设定最少副本数为 1，最多副本数为 10，CPU 利用率超过 80%、内存利用率超过 50%时进行扩容。

② 使用 kubectl apply 命令应用配置，创建 hpa-demo HPA：

```
root@master01:~/hpa# kubectl apply -f hpa-demo.yaml
horizontalpodautoscaler.autoscaling/hpa-demo created
root@master01:~/hpa# kubectl get hpa
NAME     REFERENCE                  TARGETS          MINPODS  MAXPODS  REPLICAS AGE
hpa-demo Deployment/hpa-test-app    3%/50%, 0%/80%   1        10       1        25s
root@master01:~/hpa# kubectl get service
NAME         TYPE       CLUSTER-IP      EXTERNAL-IP  PORT(S)  AGE
hpa-test-app ClusterIP  10.103.219.131  <none>       80/TCP   11h
kubernetes   ClusterIP  10.96.0.1       <none>       443/TCP  25d
```

hpa-demo 的 REFERENCE 列的值为 Deployment/hpa-test-app。而 hpa-test-app 服务的 IP 地址为 10.103.219.131。

③ 在部署了 WebBench 的工作节点 worker01 上进行压力测试：

```
root@worker01:~/WebBench# webbench -c 2000 -t 120 http://10.103.219.131/
Webbench - Simple Web Benchmark 1.5
Copyright (c) Radim Kolar 1997-2004, GPL Open Source Software.

Request:
GET / HTTP/1.0
User-Agent: WebBench 1.5
Host: 10.103.219.131


Runing info: 2000 clients, running 120 sec.

Speed=75158 pages/min, 1004599 bytes/sec.
Requests: 148346 susceed, 1971 failed.
```

时间为 120s，有 2000 个并发，目标网址为 http://10.103.219.131/。注意，使用 webbench 命令时，目标网址最后必须有一个“/”字符。

④ 在主节点 master01 上，可以使用如下命令观察 Pod 的扩展情况：

```
root@master01:~/hpa# watch -n1 'kubectl get hpa && kubectl top pods && kubectl get pods'
```

kubectl get hpa 命令用于显示当前 HPA 列表；kubectl top pods 命令用于显示各 Pod 的资源占用情况，而 kubectl get pods 命令用于显示当前 Pod 列表。在 2～3min 之后，hpa-test-app 控制器进行扩容，可以观察到如下输出：

```
Every 1.0s: kubectl get hpa && kubectl top pods && kubectl get pods  master01:  Wed
May 12 08:16:35 2021

NAME      REFERENCE                TARGETS          MINPODS  MAXPODS  REPLICAS AGE
hpa-demo  Deployment/hpa-test-app  3%/50%, 282%/80% 1        10       2        8h
NAME                            CPU(cores)   MEMORY(bytes)
hpa-test-app-cb4695958-44jzn    282m              3Mi
NAME                            READY    STATUS             RESTARTS     AGE
hpa-test-app-cb4695958-44jzn    1/1      Running            1            19h
```

```
hpa-test-app-cb4695958-8c9xf   0/1     ContainerCreating 0           12s
hpa-test-app-cb4695958-9vjzw   0/1     ContainerCreating 0           12s
hpa-test-app-cb4695958-xwhmq   0/1     ContainerCreating 0           89s
```

在 8 ~ 9min 之后，进行缩容，可以观察到如下输出：

```
Every 1.0s: kubectl get hpa && kubectl top pods && kubectl get pods  master01:   Wed
May 12 08:23:05 2021

NAME      REFERENCE                 TARGETS          MINPODS   MAXPODS   REPLICAS AGE
hpa-demo  Deployment/hpa-test-app   3%/50%, 0%/80%   1         10        4        8h
NAME                            CPU(cores)    MEMORY(bytes)
hpa-test-app-cb4695958-44jzn    0m            3Mi
hpa-test-app-cb4695958-8c9xf    0m            0Mi
hpa-test-app-cb4695958-9vjzw    0m            0Mi
hpa-test-app-cb4695958-xwhmq    0m            0Mi
NAME                                READY     STATUS          RESTARTS      AGE
hpa-test-app-cb4695958-44jzn        1/1       Running         1             19h
hpa-test-app-cb4695958-8c9xf        1/1       Terminating     0             6m42s
hpa-test-app-cb4695958-9vjzw        1/1       Terminating     0             6m42s
hpa-test-app-cb4695958-xwhmq        1/1       Terminating     0             7m59s
```

Pod 副本数随着压力的上升而增加，又随着压力的消失而减少。按 Ctrl+C 组合键结束 watch 命令。

⑤ 清除 HPA 及相关的 Service 与 Deployment，并恢复工作路径：

```
root@master01:~/hpa# kubectl delete -f hpa-demo.yaml
horizontalpodautoscaler.autoscaling "hpa-demo" deleted
root@master01:~/hpa# kubectl delete service hpa-test-app
service "hpa-test-app" deleted
root@master01:~/hpa# kubectl delete -f hpa-deployment.yaml
deployment.apps "hpa-test-app" deleted
root@master01:~/hpa# kubectl get pods
No resources found in default namespace.
root@master01:~/hpa# cd
root@master01:~#
```

知识小结

本项目深入探讨了 Kubernetes 中的 Pod 水平自动伸缩（HPA）机制，该机制是集群管理中的关键一环。HPA 能够基于 CPU 利用率或其他自定义度量指标，自动调整 ReplicationController、Deployment、ReplicaSet 和 StatefulSet 控制器中的 Pod 数量，以实现资源的动态分配。这一特性对于提高集群的资源利用率和应对负载变化具有重要意义。

值得注意的是，HPA 并不适用于所有类型的 Kubernetes 对象，例如 DaemonSet，因其本身不具备伸缩的特性。HPA 的实现依赖于 Kubernetes API 资源和控制器的协同工作。控制器通过周期性地调整副本数量，确保 Pod 的平均 CPU 利用率与目标值保持一致。

从原理上看，HPA 控制器根据当前指标与期望指标之间的差异来计算伸缩比例，从而实现资源的精准调配。这种自动伸缩机制不仅降低了人工干预的需求，也提高了集群的响应速度和稳定性。

综上所述，HPA 是 Kubernetes 集群管理中不可或缺的一部分，它能够有效应对负载变化，提高资源利用率，为构建高效、稳定的容器化应用提供了有力支持。

习题

实验题

假设已经创建了 3 台虚拟机，并将其组建成一个 Kubernetes 集群，其中主节点 master01 的主机名为 master01，计算节点主机名为 node01 和 node02。集群中已经安装好 Metrics-Server 和 WebBench。请完成如下要求。

（1）部署一个基于 nginx:1.9.0 镜像的 Deployment 控制器，初始副本数为 1，暴露 80 端口，Pod 的资源请求为 CPU 100m、内存 100MB。

（2）基于之前创建的 Deployment 控制器，创建相应的 Service，端口为 80。

（3）基于之前创建的 Deployment 控制器，创建 HPA，要求最多 Pod 副本数为 12，最少 Pod 副本数为 1。CPU 利用率超过 80%，视为超过阈值；内存利用率超过 70%，视为超过阈值；

（4）使用 WebBench 对之前创建的 Service 进行压力测试，观测 HPA 的效果。

项目 11　Kubernetes 包管理器 Helm

学习目标

知识目标

- 熟悉 Helm 作用。
- 掌握 Helm 中的三大概念（Chart、Repository、Release）及其使用。
- 理解 Helm 如何管理应用依赖（Chart.yaml 中的 dependencies）和版本控制（helm version）并发布应用到软件仓库。

能力目标

- 能通过 Helm 打包应用。
- 能管理应用依赖关系和应用版本信息。
- 能将应用发布到软件仓库。
- 能以简单的方式在 Kubernetes 上搜索、安装、升级、回滚、删除应用程序。

素质目标

- 具备持续学习和自主探究的能力，能够不断学习和掌握 Kubernetes 的最新技术。
- 具备分析问题和解决问题的能力，能够独立解决 Kubernetesl 应用包管理过程中遇到的问题。
- 具备规范意识和安全意识，能够按照最佳实践进行 Kubernetes 应用包管理。

项目描述

Helm 是 Kubernetes 的包管理器，类似于 Python 的 pip、CentOS 的 yum 或 Ubuntu 的 apt，主要用于管理 Chart。Helm Chart 是用来封装 Kubernetes 原生应用程序的一系列

YAML 格式文件。可以在部署应用的时候自定义应用程序的一些 Metadata，以便应用程序的分发。

通过对本项目的学习，对于应用发布者而言，可以通过 Helm 打包应用、管理应用依赖关系、管理应用版本信息并发布应用到软件仓库；对于使用者而言，使用 Helm 后不需要编写复杂的应用部署文件，可以以简单的方式在 Kubernetes 上搜索、安装、升级、回滚、删除应用程序。

任务 11.1 Helm 的安装与仓库配置

任务说明

在使用 Helm 前，需要对 Helm 进行安装，并配置相应的仓库。通过本任务，将完成 Helm 的安装并设置其自动补全；此外，将进行仓库配置。

知识引入：Helm 及其基本概念

Helm 是 Kubernetes 的包管理器，现在主要使用 Helm v3。

Helm 的三大概念如下。

① Chart 代表 Helm 包。它包含了在 Kubernetes 集群内部运行应用程序、工具或服务所需的所有资源定义。可以把它视为 Docker 中的镜像、apt 的 dpkg（包），或 yum 中的 RPM（包）在 Kubernetes 中的等价物。

② Repository（仓库）是用来存放和共享 Chart 的地方。它就像 Ubuntu 的软件源、Docker 的镜像仓库，只不过它是供 Kubernetes 包使用的。

③ Release 是运行在 Kubernetes 集群中的 Chart 的实例。一个 Chart 通常可以在同一个集群中被安装多次。每一次安装都会创建一个新的 Release。它就像 Docker 中的容器。以 MySQL Chart 为例，如果想在集群中运行两个数据库，可以安装该 Chart 两次。每一个数据库都会拥有它自己的 Release 和 Release Name。

在了解了上述这些概念以后，便可如此解释 Helm：使用 Helm 安装 Chart 到 Kubernetes 集群中，每次安装都会创建一个新的 Release。可以在 Helm 的 Chart Repository 中寻找新的 Chart。

任务实现

【安装 Helm-示例】使用指定地址安装 Helm，并设置其自动补全。

① 安装 Helm。在主节点 master01 上创建 helm 文件夹，在该文件夹内下载 helm 安装包并进行安装：

```
root@master01:~# mkdir helm
root@master01:~# cd helm/
root@master01:~/helm# [ct(]wget \
> http://rancher-mirror.rancher.cn/helm/v3.5.3/helm-v3.5.3-linux-amd64.tar.gz
--2021-05-20  10:50:50--    http://rancher-mirror.rancher.cn/helm/v3.5.3/helm-v3.5.3-
linux-amd64.tar.gz
Resolving rancher-mirror.rancher.cn (rancher-mirror.rancher.cn)... 59.110.191.23
Connecting to rancher-mirror.rancher.cn (rancher-mirror.rancher.cn)|59.110.191.23|:80...
connected.
```

```
HTTP request sent, awaiting response... 200 OK
Length: 12373244 (12M) [application/gzip]
Saving to: 'helm-v3.5.3-linux-amd64.tar.gz'

helm-v3.5.3-linux-amd64.tar.gz
100%[==================================================>]  11.80M  4.05MB/s    in 2.9s

2021-05-20 10:50:59 (4.05 MB/s) - 'helm-v3.5.3-linux-amd64.tar.gz' saved [12373244/12373244]

root@master01:~/helm# ls
helm-v3.5.3-linux-amd64.tar.gz
root@master01:~/helm# tar xvf helm-v3.5.3-linux-amd64.tar.gz
linux-amd64/
linux-amd64/helm
linux-amd64/LICENSE
linux-amd64/README.md
root@master01:~/helm# cp linux-amd64/helm /usr/local/bin/
```

② helm 命令可自动补全，编辑~/.bashrc 文件，在文件结尾增加 source <(helm completion bash)即可：

```
...
# kubeadm
source <(kubeadm completion bash)
# kubetcl
source <(kubectl completion bash)
# helm
source <(helm completion bash)
```

然后使用 source 命令将文件导入即可：

```
root@master01:~/helm# source ~/.bashrc
```

【Helm 仓库配置-示例】完成 Helm 仓库的配置。

Helm 自带一个强大的搜索命令，可以用来从以下两种来源中进行搜索。

① helm search hub 命令：从 Artifact Hub 中查找并列出 helm chart。Artifact Hub 中存放了大量不同的仓库。

② helm search repo 命令：从用户添加（使用 helm repo add 命令）到本地 helm 客户端的仓库中进行查找。该命令基于本地数据进行搜索，无须连接互联网。

Helm 中默认是没有仓库的，可以使用 helm repo list 命令查看仓库：

```
root@master01:~/helm# helm repo list
Error: no repositories to show
```

添加阿里云 Helm 仓库：

```
root@master01:~/helm# helm repo add aliyun https://apphub.aliyuncs.com/
"aliyun" has been added to your repositories
root@master01:~/helm# helm repo list
NAME    URL
aliyun  https://apphub.aliyuncs.com/
```

如果部署私有云，可以搭建 GitLab，再将所有 Chart 上传到 GitLab 中，最后将其添加为 Helm 仓库。

除了添加 Helm 仓库之外，还可以删除 Helm 仓库。删除命令如下：

```
helm repo remove <repoName>
```

添加 Helm 仓库之后，可以更新仓库：

```
root@master01:~/helm# helm repo update
Hang tight while we grab the latest from your chart repositories...
...Successfully got an update from the "aliyun" chart repository
Update Complete. ⎈Happy Helming!⎈
```

任务 11.2 Helm 应用部署——MariaDB 数据库主从服务部署

任务说明

使用 Helm 部署 MariaDB 数据库主从服务。本任务的实现过程将通过 Helm 命令进行应用的搜索、安装、升级、回滚与删除。

知识引入：Helm 基本命令

helm search repo 命令用于搜索指定的 Chart 应用

--versions 参数用于列出所有版本。

helm install 命令用于安装应用

--version 参数用于指定应用的版本。

--set slave.replicas 用于以命令行的方式设置副本数。

helm upgrade 命令用于升级应用。

helm rollback 命令用于回滚应用。

helm uninstall 命令用于删除应用。

任务实现

【Helm 应用部署-示例】：使用 Helm 部署 MariaDB 数据库主从服务。

① 使用 helm search repo <chartName>命令搜索指定的 Chart 应用——MariaDB：

```
root@master01:~/helm# helm search repo mariadb
NAME                    CHART VERSION   APP VERSION   DESCRIPTION
aliyun/mariadb          7.3.9           10.3.22       Fast, reliable, scalable, and easy to use open-...
aliyun/mariadb-galera   0.8.1           10.4.12       MariaDB Galera is a multi-master database clust...
aliyun/phpMyAdmin       4.2.12          5.0.1         phpMyAdmin is an mysql administration frontend
root@master01:~/helm# helm search repo mariadb --versions
NAME              CHART VERSION   APP VERSION   DESCRIPTION
aliyun/mariadb    7.3.9           10.3.22       Fast, reliable, scalable, and easy to use open-...
aliyun/mariadb    7.3.7           10.3.22       Fast, reliable, scalable, and easy to use open-...
```

```
aliyun/mariadb    7.3.1            10.3.21       Fast, reliable, scalable, and easy to
use open-...
...
```

使用--versions 参数，可列出所有版本。也可以使用 helm search hub <chartName>命令在 Artifact Hub 中搜索 Chart 应用：

```
root@master01:~/helm# helm search hub mariadb
URL                                                    CHART... APP...   DESCRIPTION
https://artifacthub.io/packages/helm/bitnami/ma... 9.3.11   10.5.10  Fast, reliable, sc...
https://artifacthub.io/packages/helm/groundhog2... 0.2.11   10.5.9  A Helm chart for Mar...
https://artifacthub.io/packages/helm/nicholaswi... 1.0.2    110.4.19 The open source rel...
https://artifacthub.io/packages/helm/openstack-... 0.1.12   v10.2.31 OpenStack-Helm MariaDB
...
```

② 部署 MariaDB 数据库：

```
root@master01:~/helm# [ct(]helm install my-mariadb aliyun/mariadb --version 7.3.1 \
> --set master.persistence.enabled=false \
> --set slave.persistence.enabled=false \
> --set slave.replicas=3
NAME: my-mariadb
LAST DEPLOYED: Sat May 22 00:40:20 2021
NAMESPACE: default
STATUS: deployed
REVISION: 1
NOTES:
Please be patient while the chart is being deployed
Tip:

  Watch the deployment status using the command:
        kubectl get pods -w --namespace default -l release=my-mariadb

Services:
  echo Master: my-mariadb.default.svc.cluster.local:3306
  echo Slave:  my-mariadb-slave.default.svc.cluster.local:3306

Administrator credentials:
  Username: root
  Password  :  $(kubectl  get  secret  --namespace  default  my-mariadb  -o
jsonpath="{.data.mariadb-root-password}" | base64 --decode)

To connect to your database:
  1. Run a pod that you can use as a client:
        kubectl  run  my-mariadb-client  --rm  --tty  -i  --restart='Never'  --image
docker.io/bitnami/mariadb:10.3.21-debian-9-r0 --namespace default --command -- bash

  2. To connect to master service (read/write):
        mysql -h my-mariadb.default.svc.cluster.local -uroot -p my_database

  3. To connect to slave service (read-only):
```

```
      mysql -h my-mariadb-slave.default.svc.cluster.local -uroot -p my_database

To upgrade this helm chart:
  1. Obtain the password as described on the 'Administrator credentials' section and
set the 'rootUser.password' parameter as shown below:
      ROOT_PASSWORD=$(kubectl  get  secret  --namespace  default  my-mariadb  -o
jsonpath="{.data.mariadb-root-password}" | base64 --decode)
      helm upgrade my-mariadb stable/mariadb --set rootUser.password=$ROOT_PASSWORD
```

- --version 参数：指定 MariaDB 的版本为 7.3.1。该值取自 helm search repo mariadb 命令的执行结果中 CHART VERSION 列的值。
- --set slave.replicas=3：使用命令行的方式覆盖 MariaDB 数据库默认的 1 个副本从库，使用 3 个副本。

③ 安装完成之后，查看 Pod 与 Service 的状态：

```
root@master01:~/helm# kubectl get pods
NAME                     READY    STATUS    RESTARTS    AGE
my-mariadb-master-0      1/1      Running   0           4m7s
my-mariadb-slave-0       1/1      Running   0           4m7s
my-mariadb-slave-1       1/1      Running   0           3m12s
my-mariadb-slave-2       1/1      Running   0           2m15s
root@master01:~/helm# kubectl get service
NAME              TYPE          CLUSTER-IP       EXTERNAL-IP   PORT(S)      AGE
kubernetes        ClusterIP     10.96.0.1        <none>        443/TCP      35d
my-mariadb        ClusterIP     10.103.125.140   <none>        3306/TCP     4m12s
my-mariadb-slave  ClusterIP     10.108.15.57     <none>        3306/TCP     4m12s
```

④ 使用 helm list 命令可以查看当前系统中已经部署的 Release 列表：

```
root@master01:~# helm list
root@master01:~/helm# helm list
NAME        NAMESPACE    REVISION UPDATED         STATUS   CHART          APP VERSION
my-mariadb  default      1        2021-05-22...   deployed mariadb-7.3.1  10.3.21
```

其中给出了部署的命名空间、更新时间、状态等信息。

⑤ 获取 MariaDB 数据库的连接密码：

```
root@master01:~/helm# kubectl get secret --namespace default my-mariadb \
> -o jsonpath="{.data.mariadb-root-password}" | base64 --decode
vQ3imfjjCproot@master01:~/helm#
```

root@master01:~/helm#前的字符串 vQ3imfjjCp 即本次部署 MariaDB 数据库的连接密码。

⑥ 登录 my-mariadb-master-0 Pod，然后在 Pod 内登录 MariaDB：

```
root@master01:~/helm# kubectl exec -it my-mariadb-master-0 -- bash
I have no name!@my-mariadb-master-0:/$ mysql -uroot -pvQ3imfjjCp
Welcome to the MariaDB monitor.  Commands end with ; or \g.
Your MariaDB connection id is 105
Server version: 10.3.21-MariaDB-log Source distribution

Copyright (c) 2000, 2018, Oracle, MariaDB Corporation Ab and others.
```

```
Type 'help;' or '\h' for help. Type '\c' to clear the current input statement.

MariaDB [(none)]>
```

⑦ 查看从库主机信息：

```
MariaDB [(none)]> show slave hosts\G
*************************** 1. row ***************************
Server_id: 706
     Host:
     Port: 3306
Master_id: 48
*************************** 2. row ***************************
Server_id: 254
     Host:
     Port: 3306
Master_id: 48
*************************** 3. row ***************************
Server_id: 607
     Host:
     Port: 3306
Master_id: 48
3 rows in set (0.012 sec)

MariaDB [(none)]> exit
Bye
I have no name!@my-mariadb-master-0:/$ exit
exit
root@master01:~/helm#
```

使用 exit 命令退出 MariaDB，再使用 exit 命令退出 my-mariadb-master-0 Pod。

⑧ 使用 Helm 升级应用，此处更新 MariaDB 的 Slave 副本数为 2。

```
root@master01:~# helm upgrade my-mariadb aliyun/mariadb --version 7.3.9 \
> --set master.persistence.enabled=false \
> --set slave.persistence.enabled=false \
> --set slave.replicas=2
Release "my-mariadb" has been upgraded. Happy Helming!
NAME: my-mariadb
LAST DEPLOYED: Sat May 22 00:52:20 2021
NAMESPACE: default
STATUS: deployed
REVISION: 2
NOTES:
Please be patient while the chart is being deployed
...
```

- 升级 my-mariadb，将版本变更为 7.3.9，从库副本数变更为 2。
- 升级后，部署版本（REVISION）已经由原来的 1 变更为 2。

⑨ 更新完之后，查看 Pod 与 Service 的状态：

```
root@master01:~/helm# kubectl get pods
NAME                  READY   STATUS    RESTARTS    AGE
my-mariadb-master-0   1/1     Running   0           119s
my-mariadb-slave-0    1/1     Running   0           56s
my-mariadb-slave-1    1/1     Running   0           112s
root@master01:~/helm# kubectl get service
NAME              TYPE        CLUSTER-IP       EXTERNAL-IP   PORT(S)    AGE
kubernetes        ClusterIP   10.96.0.1        <none>        443/TCP    35d
my-mariadb        ClusterIP   10.103.125.140   <none>        3306/TCP   16m
my-mariadb-slave  ClusterIP   10.108.15.57     <none>        3306/TCP   16m
```

- my-mariadb 的从库副本数已经降为 2。
- my-mariadb 与 my-mariadb-slave 两个服务的 IP 地址依然没有变化。

⑩ 查看 my-mariadb 的历史记录：

```
root@master01:~/helm# helm history my-mariadb
REVISION UPDATED          STATUS       CHART           APP VERSION  DESCRIPTION
1        ...22 00:40...   superseded   mariadb-7.3.1   10.3.21      Install complete
2        ...00:52:20...   deployed     mariadb-7.3.9   10.3.22      Upgrade complete
```

⑪ 使用 Helm 回滚 my-mariadb 到第一次部署的 Release，类似于 Deployment 控制器一样，使用 rollback 命令，将其版本回滚到 7.3.1：

```
root@master01:~/helm# helm rollback my-mariadb 1
Rollback was a success! Happy Helming!
root@master01:~/helm# kubectl get pods
NAME                  READY   STATUS    RESTARTS    AGE
my-mariadb-master-0   1/1     Running   0           3m29s
my-mariadb-slave-0    1/1     Running   0           92s
my-mariadb-slave-1    1/1     Running   0           2m37s
my-mariadb-slave-2    1/1     Running   0           3m43s
root@master01:~/helm# helm list
NAME         NAMESPACE   REVISION UPDATED   S   STATUS    CHART           APP VERSION
my-mariadb   default     3        2021-05-22...deployed mariadb-7.3.1     10.3.21
```

helm list 命令的执行结果中，REVISION 列的值虽然由 1 变更为 3，但 CHART 列中的版本已经变更为 7.3.1 了。

⑫ 最后清除 my-mariadb，并恢复工作路径：

```
root@master01:~/helm# helm uninstall my-mariadb
release "my-mariadb" uninstalled
root@master01:~/helm# kubectl get pods
No resources found in default namespace.
root@master01:~/helm# kubectl get service
NAME         TYPE        CLUSTER-IP   EXTERNAL-IP   PORT(S)   AGE
Kubernetes   ClusterIP   10.96.0.1    <none>        443/TCP   35d
root@master01:~/helm# cd
root@master01:~#
```

【**素养拓展-创新发展**】：Kubernetes 是一个庞大、复杂的系统。本书所讲授内容仅仅帮助读者学习了基本的 Kubernetes 日常运维相关的知识。需要在日常学习、工作中，不断实践，学思结合、知行统一，培养勇于探索的创新精神、善于解决问题的实践能力，在实践中培养创造意识和创业能力。

知识小结

本项目详细阐述了 Kubernetes 包管理器 Helm 的核心功能与应用。Helm 作为 Kubernetes 生态中的关键组件，其角色类似于 Python 的 pip、CentOS 的 yum 或 Ubuntu 的 apt，专注于管理 Chart 这一重要资源。Chart，作为一系列 yaml 格式文件的集合，封装了 Kubernetes 原生应用程序的完整部署逻辑，使应用程序的分发变得更为便捷。

对于应用发布者而言，Helm 提供了强大的打包、版本管理和发布功能，简化了应用部署的复杂性。而对于使用者来说，Helm 则大大减少了编写复杂应用部署文件的需求，通过简单的命令即可实现应用程序的搜索、安装、升级、回滚和删除，提高了部署效率。

此外，Helm 的 Repository 作为 Chart 的存储和共享平台，为 Kubernetes 应用的分发提供了便利。而 Release 则代表了 Chart 在 Kubernetes 集群中的具体实例，每一次安装都会创建一个新的 Release，使得应用的管理更为灵活。

值得一提的是，Helm 还自带搜索命令，用户可以从 Artifact Hub 或本地仓库中轻松搜索所需的 Chart，进一步提升了 Helm 的实用性和便捷性。

习题

判断题

1. Helm 是 Kubernetes 的包管理器，类似于 Python 的 pip、CentOS 的 yum，或 Ubuntu 的 apt，主要用于管理 Chart。（ ）
2. Helm Chart 是用来封装 Kubernetes 原生应用程序的一系列 YAML 格式文件。（ ）
3. 对于应用发布者而言，可以通过 Helm 打包应用、管理应用依赖关系、管理应用版本信息并发布应用到软件仓库。（ ）
4. 对于使用者而言，使用 Helm 后不需要编写复杂的应用部署文件，可以以简单的方式在 Kubernetes 上搜索、安装、升级、回滚、删除应用程序。（ ）
5. Helm 自带搜索命令，但仅能从 Artifact Hub 中进行搜索。（ ）